Meyer Werft
1795–1988

Herausgeber/Publishers:
© Meyer Werft, Papenburg 1988/© Meyer shipyard, Papenburg 1988
Text:
Rolf Eilers/Klaus-Peter Kiedel
Übersetzung/Translation:
Jacqueline Rohmann, W. A. (Kern GmbH)
Fotos/Photographs:
Soweit nicht anders angegeben, stammen die Fotos aus dem Werksarchiv.
The photographs have been taken from the company's archives
unless otherwise stated.
Bildauswahl und Layout/Selection of pictures and layout:
Klaus-Peter Kiedel
Druck/Printed by:
Ditzen Druck und Verlags-GmbH, Bremerhaven
Satzherstellung/Proof composition:
Satzstudio Klinkebiel, Oldenburg
Schrift/Typeface:
Berthold Garamond (System 7000)
Lithoherstellung/Lithographic composition:
Refolith GmbH, Bremen
Buchbinderische Verarbeitung/Book binding by:
Buchbinderei Gehring, Bielefeld
Vertrieb für den Buchhandel/Distribution for retail bookshops:
Wirtschaftsverlag NW, Verlag für neue Wissenschaften GmbH, Bremerhaven
ISBN 3-88314-721-4

Rolf Eilers
Klaus-Peter Kiedel

Meyer Werft

Sechs Generationen Schiffbau
in Papenburg

Six generations of shipbuilding
in Papenburg

1795–1988

Stapellauf des Wassertankers K 1 für die Kaiserliche Werft in Kiel am 12. Juli 1890. Zeichnung von Heinze, Slg. Bernhard Stubbe.

Launch of the water tanker K 1 for the imperial shipyard in Kiel on 12th July 1890. Drawing by Heinze, collection Bernhard Stubbe.

Vorwort

Anläßlich des 175jährigen Bestehens der Meyer Werft erschien 1970 eine Jubiläumsschrift über die wechselvolle Geschichte unserer Werft. Mein Vater war damals froh, in meinem Vetter, Herrn Dr. Rolf Eilers, nicht nur einen geschichtskundigen Mann gefunden zu haben, sondern auch jemanden, der in der Familiengeschichte kundig war.

Diese Jubiläumsschrift fand damals große Zustimmung und war deswegen leider schon bald vergriffen. Wir mußten dann immer wieder feststellen, daß uns eine Geschichtsschreibung der Werft, die wir unseren Freunden und Kunden geben konnten, fehlte. Ein Nachteil war auch, daß die damalige Jubiläumsschrift nur in deutsch gehalten war.

Das Jahr 1987 ist nun ein großer Meilenstein in der Geschichte der Meyer Werft. Die Umsiedlung von der alten auf die neue Werft wurde abgeschlossen, und das so geschichtsträchtige alte Werftgelände, an dem viele Erinnerungen und Emotionen hingen, wurde an die Stadt Papenburg abgegeben. Der Verkaufserlös wurde zur Stärkung des Eigenkapitals für das größte Bauwerk auf der neuen Werft dringend benötigt: das vollkommen überdachte Baudock.

Im Jahre 1986 schrieb Herr Klaus-Peter Kiedel für uns das Buch mit dem Titel „Vom Flußraddampfer zum Kreuzliner". Dieses Buch fand in Fachkreisen große Anerkennung. So war es für mich selbstverständlich, als die Idee einer neuen Chronik unserer Werft aufkam, Herrn Kiedel zu bitten, dieses Buch mit der teilweisen Wiederverwendung der Texte von Herrn Dr. Rolf Eilers neu zu verfassen. Herrn Kiedel, der unter sehr großem Termindruck arbeiten mußte, danke ich hierfür besonders.

Mein Dank gilt ebenfalls Herrn Jörg Krüger und Fräulein Claudia Kruse, die den Verfasser wesentlich unterstützt haben. Danken möchte ich auch dem Deutschen Schiffahrtsmuseum in Bremerhaven und den Fotografen und Sammlern, die Bildmaterial zur Verfügung stellten. Ihre Namen sind in den Bildunterschriften zu finden, besonders zu erwähnen sind aber die Herren Ulf-Karl Wulkotte sowie Bernhard Stubbe (†) und Wolfgang Fuchs. Frau Ingrid Fieback und Herr Egbert Laska holten durch ihre fotografische Leistung das optimale aus den alten Dokumenten und Bildern heraus. Mein Dank geht auch an die Übersetzerin, Frau Jacqueline Rohmann sowie die Firma Ditzen Druck in Bremerhaven. Trotz der äußerst knapp bemessenen Zeit ist es gelungen, dieses Buch am 15. Januar 1988 zum 80. Geburtstag meines Vaters der Öffentlichkeit vorzustellen.

Nach mehr als 50 Jahren Tätigkeit auf der Werft scheidet mein Vater mit diesem Tage aus der Geschäftsleitung der Jos. L. Meyer GmbH & Co. aus. So ist denn dieses Buch meinem Vater gewidmet, der zu den ältesten und wohl erfahrensten Schiffbauern Deutschlands gehört und dem es gelungen ist, aus dem zerbombten väterlichen Betrieb eine international anerkannte und moderne Werft aufzubauen. Ihm gilt meine Hochachtung, Bewunderung und mein großer Dank. Ich werde mich bemühen, unsere Werft als Vertreter der sechsten Generation in seinem Sinne weiterzuführen.

Papenburg, im Januar 1988

Bernard Meyer

Schonerbrigg FRIEDERIKE *bei einer Reparatur auf der Kant-Helling im Juli 1890. Zeichnung von Heinze, Slg. Bernhard Stubbe.*

Schooner brig FRIEDERIKE *being repared on the Kant slipway in July 1890. Drawing by Heinze, collection Bernhard Stubbe.*

Preface

The 175th anniversary of the Meyer shipyard in 1970 saw the appearance of a jubilee book telling the very varied story of our shipyard. My father was only too glad on that occasion to have found in my cousin Dr. Rolf Eilers someone who not only had a knowledge of history, but who was also well acquainted with the family's history.

The jubilee book met with great approval and was sold out in next to no time. We ascertained time after time that we were lacking a history of the shipyard which we could present to friends and customers. One disadvantage in the original jubilee book was that it was written in German only.

1987 has now been a vital milestone in the history of the shipyard. The move from the old shipyard to the new site was completed, and so the old traditional shipyard premises, full of historical memories and bound up with so much emotion, were handed over to the town of Papenburg. The proceeds from the sale of the old yard were needed urgently to reinforce our own capital ressources for the largest building construction on the new shipyard: the completely covered building dock.

In 1986, Mr. Klaus-Peter Kiedel wrote for us the book named "From river boat to cruise liner". The book was greatly appreciated in expert circles. So when the idea of producing a new chronicle of our shipyard arose, it was quite obvious for me to approach Mr. Kiedel with the request that he rewrite the book on the basis of the original texts written by Dr. Rolf Eilers. My particular thanks is due to Mr. Kiedel, who had to work under extreme time pressure.

I would also like to express my thanks to Mr. Joerg Krueger and Miss Claudia Kruse, who provided the author with considerable support. I also thank the German maritime museum in Bremerhaven, and the photographers and collectors who provided the pictures. Their names are indicated under the pictures concerned. A particular mention ought to be made of Mr. Ulf-Karl Wulkotte, together Bernhard Stubbe (†) and Wolfgang Fuchs. Mrs. Ingrid Fieback and Mr. Egbert Laska used their photographic skills to make the very best of the old documents and pictures. My thanks also to the translator, Mrs. Jacqueline Rohmann, and to Messrs. Ditzen-Druck in Bremerhaven. Inspite of the very limited time which was available, we have still succeeded in presenting this book to the public on 15th January 1988, on the occasion of my father's 80th birthday.

After more than 50 years of dedicated service to the shipyard, today my father is retiring from the management of Jos. L. Meyer GmbH & Co. So this book is dedicated to my father, who must be the oldest and most experienced shipbuilder in Germany, and who has succeeded in building a modern shipyard of international standing from the bombed-out ruins of his father's company. I owe him my respect, admiration and heart-felt thanks. I will endeavour to continue to manage our shipyard in the same spirit, as representative of the sixth generation.

Papenburg, January 1988

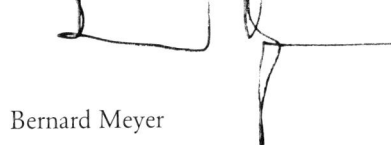

Bernard Meyer

I

Jos. L. Meyer
1795—1988

Entstehung und Entwicklung der Werft
The origins and the development of the shipyard

Willm Rolf Meyer, der Gründer der Holz-Schiffswerft im Jahre 1795.

Willm Rolf Meyer, the founder of the wooden shipyard in 1795.

Die Gründung
1795 – 1841

The foundation
1795 – 1841

Wer verstehen will, wie die Verbindung Papenburgs mit der See, mit Schiffbau und Schiffahrt entstand, muß von der Gründungsgeschichte des Ortes ausgehen. Als der Drost Dietrich von Velen im Jahre 1631 die Papenburg als Lehen vom Bischof Ferdinand von Münster erhielt, wollte er auf diesem Besitz nach dem Vorbild der holländischen Fehnkolonien eine Siedlung anlegen und den Torf abbauen lassen. Der Aufbau der neuen Kolonie hing nicht nur davon ab, daß sich genügend Leute als Siedler dort niederließen, es mußte auch eine Verbindung zur Ems geschaffen werden. Daher schloß der Drost schon 1631 mit den Bokeler Bauern einen Vertrag, in dem es hieß: „sie gestateten gegen gnuchsamen recompense (Erstattung) die Durchgrabung zu vir und zwanzig Füßen in die Wytt oder Brete durch ihren gemeinen Grund und wedn". In den Jahren 1638/39 ließ der Droste daraufhin den Sielkanal graben, an dessen Ende ein Holzsiel gebaut wurde. Seine Ausmaße betrugen 16 Fuß, also etwa 5 Meter, und es kostete ihn 3000 Reichstaler. Als der Drost Dietrich starb, hinterließ er seinem Sohn Hermann Matthias die Fehnkolonie Papenburg als „freie Herrlichkeit", denn der Fürstbischof Christoph Bernhard von Galen hatte ihm kurz vor seinem Tod die Hoheitsrechte verliehen. Matthias widmete sich vor allem der Ansiedlung in der Kolonie. Er schrieb im Jahre 1661 ein Werbeschreiben, sein „Plakat", das er in Ostfriesland und in holländischen Dörfern aushängen ließ.

Darin lud er jeden ein, „der Lust und Lieb haben mögte", sich in Papenburg niederzulassen. Er versprach den Siedlern für die nächsten Jahre Freiheit von jeder Schatzung und Steuer, sofern die neuen Einwohner bereit waren, den Kanal zu unterhalten und einenviertel Reichstaler sowie zwei Hühner als Anerkennung seiner grundherrlichen Rechte zu zahlen. Gegen Ende des 17. Jahrhunderts standen schon 50 Häuser in der neuen Kolonie. Die Siedler bauten den Torf ab und begannen einen schwunghaften Handel damit zu treiben.

Sie verkauften den Torf zunächst emsabwärts in den Ortschaften Ostfrieslands. Auf der Rückfahrt nahmen die Schiffe Heu und Dünger mit. Dieser

In order to understand Papenburg's special relationship with the sea, with shipbuilding and shipping in general, it is necessary to go way back to the history of the way in which the town was founded. The bailiff Dietrich von Velen received Papenburg as fief from Bishop Ferdinand of Muenster in 1631 and intended to develop a colony on this land according to the example of the Dutch Fehn colonies, in order to work the peat. The growth of the new colony depended not only on encouraging enough people to settle there, but also on establishing a connection to the river Ems. For this reason, the bailiff concluded a contract with the Bokel farmers right back in 1631, according to which "they permitted for a sufficient recompense the digging of ditches measuring four and twenty feet in width or breadth through their common land and pasture." As a result of this contract, in 1638/39 the bailiff then had the Sielkanal built with wooden lockgates at one end. It measured 16 feet, about 5 meters, and it cost the

Die Turmruine der Papenburg auf dem späteren Werftgelände.
The tower ruins of the old Papenburg on the future shipyard premises.

Handel wurde aber jäh unterbrochen, als der Fürst Christian Eberhardt von Ostfriesland im Jahre 1719 die Einfuhr von Torf verbot.

Die Papenburger suchten neue Absatzmärkte in den Küstengebieten und verkauften ihren Torf in Bremen und Hamburg. Bei den längeren Fahrten erwies es sich als doppelt notwendig, für Rückfracht zu sorgen. So entwickelte sich Papenburg im 18. Jahrhundert zu einem kleinen Umschlagplatz für Schiffsfrachten, und die Siedlung wuchs und gedieh durch ihren Handel. Entscheidend für deren Anwachsen wurde die Vergrößerung des alten Siels, das Drost Dietrich hatte erbauen lassen. Im Jahre 1771 wurde es durch ein steinernes ersetzt, dessen Durchlaßbreite von 21 Fuß (= 6,5 m) es auch größeren, seegängigen Schiffen erlaubte, Papenburg zu erreichen.

Für den Torftransport hatte man sich ursprünglich der ostfriesischen Mutten bedient. Dies waren kleine, breit ausladende Kähne mit geringem Tiefgang. In den ersten Jahrzehnten kauften die Papenburger Torfschiffer ihre Schiffe in Ostfriesland oder ließen sie auf holländischen Werften bauen. Aber nach und nach gingen sie dazu über, ihre Schiffe selbst anzufertigen. Wir wissen heute jedoch nicht mehr, wann das erste Schiff in Papenburg gebaut worden ist. Als die Papenburger auf ihren Handelsfahrten nach Bremen und Hamburg Technik und Bedeutung des dortigen Schiffbaus kennengelernt hatten, gingen sie gegen Ende des Jahrhunderts dazu über, auch größere Schiffe in Papenburg zu bauen. So wurde Papenburg allmählich ein Zentrum des Schiffbaus.

Der Schiffbau war es auch, der Ende des 17. Jahrhunderts die Vorfahren von Willm Rolf Meyer, der etwa 100 Jahre später eine eigene Werft gründen sollte, nach Papenburg führte. Schon sein Großvater und sein Vater hatten den gleichen Beruf ausgeübt. Die Familie, die den Namen Jansen trug, lebte in Völlen in einem Haus am Wehrdeich. Sie las das Werbeplakat des Drosten Matthias, und als sich der Ruf der guten Aufstiegsmöglichkeiten in der aufblühenden Siedlung Papenburg verbreitete, entschloß man sich 1690, nach Papenburg überzusiedeln. Nach der Familiensage kam der Stammvater der Papenburger Meyers, der evangelische Schiffszimmermann Henrich Jansen, in diesem Jahr nach Papenburg. Als er sich bei dem katholischen Pfarrer als neuer Bürger meldete – die Pfarrer führten ja das Einwohnerregister –, erklärte dieser kurzerhand: „Jansens habe ich schon genug in der Gemeinde. Ab heute heißt ihr Meyer und seid katholisch." So begann um 1700 die Geschichte der Familie Meyer in Papenburg.

In der nächsten Generation erwarb die Familie ein eigenes Anwesen in der Siedlung. Der 1694 geborene Sohn Johann Henrichs heiratete Anna Rolf Lindt und bekam durch die Heirat die im Besitz der Familie Lindt befindliche Plaatze 2 am Hoek.

bailiff 3000 imperial thalers. On his death, bailiff Dietrich left the Fehn colony Papenburg to his son Hermann Matthias as "free domaine", for the prince bishop Christoph Bernhard von Galen had endowed him with sovereign powers over the area shortly before his death. Matthias devoted himself above all to the task of attracting settlers to the colony. In 1661, he wrote a "poster" advertising his intentions, which he had distributed throughout Ostfriesland and in Dutch villages.

In his poster, he issued a general invitation to all who might be interested, to come and settle in Papenburg. He promised the settlers freedom from any form of assessment and taxation for the coming years, in so far as the new citizens were prepared to maintain the canal and pay one and a quarter imperial thalers and two hens as recognition of his manorial rights. By the end of the seventeenth century, there were already 50 houses in the new colony. The settlers worked the peat and began to establish a thriving trade.

Initially, they sold the peat down the Ems river to the other towns and villages of Ostfriesland. On the return journey, the ships brought back hay and manure. This trade was however brought to an abrupt halt, when Prince Christian Eberhardt of Ostfriesland forbade the import of peat in 1719.

The citizens of Papenburg sought new markets along the coast, and sold their peat in Bremen and Hamburg. In view of the longer journeys, it became even more important to ensure that cargo for the return journey could be found. In this way, Papenburg developed into a small trading center and the settlement grew and thrived.

A decisive step in promoting the town's development was the enlargement of the old lockgates which bailiff Dietrich had built. In 1771, the old gates were replaced by a stone construction with an opening of 21 feet (= 6.5 m) wide, which allowed larger, ocean-going vessels to come to Papenburg.

The peat was originally transported in small broad barges with a very slight draught – "MUTTEN", the traditional boats of the area. For the first few decades, the Papenburger peat traders bought their ships in Ostfriesland, or had them built in Dutch shipyards. But they gradually came round to the idea of building their own ships themselves. However, we no longer know today when the first ship was built in Papenburg. The Papenburger merchants became acquainted with the importance of shipbuilding and the technology involved on their trading journeys to Hamburg and Bremen, and so towards the end of the century, they themselves started building larger vessels in Papenburg. In this way, Papenburg gradually became a center of the shipbuilding industry.

It was the shipbuilding industry too which at the end of the Seventeenth Century brought the an-

Der „Special Plan" von 1834 zeigt oben links die Ems und den von ihr ausgehenden Papenburger Hauptkanal. Der parallel dazu verlaufende schwarze Strich markiert mit dem Völlener Wehrdeich die Grenze zu Ostfriesland (X = Lage der Meyer Werft).

The "Special plan" dated 1834 shows the Ems in the top left hand corner with main Papenburger canal coming from it. The black line running parallel hereto indicates the borders to Ostfriesland with the Voellener Wehrdeich (X = the location of the Meyer shipyard).

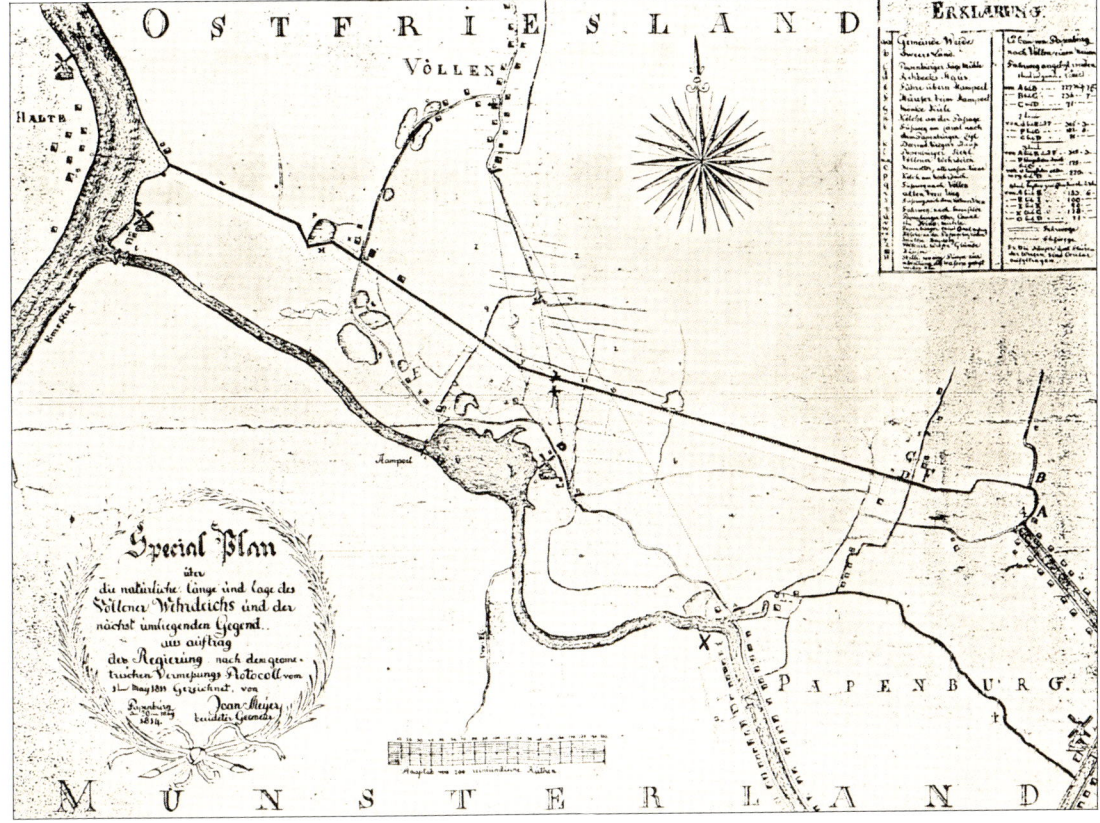

Das sogenannte Hoek bildete den ältesten Teil der Fehnkolonie. Da aber die neuerworbene Plaatze ziemlich tief lag und mit Erdplacken aufgehöht und gegen Überschwemmungen gesichert werden mußte, gab man der Plaatze den Beinamen „Plagge". Auch der Besitzer und seine Söhne übernahmen diesen Beinamen. Johann Henrichs wird in den Urkunden als Zimmermann bezeichnet, sein Sohn Rolef Jansen Meyer, der 1729 geboren wurde, bezeichnete sich als „Schiffer und Zimmermann". Einer alten Tradition zufolge ist er wohl vor seiner Tätigkeit als Schiffszimmermann zur See gefahren. Der zweite Sohn dieses Rolef Jansen Meyer ist der Werftgründer Willm Rolf Meyer. Er wohnte zunächst mit seinem Bruder zusammen auf der alten Plaatze 2 am Hoek, trug deshalb auch den Beinamen „Plaggen Willm". Willm Rolf, einem wagemutigen und strebsamen Zimmermann, gelang es aufzusteigen, sich selbständig zu machen und einen eigenen Betrieb zu gründen. Auch das Gelände, auf dem die Werft gegründet wurde, konnte schon auf eine lange Vorgeschichte zurückblicken. Der Name des Geländes „Turmwerft" bezeichnete keinen Schiffsbauplatz, sondern nur einen erhöhten Ort, der aus der umliegenden Deverwiese herausragte. In germanischer Frühzeit scheint hier eine Kultstätte gelegen zu haben. Ein Stein deutet auf dieses germanische Heiligtum hin. Im Mittelalter erhob sich hier die Papenburg, die ihren Namen

cestors of Willm Rolf Meyer, who founded his own shipyard about one hundred years later, to come and settle in Papenburg. Both his grandfather and father had practiced the same trade. The family, whose surname was Jansen, lived in Voellen in a house on the Wehrdeich. The family read bailiff Matthias' poster, and as it became known that the thriving settlement in Papenburg offered promising chances of advancement, the family decided in 1690 to move to Papenburg. The evangelical shipwright Henrich Jansen and head of the family, so the old story goes, came to Papenburg in this year. On registering the family as new citizens with the catholic priest — the priests were responsible for keeping the registers of the population — the priest declared without any more to-do: "I've already more than enough Jansens in the village. As from today, your name is Meyer and you're catholic." And thus the history of the Meyer family in Papenburg commenced around 1700. In the next generation, the family acquired their own land in the settlement. The son Johann Henrichs, born in 1694, married Anna Rolf Lindt, and through the marriage came into possession of Plaatze 2 am Hoek which was owned by the Lindt family. The so-called Hoek was the oldest part of the Fehn colony. The newly acquired Plaatze was fairly low-lying, it had to be raised with heaps of earth and protected from flooding so that it was

möglicherweise von einer Familie „von Pape" ableitet. Denkbar ist es aber auch, daß sie den Bischöfen von Münster auf ihren Visitationsreisen nach Ostfriesland als Absteigequartier diente und ihren Namen als „papen borg", Burg des Pfaffen, erhielt.

Nach der Reformation rissen aber die Beziehungen zwischen Münster und den ostfriesischen Landesteilen des bischöflichen Stuhles ab; die Papenburg verlor ihre Bedeutung und verfiel mehr und mehr. In einer alten Chronik heißt es, daß das Gut Papenburg im 17. Jahrhundert „ein Haus oder Borg ein altes zerfallenes Geboudhe, ein gross Torfmorass und achtzehn oder zwanzig Kühen Gras oder Weide" gewesen sei. Ein Bild zeigt nur einen verfallenen Turm an dieser Stelle. Später ging die Turmwerft in den Besitz des Reichsfreiherrn von Landsberg-Velen über, der das Gelände wiederholt verpachtete. 1778 trat ein Josef Gianino in den Pachtvertrag ein, der in Papenburg das alleinige Recht besaß, Fenster zu machen. Er unterhielt auf dem Gelände der Werft eine kleine Glashütte. Nach seinem Tod wurde der Reichsfreiherr der Verpachtung überdrüssig; er schrieb die Turmwerft zum Verkauf aus. Sein Rentmeister sollte 400 Gulden aus dem Verkauf erzielen. Wegen des intensiven Handels und Schiffsverkehrs mit Holland wurde damals in Papenburg fast ausschließlich mit holländischen Gulden gerechnet, der Gulden zu 28 Stüber. Der Wert eines Stübers betrug etwa sechs Pfennige. Der Gulden blieb noch lange in Papenburg vorherrschendes Zahlungsmittel. Selbst noch als Papenburg zum Königreich Hannover gefallen war, rechnete man mit holländischen Gulden, neun Gulden zu fünf Talern. Umgerechnet dürfte der Preis der Turmwerft etwa bei 2000 Goldmark gelegen haben.

Willm Rolf hatte zwar den Willen und die Tatkraft, seine eigene Werft zu gründen, aber es fehlten ihm fast alle Mittel, um bei der angesagten Versteigerung mitbieten zu können. Er bat seinen Vater um eine Anleihe für den Grundstückserwerb. Aus dem Erbvertrag vom Juli 1797, kurz vor dem Tode seiner Mutter, geht hervor, daß Willm Rolf aus der Erbschaft nur noch 200 Gulden erhalten soll, weil er vieles „behuf seiner Zimmer-Werft" schon bekommen hätte. Wohl erhielt er dann noch „zwei Betten, sechs kleine oder feine Laken und zwei grobe, sowie zwei Kissen, ein Pfuhl (ein dickes Kissen) und eine Kuh".

Willm Rolf ersteigerte am 7. 1. 1795 das Grundstück und schloß am 28. 1. 1795 darüber den folgenden Kaufvertrag: „Der Rentmeister Breymann als Spezialbevollmächtigter Verkäufer verkauft hiemit und dieses im Namen Sr. Hochwohlgeborenen Exzellenz Herrn Geheimrat und Amttdrosten Reichsfreiherr Paul Joseph von Landsberg-Velen an Wilhelm Rudolphs Meyer das in Papenburg bey der herrschaftlichen Weyde am Hauptkanal

given the nickname "Plagge". The owner and his sons adopted this name. Johann Henrichs is referred to in the deeds as carpenter; his sons Rolef Jansen Meyer, born in 1729, called himself "sailor and carpenter". Following an old tradition, he probably pursued his trade as shipwright at sea. The second son of this Rolef Jansen Meyer is the founder of the shipyard, Willm Rolf Meyer. At first he lived together with his brother at the old Plaatze 2 am Hoek, and was called "Plaggen Willm". Willm Rolf, a daring and ambitious carpenter, managed to advance, and set up business on his own.

The premises on which the yard was founded also look back on a long history. The name "Turmwerft" does not refer to a shipyard but to a piece of ground raised higher than the surrounding Dever meadow. In ancient Germanic times, a place of worship was probably located here. There's a stone indicating that this was holy ground for the ancient Germans. In the Middle Ages, the Papenburg (a castle) was built here; the name could be derived from a family "von Pape". It is however also feasible that the castle was used as accommodation by the Bishops of Muenster on their visits to Ostfriesland, hence the name "papen burg" (pape = Pfaffe = parson).

After the reformation however, connections between Muenster and the bishopric's territories in Ostfriesland were interrupted, the Papenburg lost its significance and fell more and more into disrepair. An old chronical recalls that the Papenburg estate in the seventeenth century consisted of "an old house or castle, an old ruined building, a large peat mire and grass or meadow for eighteen or twenty cows". A picture shows only a ruined tower on this site. Later the Turmwerft passed into possession of the Freiherr von Landsberg-Velen, who leased the land permanently. In 1778, a certain Josef Gianino took on the lease: he had the exclusive right to make windows in Papenburg. He kept a small glassworks on the land. After his death, the Freiherr had had enough of leasing the land: he tendered the Turmwerft for sale. His chamberlain was supposed to make 400 guilders from the sale. In those days, almost everything was paid for in Dutch guilders in Papenburg on account of the intensive trade with and ship transport to and from Holland — one Gulden had 28 stivers. A stiver was worth about six pfennigs. The guilder remained the main means of payment in Papenburg for a long time. Even after Papenburg came into the possession of the kingdom of Hannover, Dutch guilders were still being used, nine guilders to 5 thalers. The price of the Turmwerft would probably have been about 2000 gold marks.

Willm Rolf had on the one hand the will and the determination to found his own shipyard, but on the other hand he did not have the necessary

14

Westseits belegne Grundstück, die Thurmwerft genannt, ringsherum mit einem sieben Fuß breiten Graben umgeben, beinah so groß als ein Papenborger Viertelsplaatz für die Summe von 815 gülden holländisch unter hiernach geschriebenen Bedingungen:

1. Der Ankäufer Wilhelm Rudolph Meyer soll am 4. künftigen Monats März auf Abschlag des Kaufschillings zweihundert Gulden holländisch erlegen und den Rest des Kaufschillings auf St. Michael 1795 entrichten oder von der Zeit an jährlich pro Michaelis mit 4% verzinsen und nach geschehener halbjährlichen Looskündigung das Capital bezahlen.

2. Der Ankäufer soll nebst dem Kaufschilling jährlich und zu allen Zeiten pro Michaelis, 1795 zum ersten Mal, alls das an der Herrschaft prohtieren (zahlen), was gewöhnlich von einem Papenborger viertel Plaatz prohtiert wird, nämlich
a) an Werftheuer 12 Stüber holländisch, b)einen halben Tag Arbeit oder sechs Stüber holländisch, c) an Hühnergeld zweieinhalb Stüber holländisch, sodann d) an Pastor und Küster Geld elfeinhalb Stüber holländisch und dann e) alle einem papenborger Viertelplaatz obliegenden gemeinheitlichen Lasten tragen ..."

Willm Rolf Meyer hat den Anzahlungsbetrag von 200 Gulden vereinbarungsgemäß gezahlt und dann auf dem Gelände mit der Errichtung seiner Schiffszimmerei begonnen. So dürfen wir mit Recht den 7. Januar 1795 als den Geburtstag der Werft bezeichnen. Damit zählt die Meyerwerft zu den ältesten deutschen Schiffbauunternehmen.

Doch kehren wir zu den Tagen der Gründung zurück. Die Einrichtung der neuen Werft belastete den jungen Schiffsbauer stärker, als er gerechnet hatte. Denn als die erste Verzinsungssumme im Oktober 1795 fällig war, sah er sich nicht imstande zu zahlen. In dieser Notlage bewies er ein erstaunliches Verhandlungsgeschick. Es gelang ihm nicht

means to be able to take part in the forthcoming auction. He asked his father for a loan in order to purchase the land. The testament dated July 1797, made up shortly before the death of his mother, reveals that Willm Rolf was only to inherit a further 200 guilders from the heritance, because he had apparently already received a lot for "his carpenter yard". He did however still receive "two beds, six small or fine sheets and two coarse sheets, two pillows, one thick cushion and a cow".

On 7th January 1795, Willm Rolf purchased the land at the auction and on 28th January 1795, he concluded the following contract of purchase: "The chamberlain Breymann as special proxy vendor herewith sells in the name of his honourable excellence the privy councillor and bailiff Freiherr Paul Joseph von Landsberg-Velen to Wilhelm Rudolphs Meyer the plot of land located in Papenburg near his lordship's meadow on the West side of the main canal, called the Thurmwerft, surrounded with a seven foot wide ditch all round, nearly as big as a Papenborger Viertelsplaatz for the sum of 815 Dutch guilders to the following conditions:

1. The purchaser Wilhelm Rudolph Meyer shall deposit on the fourth of the coming month of March as down payment on the purchase price two hundred Dutch guilders and pay the rest of the purchase price on St. Michaels Day 1795 or from that time on pay interest amounting to 4% on each St. Michaels Day and pay the capital after half a year's notice has been given.

2. The purchaser shall pay his lordship annually and for all times on St. Michaels Day, 1795 for the first time, all the dues usually paid by a Papenborger viertel Plaatz, namely
a) 12 Dutch stivers charter for the Werft, b) half a day's work or six Dutch stivers, c) two and a half Dutch stivers poultry money, d) eleven and a half Dutch stivers parson's and verger's money, and

Blick von der Ems auf die Einfahrt zum Papenburger Siel.

View from the Ems looking towards the entrance to the Papenburger lock.

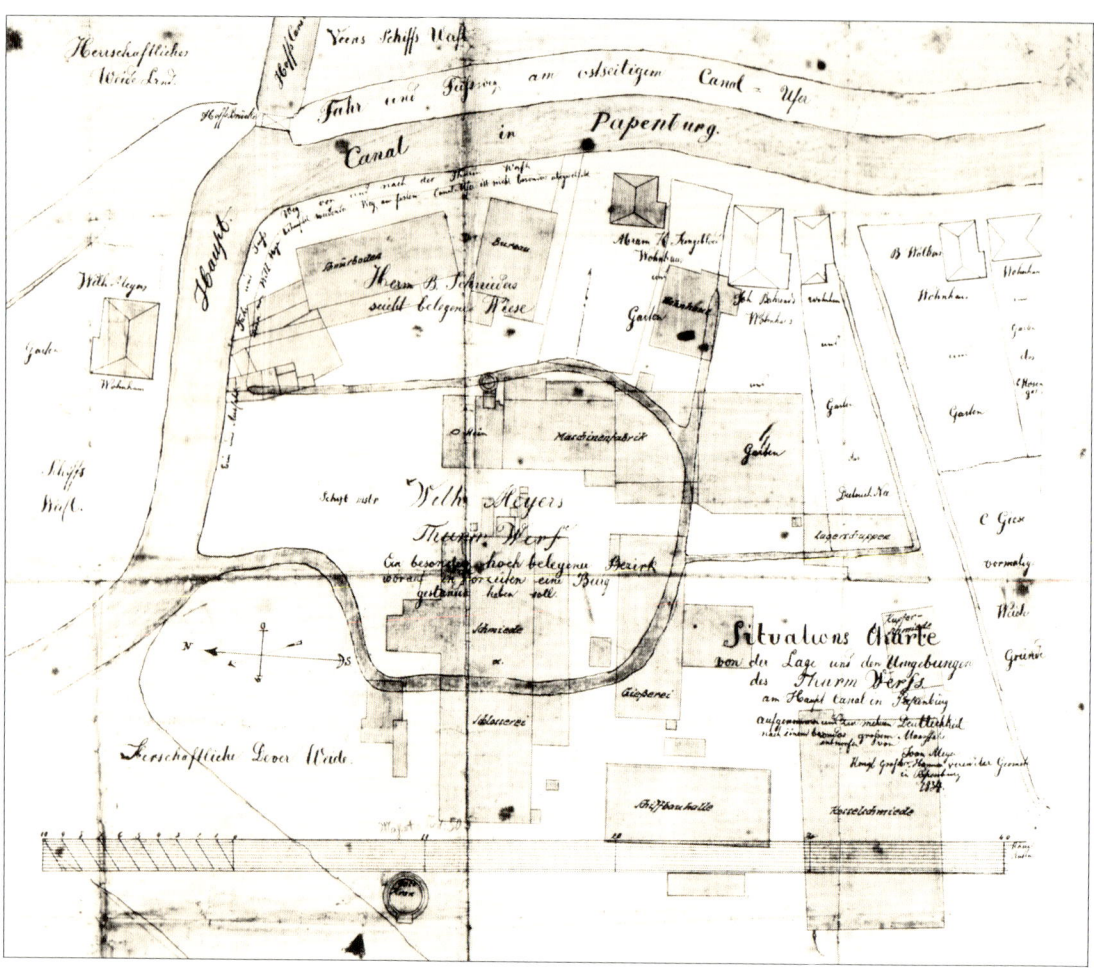

"Situations Charte von der Lage und den Umgebungen des Thurm Werfs am Haupt Canal in Papenburg", 1834. In die Karte wurden spätere Gebäude der alten Werft nachträglich eingefügt.

"Situations map showing the situation and surroundings of the Thurm shipyard on the main canal in Papenburg", 1834. Later buildings on the old shipyard have been added to the map.

nur, Aufschub zu erreichen, vielmehr konnte er den Reichsfreiherrn sogar zur Zurückzahlung der ersten, schon geleisteten Rate des Kaufschillings bewegen. Er erhielt also seine 200 Gulden zurück und sollte nun die gesamte Kaufsumme verzinsen und in jährlichen Raten abtragen. Der Reichsfreiherr täuschte sich nicht bei seiner Einschätzung seines Schuldners. Die jährlichen Zinssummen sind nach dem Protokollbuch der Herrschaft Papenburg in den folgenden Jahren pünktlich gezahlt worden. Im Jahre 1803 konnte Willm Rolf den gesamten Restkaufpreis für die Turmwerft abtragen.

Zwei Jahre nach dem Kaufvertrag über die Turmwerft verkaufte der Reichsfreiherr von Landsberg-Velen das Grundstück gegenüber der Turmwerft, das Gelände, das heute zwischen der Bahnhofsstraße und dem Hauptkanal liegt, ebenfalls an Willm Rolf Meyer. Dieser hatte sein Kaufgesuch damit begründet, die Turmwerft biete nicht genügend Raum, um auch ein angemessenes Wohnhaus darauf zu errichten. Er sollte dafür sorgen, daß der Leinpfad für die Schiffszieher am Kanal entlang in ordentlichem Zustand erhalten blieb. Nachdem er den Boden mit Erde hatte erhöhen lassen, baute Willm Rolf Meyer im Jahre 1797 auf dem Grund-

e) all community dues expected from a Papenborger viertel Plaatz …"

Willm Rolf Meyer paid the down payment of 200 Dutch guilders as agreed and then began to establish his shipwright's workshop on the purchased land. In this way we are justified in naming the 7th January 1795 as birthday of the shipyard. And this makes the Meyer yard one of the oldest German shipbuilding concerns.

But let us return to the very early days of the yard. The young shipbuilder had taken on more than he had expected with his new yard. For when the first interest was due in October 1795, he found he was not able to pay. He showed amazing negotiating skills in this time of need. He did not only manage to defer the payment, he even persuaded his Freiherr to repay him the first installment of the purchase price which he had already paid. In this way, he came back into possession of his 200 Dutch guilders, and arranged now to pay interest on the entire purchase sum and pay installments on a yearly basis. The Freiherr was not wrong in his assessment of his debtor. According to the records of the Freiherren von Papenburg, the annual amounts of interest were paid punctually in the

stück ein Wohnhaus für sich. Dieses Haus ist erst in den fünfziger Jahren unseres Jahrhunderts abgerissen worden und hat dem Neubau von Joseph Franz Meyer Platz gemacht. Zwei Generationen lang bewohnten die Besitzer der Werft dieses Stammhaus.

Eine Karte aus dem Jahre 1834, die das Gelände der alten Turmwerft aufzeichnet, läßt erkennen, daß der Schiffsbaubetrieb sich nicht mehr auf dem ursprünglichen Platz, der Turmwerft befand, sondern auf die andere Seite des Hauptkanals verlegt worden war. Die Helling lag dort, wo heute der Garten des Grundstücks Bahnhofstraße 5 ist, gegenüber der Mündung des Turmkanals in den Hauptkanal. Der Teil, der auf der Karte noch „als des Schiffbaumeisters Wilhelm Meyers Thurm Werf" bezeichnet wird, hat in dieser Zeit nur noch als Holzlagerplatz gedient.

Willm Rolf Meyer hatte, nachdem er die Werft erworben und mit dem Bau von Schiffen begonnen hatte, noch schwere Jahre zu überwinden. Ein Jahr nach dem Bau seines Wohnhauses, 1798, mußte er noch einmal ein zusätzliches Darlehn aufnehmen. Von dem Schmiedemeister Jan Dykmann in Aschendorf lieh er sich 300 holländische Gulden. Als Sicherheit überließ er dem Gläubiger all „sein Haus und Güter". Bei dem Vertragsabschluß erschien auch sein Vater als Bürge. Wir sehen hier, wie auch in der späteren Familiengeschichte, die enge Zusammenarbeit der Familienmitglieder. Gerade bei dem schwierigen Unterfangen, sich selbständig zu machen, konnte der Sohn sich auf die Unterstützung durch seinen Vater verlassen.

Von den ersten Schiffen, die auf der neuen Werft gebaut worden sind, wissen wir nicht viel. Im Jahre 1804 taucht Willm Rolf in der Liste der Papenburger Schiffergilde zum ersten Mal als „Buchhalter" von zwei Schiffen auf. Nach den Bräuchen der damaligen Zeit zu schließen ist er sicher auch der Baumeister dieser Schiffe gewesen. Im folgenden Jahr verwaltete er bereits fünf Schiffe als Buchhalter.

In die Zeit der Werftgründung fällt die erste Ehe Willm Rolf Meyers; er heiratete 1799 Anna Gerds Lenger, die damals 15 Jahre alt war. Sie brachte ihm eine Mitgift von 800 Gulden in die Ehe, die ihre Eltern in vier Raten auszahlten — für den frischgebackenen Unternehmer sicher eine willkommene Aufstockung seines Anfangskapitals. Die junge Frau mußte, noch kaum den Kinderschuhen entwachsen, die Pflichten einer Hausfrau übernehmen. Aber Anna Gerds vermochte sich nicht so rasch von ihren Kinderfreuden zu trennen. Zum Erstaunen ihrer Mitbürger ging sie bisweilen in der strengen Tracht der verheirateten Frauen und spielte „Knickern achter de Dyke" (hinter dem Deich). Sie war ein zartes Mädchen. Ihre beiden Kinder starben jung, und sie selbst folgte ihnen im Alter von 19 Jahren. Im gleichen Jahr, am 2. November

following years, and in 1803, Willm Rolf was in a position to discharge the whole of the remaining purchase price for the Turmwerft.

Two years after the purchase contract for the Turmwerft, the Freiherr von Landsberg-Velen sold the plot of land opposite the Turmwerft, the land which today is located between the Bahnhofstrasse and the main canal, to Willm Rolf Meyer again. Willm Rolf Meyer had explained his purchase request by saying that the Turmwerft did not have sufficient room to have a suitable residential house built on it. It was up to him to ensure that the towpath alongside the canal was kept in good condition. After raising the land with more earth, in 1797 Willm Rolf Meyer built himself a residential house on the plot of land. This house was not demolished until the 1950s, to make room for Joseph Franz Meyer's home. The owners of the shipyard had lived in the old residential house for two generations.

An old map dated 1834 showing the grounds of the old Turmwerft, reveals that the shipyard was no longer located on the original site, the Turmwerft, but had been transfered to the other side of the main canal. The slipway was located where today the garden of Bahnhofsstrasse No. 5 is, opposite the point where the Turmkanal flows into the main canal. The area referred to on the map as "The Thurmwerf of master Shipbuilder Wilhelm Meyer" was then used only as timberyard.

After he had purchased the yard and begun to build ships, Willm Rolf Meyer had to overcome some lean years. One year after building his residential house, in 1798, he had to take out an additional loan. He borrowed 300 Dutch guilders from the master smith Jan Dykmann in Aschendorf. He pledged all his house and goods to his creditor. When he concluded the contract, his father accompanied him as guarantor. Here as so many times in the future, the individual members of the family all worked closely together. And in particular in the difficult early days of establishing his own shipbuilding company, the young man could rely on the full support of his father.

We do not know much today about the first ships which were built in the new yard. In 1804, Willm Rolf appears for the first time in the lists of the Papenburger shipping guild as "bookkeeper" of two ships. According to the customs of the times, it can be concluded that he was also the master builder of these ships. One year later, he was already "bookkeeper" for five ships.

Willm Rolf Meyer's first marriage coincided with the very early days of the shipyard. In 1799, he married Anna Gerds Lenger, who was only 15 years of age. She brought a dowry of 800 Dutch guilders into the marriage, which her parents paid in four installments — and this must have been a most welcome addition to his initial capital for the

1803, heiratete Willm Rolf ein zweites Mal, und zwar Maria Schwarte. Ihre Eltern stammten aus Holland und waren 1790 nach Papenburg gezogen. Der Vater war als Dispatcheur, als Sachverständiger für Schadensfälle, bei der Papenburger Schiffergilde tätig. Mit Maria Schwarte gewann der Schiffbauer eine Frau, die ihm in den harten Jahren des Aufbaus tatkräftig zur Hand ging. Sie führte die Abrechnungen und übernahm die Buchhaltung. Man erzählte sich von ihr, daß sie es war, die mit den Kapitänen verhandelte, die von großer Fahrt heimkamen. Umsichtig und sparsam, aber auch geschäftstüchtig sorgte sie für die Anlage des Gewinns in Schiffsbeteiligungen. Damals flossen die Haupteinnahmen der Familie aus solchen Schiffsbeteiligungen. Der Werftbesitzer übernahm in dieser kapitalknappen Zeit häufig einen Part, etwa ein Drittel des Herstellungspreises, und beteiligte sich als Reeder an der Schiffahrt. Maria war aber nicht nur eine tüchtige Geschäftsfrau, sondern auch eine gute Mutter ihrer sechs Kinder.

Willm Rolf hatte seine Werft in einem unruhigen Jahrzehnt begründet. Es waren zugleich Zeiten, in denen der Papenburger Schiffbau und die Papenburger Schiffahrt blühten. Die nordamerikanischen Freiheitskriege 1776–1787 zwangen Engländer und Franzosen, einen Teil ihrer Handelsflotte für den Transport der Truppen einzusetzen. Daher löste der Krieg für die Schiffe der Neutralen eine starke Konjunktur aus. Die Papenburger, die schon länger seegängige Schiffe und erfahrene Kapitäne besaßen, nahmen an dem Aufschwung teil. In den vierzehn Jahren von 1771 bis 1784 wuchs ihre Flotte auf 49 Schiffe an, 1806 waren es 90 Schiffe, auf denen 500–600 Papenburger als Matrosen dienten. Papenburger Kapitäne durchsegelten Nord- und Ostsee, die wagemutigsten unter ihnen drangen bis in das noch von türkischen Seeräubern beherrschte Mittelmeer vor. Wir finden sie selbst am Nordkap und im Hafen von Archangelsk. Die von den Freiheitskriegen ausgelöste Hochkonjunktur setzte sich in die folgenden Jahre hinein fort. Inzwischen war in Frankreich 1789 die große Revolution ausgebrochen, die einen heftigen Seekrieg zwischen England und Frankreich nach sich zog. Auch in diesem Krieg bot die gelb-rot-blau gestreifte Flagge der Papenburger Schiffergilde den unter ihr segelnden Kapitänen wirksamen Schutz. Die Schiffergilde stellte ihren Kapitänen Seepässe aus, mit denen sie sich als Neutrale ausweisen konnten. In den anhaltenden Kämpfen suchten bald auch Fremde Schutz unter der Emsflagge. Die Papenburger Schiffer sahen das zunächst nicht ungern, denn die Fremden zahlten bei der Eintragung in die Gilde 25 Gulden für große oder 15 Gulden für kleine Schiffe. Immer größer wurde die Zahl derer, die sich in die Gilde eintragen ließen, und immer öfter begegneten die englischen Kriegsschiffe auch solchen Kapitänen, die zwar einen Papenburger

young entrepreneur. Although almost still a child, the young girl had to take on all the duties of a housewife. But Anna Gerds could not forget her childhood days so easily. To the amazement of her neighbours, she could be found in the sober dress of the married woman playing with other children behind the dike. She was a delicate girl. Both her children died young, and she followed them at the age of 19. In the same year, on 2nd November 1803, Willm Rolf married a second time: his wife's name was Maria Schwarte. Her parents came from Holland and had moved to Papenburg in 1790. Her father was a damages surveyor for the Papenburger shipping guild. The young shipbuilder found in Maria Schwarte a wife who was a tower of strength to him in the difficult early years. She looked after the accounts and did the bookkeeping. The story goes that she was the one who negotiated with the captains arriving home from long voyages. She was cautious and thrifty but had a head for business and ensured that their profits were ploughed into shares in vessels. Shares in vessels proved to be the main source of income of the family in those days. The shipyard owner had a share of about one third of the production price in the vessels, in those days of shortage of capital, and was also involved as shipping agent. But Maria was not only a skilful business woman, she was also a good mother to her six children.

Willm Rolf had founded his shipyard in a troubled decade. But these were also times in which shipbuilding and shipping in Papenburg thrived. The North American war of independence 1776 – 1787 forced the British and French to use part of their commercial fleet for transporting their troops. So in this way, the war created a boom for the ships of the neutral countries. The Papenburgers, who had had sea-going ships and experienced captains for many years, also profited from this boom. In the fourteen years between 1771 and 1784, the fleet grew to 49 ships, in 1806 there were 90 ships, on which 500 – 600 Papenburgers served as sailers. Papenburger captains sailed across the North and Baltic Seas, the most daring of them even reached the Mediterranean, which was still ruled in those days by Turkish pirates. They were even to be found at the North Cape and in the port of Archangelsk. The boom started by the American War of Independence continued in the following years. In the meantime, the French Revolution had started in 1789, which resulted later in a violent war at sea between England and France. In this war too, the yellow, red and blue stripes of the Papenburger shipping guild flag offered effective protection to the captains sailing under it. The shipping guild issued its captains with sea-passes proving their neutrality. In the prolonged struggle, others soon started to seek protection under the

Kuff Aurora, *um 1806.*
Kuff Aurora, *about 1806.*

Paß vorweisen, aber eindeutig feindliche Ausländer, meist Holländer, waren. Es hatte ein schwunghafter Handel mit diesen teils auch gefälschten Pässen eingesetzt. Als die englischen Offiziere das Spiel durchschauten, kaperten sie von da an die Papenburger Schiffe ebenso rücksichtslos wie die der kriegführenden Nationen. Der Herzog von Arenberg, seit 1803 Herr von Papenburg, versuchte durch echte neue Pässe die falschen zu entwerten — aber vergeblich. Im Sommer 1805 brachten die Engländer zehn Papenburger Schiffe auf und hielten sie in ihren Häfen fest. So lähmten die Händel der großen Mächte die weitere Entfaltung von Schiffahrt und Schiffbau in Papenburg. Die freie Papenburger Schiffahrt drohte völlig zu erliegen, als Napoleon 1806 eine totale Seeblockade gegen England verkündete und zur Sicherung dieser Blockade Holland und das Emsland unter seine Herrschaft nahm. Papenburg verlor seine eigene Fahne, die Schiffergilde wurde aufgelöst. Rücksichtslos legten die Franzosen dem Land hohe Kontributionen auf und preßten die jungen Männer zum Dienst in ihrer Flotte. Bald kam die Handelsschiffahrt in Nord- und Ostsee fast ganz zum Erliegen. Aber die Papenburger wehrten sich und kämpften um ihr Recht, Handel zu treiben. Der Schmuggel blühte auf. Das damals englische Helgoland diente als Stapelplatz englischer Manufakturwaren, die in nebligen Nächten emsaufwärts gebracht und mit gutem Gewinn dem wartenden Händler verkauft wurden. So setzten die Papenburger all ihre Hoffnung auf den Sturz Napoleons und das Ende der verhaßten Kontinentalsperre. Aber sie sahen sich bald furchtbar enttäuscht. Durch die langen Kriege waren die Währungen der kontinen-

Ems flag. The Papenburgers did not object at first, because registration with the guild costed 25 guilders for large and 15 guilders for smaller ships. The number of ships wanting to register with the guild grew and grew, and the English warships met more and more captains who could present a Papenburger pass while still being enemy aliens, mostly Dutch. These passes were the subject of thriving trade, some of which were forged too. Once the English officers saw what was happening, they started seizing Papenburger ships just as brutally as ships of their enemies. The Herzog von Arenburg, Lord of Papenburg since 1803, tried to introduce new passes to make the forged ones invalid, but in vain. In the summer of 1805, the English fleet captured 10 Papenburger ships and held them in their ports. In this way the intrigues of superior powers lamed the development of shipping and shipbuilding in Papenburg. It seemed that free Papenburger shipping would cease completely when in 1806, Napoleon announced a total sea blockade

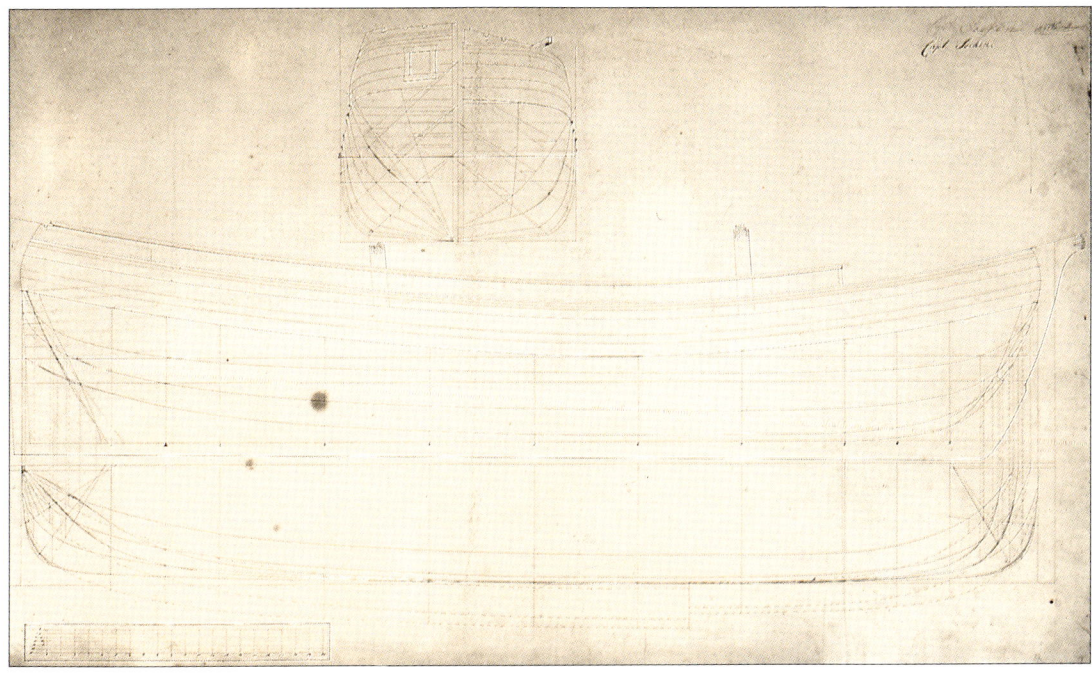

Linienriß einer Kuff.
Line elevation of a kuff.

GOD IS MYN LEIDSMAN.

talen Länder tief zerrüttet, Handel und Gewerbe stockten. Dafür strömten jetzt die englischen Industriewaren ungehindert auf das Festland. Hinter der Mauer der Kontinentalsperre hatte sich in England bereits die erste Phase der Industrialisierung vollzogen. Der Import englischer Waren löste eine schwere Absatzkrise aus. Die kleinen Handwerksbetriebe erwiesen sich in diesem harten Wettkampf als wenig konkurrenzfähig. In Papenburg, einer Gemeinde von damals 3600 Einwohnern, gab es in dieser Zeit 200 Konkurse, und 1824 arbeiteten von den 19 Schiffswerften, die man 1797 hier gezählt hatte, nur noch drei. Auch die neugegründete Werft von Willm Rolf Meyer konnte sich in diesen Jahren des wirtschaftlichen Zusammenbruchs behaupten — ein Beweis für die Zähigkeit und Geschicklichkeit des Firmengründers.

Wir wollen nun versuchen, uns ein Bild von der Arbeit auf der Werft von Willm Rolf Meyer zu machen. Eine Papenburger Holzschiffswerft beschäftigte durchschnittlich 12–15 Schiffszimmerer. Die jungen Schiffszimmerleute mußten ein Jahr als Schiffsjungen, als Moses, zur See fahren, ehe sie ihre Lehrzeit auf einer Werft antraten. Hart waren diese Lehrjahre. Widerspruchslos drehten sie stundenlang die schweren Schleifsteine, kochten Pech oder spitzten „Pluggen", bevor sie in die Kunst des Schiffbaus eingeweiht wurden. Nach drei Lehrjahren erhielten sie eine Zulassung als Schiffszimmerer, eine Gesellenprüfung gab es noch nicht. Die Schiffszimmerer hatten etwa 12 Stunden täglich zu arbeiten. Ihre Arbeitszeit begann um sechs Uhr in der Frühe und dauerte bis in den Abend hinein. Erst gegen 18 Uhr bzw. 19 Uhr war Feierabend. Die Arbeit war im Sommer etwas länger als im Winter, daher handelte man für die Jahreszeiten einen unterschiedlichen Lohn aus. Im Sommer zahlte der Besitzer dem Arbeiter einen Gulden pro Tag, also etwa 1,80 DM, im Winter etwas weniger. Doch besaßen die Arbeiter meist

against England, and to secure this blockage, took Holland and the Emsland under his sovereignty. Papenburg lost its own flag and the shipping guild was disbanded. The inconsiderate French demanded high contributions from the land and forced the young sailors to serve in the French fleet. Soon commercial shipping in the North and Baltic Seas was practically completely halted. But the Papenburgers put up resistance and fought for their right to trade. Smuggling thrived. Helgoland, which was English in those days, became the storehouse for English manufactured goods, which were brought up the Ems on foggy nights and sold with good profit to the waiting merchants. In this way the Papenburgers set all their hopes in Napoleon's downfall and the end of the hated continental barrier. But they were bitterly disappointed. After the long years of war, the currencies of the continental countries were in a terrible state, trade and commerce were faltering. Instead, English industrial products were streaming unhindered onto the continent. Beyond the wall of the continental barrier, the first phase of the industrial revolution was already in full swing in England. The import of English goods caused a severe crisis for the turnover of German goods. The small craft-based businesses could not compete. In Papenburg, a community with 3600 residents in those days, there were 200 bankruptcies; in 1797 there were 19 shipyards, in 1824 only 3 of these were still working. One of these was the recently founded shipyard of Willm Rolf Meyer, who managed to persevere during the years of economy recession — proof of the determination and skill of the company's founder.

Let us now try to picture work in progress on Willm Rolf Meyer's shipyard. A Papenburger wooden shipyard employed on average 12 – 15 shipwrights. The young shipwrights had to go to sea for one year as ship's boy, as "Moses", before they could begin their apprenticeship in a shipyard. The years of as apprentices were hard ones. Without a murmur, they spent hours on end turning the heavy grinding stones, boiling tar or sharpening "plugs", before they were initiated in the art of shipbuilding. After three years as apprentices, they became certified shipwrights. There was no journeyman's examination in those early days. The shipwright worked a 12 hour day, starting at six o'clock in the morning and lasting right through the day, not stopping until six or seven in the evening. The working day was longer in the summer than in the winter, and for this reason, different wages were agreed on for the different seasons. In summer, the yard owner paid his workers one guilder per day, which is about DM 1.80, in winter somewhat less. But the workers usually had small farms and a piece of peat ground on the side. The highest wages were paid to the "Baas", the

Takelplan der Bark Constantia.
Rigging plan of the barque Constantia.

eine kleine Landwirtschaft und ein Stück Torfboden. Den höchsten Lohn auf der Werft erhielt der „Baas", der Vorarbeiter, der die Verantwortung für das Gelingen des Schiffbaus trug. Er lenkte täglich mit lauter Stimme die Arbeiten auf dem Werftplatz. Manche dieser Vorarbeiter machten sich später selbständig und bauten eigene Betriebe auf.

Zu dem genannten Lohn mußte der Besitzer bei allen Reparaturarbeiten Lohnzuschläge gewähren für den größeren Werkzeugverschleiß. Denn die Werkzeuge der Zimmerleute, Beil, Meißel, Handsäge, Kalfathammer, Beitel, Haken, Bohrer, Hobel, Messer, Feilen und Wetzsteine gehörten dem Arbeiter selbst. Eine zusätzliche Leistung des Besitzers stellte auch der Ausschank von Branntwein dar. Das geschah nach strengen Regeln: bei Reparaturarbeiten und an den Tagen, an denen Holz herangeschleppt werden mußte, wurde an zweien der drei Arbeitspausen jedem ein großes Glas Schnaps ausgeschenkt. Bei Neubauten gab es nur Samstags ein Glas Branntwein.

Ein Schiffszimmerer auf der Werft von Willm Rolf Meyer arbeitete an allen Teilen des Neubaus mit. Erst durch das französische Manufakturwesen lernte man allmählich Ende des 18. Jahrhunderts die Vorzüge der Arbeitsteilung kennen. Da es keine Zunft der Schiffszimmerer in Papenburg gab, konnten sich die Werftbesitzer stets geschickte Zimmerleute von auswärts holen. So haben in den Blütezeiten des Papenburger Schiffbaus zahlreiche Fremde hier gearbeitet.

foreman, who was responsible for the yard's shipbuilding success. He supervised the workers on the yard, giving instructions with his loud voice. Some of these foremen even started their own shipbuilding companies later in life.

In addition to the mentioned wages, the yard owner had to grant extra bonuses for wear and tear on tools, with all the repair work involved: the shipwright's tools – axe, lathe, hand saw, calking hammer, chisel, hook, drill, plane, knives, files and whetstones – were his own property. It was also up to the yard owner to serve the workers with brandy, according to very strict rules: in the case of repair jobs, and on days when wood had to be hauled in, every worker was given a large glass of brandy in two of the three work breaks. When building new ships, only one glass was allowed on Saturday's.

A shipwright in Willm Rolf Meyer's yard was involved in all aspects of shipbuilding. It was not until the end of the eighteenth century that the advantages of the division of labour into departments became known through French manufacturing procedures. As the shipwrights in Papenburg were not organized, the yard owners could keep employing skilled workers from elsewhere. In this way, numerous outsiders worked here during the more prosperous times of the Papenburger shipbuilding industry.

The first Meyer shipyard was a very simple affair. In the beginning it was sufficient to have a site

Die Einrichtung der ersten Meyerwerft war keine aufwendige Anlage. Es genügte zunächst der Platz am Kanal, auf dem das Schiff auf Stapel gelegt werden konnte. Man baute gewöhnlich nur ein Schiff; Werften, die über zwei oder mehr Hellinge verfügten, galten als Großunternehmen. Die Breite des notwendigen Grundstücks wurde durch die Länge des Schiffes bestimmt, denn bei der Enge des Kanals war der Querstapellauf allgemein üblich. Die Länge der Schiffe wiederum war begrenzt durch die Durchlaßbreite des Siels an der Ems, denn bei der möglichen Breite von gut sechs Metern konnte man zu Anfang des vorigen Jahrhunderts nur Schiffe bis zu 30 m Länge bauen. Noch beherrschte man nicht die Technik, Längsverbände für längere Schiffe bei gleicher Breite herzustellen. Außer dem eigentlichen Bauplatz brauchte nur noch ein Stapelplatz für das Bauholz und ein Werkzeugschuppen vorhanden zu sein. Vielfach stellte man einfach für die einzelnen Schiffe eine provisorische Helling aus Brettern her. Kuhdünger und Seife sorgten schon für die notwendige Glätte beim Stapellauf. Insofern brauchte man nicht viel Investitionskapital für den Aufbau eines Werftbetriebes. Mehr Geld war schon erforderlich für die Löhne und das Material der ersten Bauten.

Bei dem Holz für das Schiff unterschied man Balkholz, Krummholz und Deckholz. Das Balkholz brachten westfälische Händler auf Flößen zur Werft, das Krummholz für die Spanten kam in Püntschiffen aus dem oberen Emsland und wurde am Sielkanal gelagert. Das Holz für Deck und Masten bezogen die Papenburger direkt aus Danzig. Später verwandten sie auch Pitchpine-Holz aus den Vereinigten Staaten, ließen sich die Eisenteile ihrer Schiffe in England anfertigen und bestellten die Segel in Holland.

Man baute die Holzschiffe in immer gleicher, traditionell überlieferter Weise. Die Aufrisse blieben wohl ein Geheimnis des Schiffszimmermanns. Es war eben das Geschick eines guten Zimmerers, ein wendiges Schiff zu bauen. Kunstfertigkeit erforderte der Bau „auf Klampen". Dabei bog man die eichenen Außenhautplanken über einem offenen Feuer. Zugleich wurden sie mit Wasser begossen, so daß sich das Holz krümmte. Den Kiel des Schiffes hatte man schon vorher gestreckt und Vorder- und Hintersteven aufgesetzt. Man fügte dann den Schiffskörper zusammen und setzte zum Schluß die Spanten ein. In späteren Jahrzehnten ging man dazu über, die Schiffe „auf Spanten" zu bauen. Dabei mußten die Werftleute zuerst die Form der Spanten zeichnerisch festlegen, ehe mit dem Bau begonnen werden konnte. Jetzt streckte man zuerst den Kiel, setzte Vorder- und Hintersteven auf, zog die Spanten, und zuletzt kam die Außenhaut an die Reihe. Als dieses Verfahren aufkam, mußten die Werften ihre Zeichnungen vielfach noch von außen beziehen. Auch Heinrich

on the canal were the ship could be built on keel blocks. Usually only one ship was built at a time. Shipyards with two or more slipways counted as large companies. The length of the ship determined the width of land necessary for building the ship, because in view of the narrowness of the canal, ships were usually launched sideways. And the length of the ship was restricted by the opening passage of the lockgates through to the Ems, because with the possible width of a good six meters, it was only possible to build ships up to 30 m long, right up to the beginning of the last century. The shipbuilders of those days were not familiar with techniques for making longitudinal structures for longer ships of the same width. In addition to the actual shipbuilding area, all that was needed was a place to store timber and a tool shed. In many cases, temporary slipways of wooden planks were prepared for each individual ship. Cow dung and soap were used to make the slipway slippery enough for launching the ship. So little investment capital was required to found a shipbuilding yard. More money was needed for wages and material for the first ships to be built.

The timber for the ships was divided into squared timbers, arched timbers and deck timbers. The squared timbers were brought to the yard on rafts by merchants from Westfalia, the arched timbers for the frames came on punts from the upper Emsland and were stored on the Sielkanal. The timbers for the deck superstructure and masts were purchased directly from Danzig. In later years, the Papenburger shipbuilders also used pitch-pine timber from the United States, had the iron structures for their ships made in England and ordered the sails from Holland.

The wooden ships were built in the same way as they had been from generation to generation. The elevations still remained the secret of the ship's carpenter. It was simply the skill of a good carpenter to build a ship which can be easily steered. Particular skill was required when building ships "on fairleads". The oak planks for the hull were bent over an open fire. Water was poured over them at the same time so that the wood bent. The ship's keel had already been stretched and the fore and aft stems mounted. The ship's body was then assembled and finally the frames were mounted. In later decades, the ships were built "in frames". For this method, the shape of the frames was determined first of all in drawings, before the yardsmen could begin building the ship. In this case, the keel was stretched first, the fore and aft stems mounted, the frames drawn and the hull came last of all. With the introduction of this method, the yards had to turn to outside help for the drawings. Heinrich Wilhelm Meyer, the second son of the founder of the Meyer yard, who had started up his own shipbuilding yard, used the services of a certain

Papenburger Kuff Alida, 1834.
Papenburger kuff Alida, 1834.

Wilhelm Meyer, der zweite Sohn des Werftgründers, der einen eigenen Werftbetrieb begründet hatte, bezog seine Zeichnungen von außerhalb, von einem Zeichner Gille aus Antwerpen, bis sein Betrieb selbst in der Lage war, Schiffsaufrisse anzufertigen. Mit der zunehmenden Technisierung des Schiffbaus wurde die Ausbildung der Schiffbauer immer wichtiger. Allmählich ging man von der einfachen Lehre als Schiffszimmerer ab und besuchte nach der Lehre auf einer Werft noch die Königlich-Preußische Schiffbauschule in Stettin-Grabow.

Die technische Höherentwicklung des Schiffbaus war eine Folge des Aufblühens der Schiffahrt. Die Ausdehnung der Schiffahrtsrouten, die Intensivierung der Handelsbeziehungen zwischen der Alten und der Neuen Welt in der ersten Hälfte des 19. Jahrhunderts stellten höhere Anforderungen an die Größe der Schiffe. Damit änderte die Werft ihr Bauprogramm. Begonnen hatte man in Papenburg im 18. Jahrhundert mit dem Bau von kleinen, flachen Torfmutten, die nur die Kanäle und das Wattenmeer befuhren. Neben diesen Mutten begann man nun Kuffs zu bauen, Zweimaster, die am Großmast Rahsegel, am Besanmast Gaffelsegel führten. Eine Kuff war ein voll gebautes Schiff, d. h. sie hatte eine relativ große Breite im Verhältnis zu ihrer Länge. Ihre Spanten waren an Bug und Heck stark gerundet. Die folgende Generation der Schiffbauer folgte dem Zug der Zeit zu größeren Typen und baute nun auch Briggs und Schoner, schlanke, schnittige Schiffe, die sich durch ihre Besegelung unterschieden: der Schoner führte Gaffelsegel an beiden Masten oder Rah- und Gaffelsegel am Fockmast und Gaffelsegel am Hauptmast, die Brigg Rahsegel an beiden Masten. In den sechziger Jahren des vorigen Jahrhunderts verdrängte der Dreimastschoner diese Zweimaster. Die Bezahlung eines bestellten Schiffes fand damals in vier Raten statt. Die erste Rate war fällig nach Kiellegung und Errichtung des Stevens, die zweite, wenn das Innenholz gefügt war, die dritte, wenn das Schiff geschlossen war, und die letzte beim Stapellauf. Beim Vertrag über den Bau eines Schiffes nahmen Besteller und Werftbesitzer ein Protokoll über Besteck und Zubehör auf. Diesen

Brigg unter hannoverscher Seeflagge, die die Papenburger Schiffe um 1815 bis 1866 führten, vor Neapel.
Brig off Naples under the Hanoverian maritime flag under which the Papenburger ships sailed from 1815 to 1866.

Gille, a draughtsman from Antwerp, until his own workers were in a position to produce the ships' elevations. The technical developments in the shipbuilding industry made it more important than ever for the shipbuilders to receive suitable training. Gradually the yard owners showed less and less interest in simple folk as shipwrights and turned to those who had studied at the Royal Prussian Shipbuilding School in Stettin-Grabow after completing a shipwright's apprenticeship.

Technical development and progress in the shipbuilding industry was a direct consequence of the thriving maritime trade. During the first half of the nineteenth century, the trading routes were extended and trade and commerce between the Old and New World intensified to such an extent that increasingly higher demands were made on the size of ships. In response, the shipyards changed their style of construction. During the eighteenth century, Papenburger shipbuilders began by building small, flat-bottomed peat barges which only sailed on the canals and over the mud-flats of the North Sea. In addition to these peat barges, the shipbuilders now began to build "Kuffs", twin-masted coastal freighters, with a square sail on the mainmast and a gaff sail on the mizzen mast. A Kuff was a fairly broadly built ship with a relatively large width in relation to the length. The frames were markedly rounded at bow and stern. The following generation of shipbuilders followed the trend of the times and also built brigs and schooners, slim, sleak ships which could be differentiated from each other on account of the sails; the schooner had gaff sails on both masts or square and gaff sails on the fore mast and gaff sails on the main mast; the brig had square sails on both masts. In the 1860s, the three mast schooner gradually replaced these twin-mast ships. An ordered ship was paid for on the basis of four installments. The first installment was due on laying down the keel and mounting the stems, the second after assembly of the inner timbers, the third when the ship was enclosed and the last on launching. On

Vertrag nannte man „Schiffsbyl-" oder einfach „Bylbrief". Der Reeder schloß zugleich einen Vertrag mit einem Schmied über die Lieferung der Eisenteile. Ihre Kosten betrugen etwa ein Drittel der Summe, die der Schiffbaumeister erhielt. Die Beschaffung des Baumaterials war damals noch gemeinsame Aufgabe von Baumeister und Besteller. Meist stellte der Bauherr das Material, der Werftbesitzer half bei der Auswahl. Vielfach bestellte aber nicht ein Reeder, sondern eine Gruppe von Leuten ein Schiff. Mit der Bestellung wurde dann eine sogenannte Partenreederei begründet. Die Gruppe ernannte einen aus ihrer Mitte zum Buchhalter oder Korrespondentreeder. Er führte den Schriftverkehr, nahm die Abrechnungen der Kapitäne in Empfang und bewahrte den erzielten Gewinn bis zum Jahresende auf. Der Korrespondentreeder mußte genügend Kapital besitzen, um auch Zuschüsse zu leisten, wenn das im Laufe des Jahres notwendig werden sollte. Die Gruppe der Anteilseigner wählte noch gemeinsam einen Kapitän aus, der sich dann seine Mannschaft selbst aussuchte. Es kam auch vor, daß ein Reeder auf der Werft erschien, ein Schiff bestellte und die Anteile an dem neugebauten Schiff in kleinen und kleinsten Parten, manchmal nicht mehr als zwölf holländische Gulden, verkaufte. Die kaufmännische Seite des Reedereigeschäfts wurde also nach eigenartigen Grundsätzen geführt. Man arbeitete ohne Betriebskapital und ohne Rückstellungen und Bankverbindungen. Der Gewinn wurde jährlich beinahe restlos an die Reeder verteilt. Kamen einmal durch Unglücksfälle oder Mißwirtschaft große Geldforderungen, konnte der Buchhalter sehen, woher er das Geld nahm. Bisweilen hat man, wenn die Forderungen zu hoch waren, das ganze Schiff den Gläubigern übereignet.

Die Tragfähigkeit dieser ersten auf der Werft von Willm Rolf Meyer gebauten Schiffe wurde noch nach ihren Ladungen in „Commerzlasten" oder in „Roggenlasten" berechnet. Eine Commerzlast bedeutete 3000 kg, eine Roggenlast 2000 kg. Die Schiffe, die in Papenburg gebaut wurden, blieben meist unter 100 Commerzlasten, das größte, das 1869 in einer Schiffsliste auftauchte, zählte 162 Commerzlasten. Die Kostenberechnung erfolgte nach den in Kubikfuß berechneten Maßen. Zwischen 1848 und 1866 lag der Preis für einen Kubikfuß bei sieben Stüber holländisch. Ein fertig ausgerüstetes Schiff von einer Tragfähigkeit von 80 Commerzlasten kostete also ungefähr 53 000 Goldmark.

Ursprünglich spielten die genauen Abmessungen der Schiffe keine sonderliche Rolle. Als aber einmal ein Schiff im Siel steckenblieb und von den zahlreichen Zuschauern mit Gewalt durchgezerrt werden mußte — es beschädigte dabei den Sielkopf — ordnete der Reichsfreiherr von Landsberg-Velen an, vor der Ausfahrt eines neuen Schiffes

concluding a contract to build a ship, the ship owner and the yard owner compiled a register for the reckoning and for accessories. This contract was called a "ship's bill". The shipping company concluded a contract with a smith for the supply of the iron components at the same time. These cost about one third of the total sum which the master shipbuilder would receive. Procurement of the shipbuilding materials was in those days the joint task of master shipbuilder and ship owner. Usually the ship owner provided the material and the yard owner assisted in the selection thereof. However, a ship was often ordered not by one single ship owner but a group of persons. A so-called party shipping company was founded on ordering the ship. The group appointed one of the members as bookkeeper or corresponding agent. He was responsible for all correspondence, settled up with returning captains and retained earnings and profit until the end of the year. The corresponding agent had to be in possession of sufficient capital to provide subsidies as necessary during the year. The group of ship owners jointly selected their captains, who then chose their own crews.

It was also possible for a ship owner to appear in the yard and order a new ship; shares in the new ship were then sold in varyingly small parts, sometimes no more than twelve Dutch guilders. The commercial side of the shipping business was a peculiar law unto its own. Many worked without initial capital, without accrual and without bank accounts. Profits were distributed more or less in their entirety to the share holders. When large debts arose resulting from an accident or because of mis-management, it was up to the bookkeeper to find the money required. It sometimes happened that the whole ship was made over to the creditors, if the sum of the debts was too high.

The capacity of the first ships built on Willm Rolf Meyer's shipyards was still calculated in "Commercial loads" or "Rye loads". A commercial load weighed 3000 kg, a rye load 2000 kg. The capacity of ships built in Papenburg was usually under 100 commercial loads; the largest ship which was featured in a shipping list dated 1869 had a capacity of 162 commercial loads. The calculation of costs was on the basis of dimensions in cubic feet. Between 1848 and 1866, the price for one cubic foot was seven Dutch stivers. A fully equipped ship with a capacity of 80 commercial loads thus cost about 53 000 gold marks.

Originally, the exact dimensions of the ship played no particularly important role. But after one ship had become lodged in the lockgates and had to be forced through by numerous spectators, damaging the lock head in doing so, the Freiherr von Landsberg-Velen decreed that a new ship had to be surveyed exactly before leaving the dock. From that time on, captains were only allowed past the lock-

Seitenansicht mit Segelriß einer Kuff. Aus: Jürgen Meyer, Vom Moor zum Meer, 1976.
Side view of the sails' plan for a kuff. From: Juergen Meyer, Vom Moor zum Meer (from the marshes to the open sea), 1976.

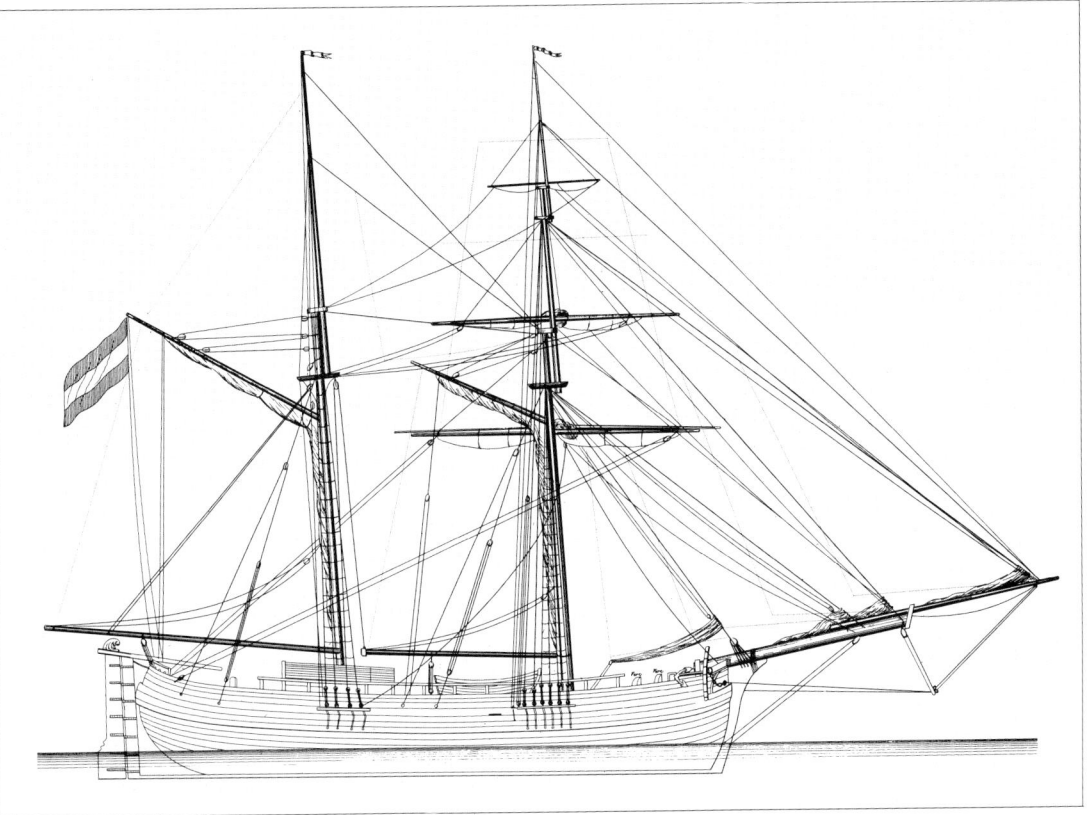

müsse es genau vermessen werden. Nur mit einer genauen Breitenangabe durften von nun an die Kapitäne das Siel passieren.

Damals wie auch heute stellte der Stapellauf einen Höhepunkt im Leben der Meyerwerft dar. Er vollzog sich im 18. Jahrhundert nach festen Riten. Viele Papenburger strömten zu diesem Ereignis auf den Werftplatz. Die Zimmerleute erschienen in ihren Feiertagsgewändern, in langen weiten Samthosen, Jacken mit Silberknöpfen und runden, breitrandigen Hüten. Vor dem Stapellauf sanken alle auf einen Ruf des Schiffsbaumeisters auf die Knie zu einem kurzen Gebet „daß Gott uns vor Unglück bewahren und der Besatzung des Schiffes auf seinen Fahrten Glück und Segen verleihen möge". Dann erscholl das Kommando „Taue kappt", Beilhiebe hallten über den Platz, und langsam glitt das Schiff in sein Element. Aber nicht immer verlief der Stapellauf reibungslos. Unglück an diesem Tage galt als ein schlechtes Vorzeichen. Ein solches Unglücksschiff war die 1889 bei Heinrich Wilhelm Meyer gebaute RUDOLPH II. Beim Stapellauf blieb es mit dem Vordersteven auf Land sitzen. Man versuchte, das Schiff von dem anderen Ufer des Turmkanals ins Wasser zu ziehen. Dabei riß das Seil, und alle Helfer stürzten zu Boden. Zwar gelang der Stapellauf endlich, aber das Schiff blieb vom Pech verfolgt. Bei seiner ersten Ausfahrt verlor es im Sturm alle Masten, erlebte noch mehrere schwere Unglücksfälle und ist 1903 im Atlantik verschollen.

gate if they could provide proof of the exact width measurements of the ship.

The launching of a ship was a climax in the life of the Meyer shipyard in those days, just as it is now. Back in the early years, the occasion was performed according to certain rites. Many Papenburgers crowded down to the shipyard. The carpenters appeared in their Sunday best — long white velvet trousers, jackets with silver buttons, and round, wide-rimmed hats. Before the ship was launched, everyone kneeled at the bidding of the master shipbuilder for a short prayer: "May God save us from misfortune and bless the crew of this ship on her journeys." Then came the command "Cut the ropes", the echo of axe blows filled the yard, and the ship slid slowly into its element. But not every ship was launched without a hitch. Bad luck on such days was seen as a bad omen. The ship RUDOLPH II, built by Heinrich Wilhelm Meyer in 1889, was one such misfortunate ship. When the ship was launched, the fore stem caught on land and held the ship back. In an attempt to pull the ship into the water from the other shore of the Turmkanal, the rope broke and all the helpers fell to the ground. Eventually the ship was launched, but it was pursued by bad luck. On its first voyage, it lost all its masts in a storm, experienced several further accidents and sunk in the Atlantic in 1903. When the canal was too narrow for a broadsides launching, the ships were launched diagonally. The shipwrights let the ship head for the opposite

Schiffbau auf dem „Trifolium" an der Ecke Hoffskanal/ Hauptkanal, ca. 1860. Links ist das Werftgelände von B. Tholen, rechts die Werft von H. W. Meyer zu sehen. Der Zeichner steht auf dem Werftgelände von F. W. Meyer.

Shipbuilding on the "Trifolium" at the corner Hoffskanal/ main canal, about 1860. On the left of the picture is the B. Tholen shipyard and on the right the H. W. Meyer shipyard. The artist is standing on the premises of the F. W. Meyer shipyard.

Wenn der Kanal für einen Querstapellauf zu eng war, wählte man den Schrägstapellauf. Dabei ließen die Zimmerleute das Schiff zuerst auf das gegenüberliegende Ufer zulaufen, rissen es aber dann, bevor es das Land erreichte, mit einer Kette vom Stapelufer aus herum, so daß es schließlich längs im Kanal schwamm. Dies war kein ungefährliches Manöver, weil durch die starke Belastung der Verbindungsbolzen das Schiff auseinanderbrechen konnte. Aber an manchen Stellen ließ der enge Kanal den Papenburger Schiffbauern keine andere Wahl.

War nun das Schiff glücklich vom Stapel gelaufen, gab es für die Bauleute nicht nur zusätzliche Rationen Branntwein. Die Zimmerer erhielten dazu jeder eine lange holländische Tonpfeife, die jede Werft in großen Mengen vorrätig hielt.

In den ersten Jahrzehnten des neuen Jahrhunderts gelang es Willm Rolf Meyer dank seiner Zähigkeit und Tüchtigkeit, die Werft auch in den schweren Krisenjahren, die den napoleonischen Wirren folgten, auszubauen. Der Betrieb wurde zu einem festen Bestandteil des Papenburger Gewerbes. Unter seiner Betriebsführung hat die Werft rund sechzig Schiffe gebaut. Wahrscheinlich hat er sich 1835 aus der Führung des Unternehmens zurückgezogen. Als er 1841 starb, hinterließ er seinem ältesten Sohn Franz Wilhelm Meyer ein angesehenes Unternehmen und allen seinen Kindern eine beträchtliche Barschaft.

shore at first but then pulled it abruptly round before it reached the land by means of a chain from the launching shore, so that the ship finally lay lengthways in the canal. This was no undangerous maneouvre, because the connecting bolts could break apart under the stress. But in some places, the narrow canal left the Papenburger shipbuilders no choice.

Once the ship had been successfully launched, the builders not only enjoyed extra rations of brandy. The shipwrights were also presented with a long Dutch clay pipe, which every shipyard kept in large quantities. The tip of the pipe had to have the same length as the narrow side of the ship.

In the first decades of the new century, thanks to his perseverance and skill, Willm Rolf Meyer managed to extend his shipyards inspite of the difficult times which followed the confusion left in Napoleon's wake. His shipyard became an integral life of Papenburg's commercial life. The yard built about sixty ships under his leadership. He probably withdrew from active business life in 1835. When he died in 1841, he left a well-respected shipbuilding company to Franz Wilhelm Meyer, his eldest son, and considerable sums of money to all his children.

Höhepunkt und Krise der Segelschiffswerft
1841 – 1876

The ups and downs of the sailing ship yards
1841 – 1876

Franz Wilhelm Meyer.

Nach dem Tode des Werftgründers Willm Rolf Meyer im Jahre 1841 wurde die Werft von der Witwe Maria, geb. Schwarte und dem ältesten Sohn Franz Wilhelm gemeinsam geführt. Die Beteiligung an verschiedenen Schiffen, die der Firmengründer, dem Brauch der Zeit entsprechend, übernommen hatte, waren bei der Erbteilung an die Witwe gefallen. Noch immer nahm die Frau des Firmengründers lebhaften Anteil an der Führung der Geschäfte, beteiligte sich auch finanziell an neuen Schiffen. Ja, sie hat noch in diesen Jahren den Buchhalterposten bei verschiedenen Schiffen innegehabt. Sie hat mit ihrer Tatkraft und ihrem Geschäftssinn wesentlich zum wirtschaftlichen Erfolg des jungen Unternehmens beigetragen, bis sie im Jahre 1847 starb. Unabhängig von den damals geltenden Vorstellungen, die die Frau in die Küche und die Kinderstube verbannten, hat sie sich auch in der Betriebsführung hervorgetan.

Nach ihrem Tod entschloß sich auch ihr zweiter Sohn, Heinrich Wilhelm Meyer, der bis dahin als Kapitän zur See gefahren war, der christlichen Seefahrt den Rücken zu kehren und eine eigene Werft zu gründen. Franz Wilhelm, der Erbe der Stammwerft, half seinem Bruder bei der Gründung eines eigenen Unternehmens, indem er ihm zunächst einen Bauplatz in seinem Betrieb einräumte. Kurz darauf legte sich Heinrich Wilhelm dort, wo der Hauptkanal an der alten Tholenbrücke einen scharfen Knick nach Westen macht, einen eigenen Platz an. Im Knick gelegen, besaß die neue Meyerwerft zwei Wasserfronten. Als der Turmkanal gegraben worden war, verlegte Heinrich Wilhelm seinen Betrieb an den rückwärtigen Teil dieses Kanals. Seinen ursprünglichen Bauplatz hat dann später Joseph L. Mcyer, der Sohn von Franz Wilhelm, erworben und darauf die Bürogebäude und die Tischlerei bauen lassen.

Auch in den folgenden Jahren haben die beiden Brüder Meyer eng zusammengearbeitet. Die günstige Wirtschaftslage bot beiden Unternehmen ausreichende Beschäftigungsmöglichkeiten.

Als Heinrich Wilhelm Meyer einmal zwei Schiffe zu gleicher Zeit abliefern mußte und seine Kapazität dazu nicht reichte, half ihm sein Bruder mit

After the death of the shipyard founder Willm Rolf Meyer in 1841, the shipyard was managed jointly by his widow Maria née Schwarte, and his eldest son Franz Wilhelm. The shares in various ships, which the founder had acquired according to the customs in those days, were inherited by his widow. The wife of the founder still took an active part in the day-to-day business of the yard and also became financially involved in new ships. In the coming years, she even took on the job of bookkeeper for different ships. With her never-failing vigour and head for business, she played an essential role in the commercial success of the young shipbuilding company until she died in 1847. In spite of the prevailing opinion that women belonged in the kitchen and nursery, she had taken an active and outstanding part in the management of the company.

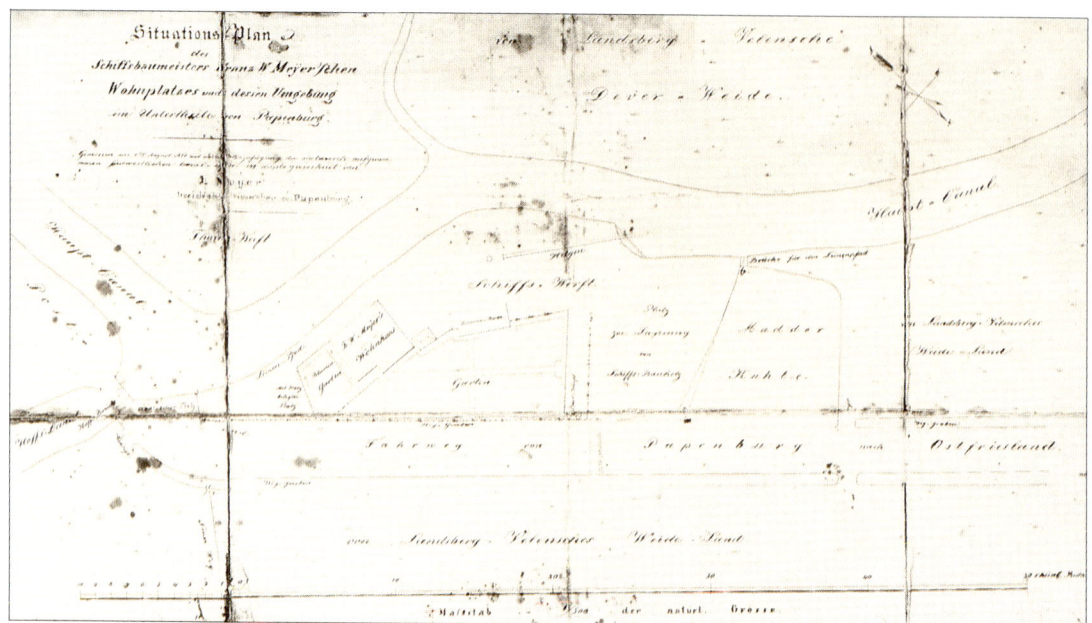

"Situations-Plan des Schiffbaumeisters Franz W. Meyer'schen Wohnplatzes...", einschließlich der Werften, 1857.

"Situational plan of the place of residence of master shipbuilder Franz W. Meyer...", including the shipyards, 1857.

einem Teil seiner Leute aus; ein andermal unterbrach Heinrich Wilhelm ein eigenes Bauvorhaben und stellte seine Belegschaft seinem Bruder zur Verfügung. 1858 übernahm Heinrich Wilhelm einen Schiffsbauauftrag seines Bruders und führte ihn in seinem Betrieb aus. Diese enge Zusammenarbeit zeigt, daß die Brüder sich schätzten und ein gutes Verhältnis zueinander besaßen.

Die Geschichte des Unternehmens in diesen Jahrzehnten ist geprägt von der Hochblüte des Schiffbaus um die Jahrhundertmitte und seinem raschen Niedergang, der darauf folgte. Die Verminderung der englischen Kornzölle im Jahre 1846 und die englischen und amerikanischen Eisenbahnbauten hatten in der Mitte des Jahrhunderts die weltumspannende wirtschaftliche Verflechtung vorangetrieben. Die Jahre von 1850–57 bildeten eine Zeit des wirtschaftlichen Booms. Der in den vierziger Jahren begonnene Aufbau eines europäischen Verkehrsnetzes und die Regulierung der europäischen Wasserstraßen bildeten die Grundlage für eine Intensivierung des Handels. Der Transport der neuen Massengüter Kohle, Eisen und Rohbaumwolle forderte vermehrten Transportraum.

Auch die Auswanderungsbewegung und der Goldrausch in Kalifornien förderten die Ausweitung der Schiffahrtslinien. Erst recht verstärkte dann der Krimkrieg der Jahre 1853–56 die Hochkonjunktur im Schiffbau. Als die englischen und französischen Handelsschiffe Truppen und Material zum weit entlegenen Kriegsschauplatz auf der Krim transportierten, winkten den neutralen Handelsschiffen gutbezahlte Frachten. Die hohen Gewinne verlockten dazu, zahlreiche Neubauaufträge zu erteilen. Die Papenburger Werften arbeiteten unter Hochdruck. Neue Betriebe schossen wie Pilze aus

After her death, her second son Heinrich Wilhelm Meyer, who had sailed to sea as captain until then, decided to turn his back on his seafaring life and founded his own shipyard. Franz Wilhelm, the heir to the family yard, helped his brother to find his feet by giving him an appropriate building site within the company. Soon afterwards, Heinrich Wilhelm established his own site where the main canal makes a sharp bend to the west at the old Tholenbruecke. Located in the bend, the new Meyer yard had two water fronts. After the Turmkanal had been built, Heinrich Wilhelm moved his yard to the back part of this canal. His original site was later acquired by Joseph L. Meyer, Franz Wilhelm's son, who had the office buildings and the joiners' workshop built there.

In the coming years, the Meyer brothers continued to work closely together. The favourable economic situation provided sufficient employment for both companies.

Once, Heinrich Wilhelm had to deliver two ships at the same time: his capacity was not sufficient to meet the schedules, so his brother helped him with some of his own workers. On another occasion, Heinrich Wilhelm interrupted a building project of his own to make his workforce available to his brother. In 1858, Heinrich Wilhelm took on a contract to build a ship which had been awarded to his brother and the ship was built in Heinrich Wilhelm's yard. This close cooperation shows how well the brothers understood and appreciated each other.

The company's history over this period is characterized by the zenith of the shipbuilding industry in the middle of the Nineteenth Century, followed by its rapid decline shortly afterwards. The reduc-

dem Boden, bis man endlich 27 Werften in der Stadt zählte.

Auch die Werft von Franz Wilhelm Meyer nahm an der Hochkonjunktur teil. Wiederholt traten in dem Jahrzehnt von 1850–1860 Engpässe wegen Überlastung der Baukapazität auf. Neben seiner Tätigkeit als Schiffbauer beteiligte sich Franz Wilhelm weiter an der Reederei. In den Jahren 1837 bis 1844 hat er bei all seinen Neubauten einen Anteil übernommen; bei zahlreichen Schiffen fungierte er als Buchhalter. Wir wissen, daß er Ende der sechziger Jahre die Buchhalterschaft von 13 Schiffen besaß.

Aber 1857 schlug die erste große Hausse der neueren Wirtschaftsgeschichte in eine kurze, heftige, von Amerika ausgehende Krise um. Ihre Folgen waren für die deutsche Wirtschaft ähnlich verhängnisvoll wie die Krisen von 1873 und 1929. Besonders hart wurde der Schiffbau durch den Absturz aus der Überproduktionsphase getroffen. Die Preise zerfielen. Es kam zur Umsatzschrumpfung und zur Stagnation. In dieser Krise wurde die Konkurrenzfähigkeit der noch in Handarbeit produzieren-

tion of English customs duties on corn in 1846 and the construction of the railroad in England and America had been the driving force behind the global economic integration which was taking place in the middle of the century. The period between 1850 and 1857 was one of economic boom. The development of a European transport network, which had begun in the 1840s, and the organization of the European waterways formed the basis for an intensified volume of trade. The transport of the new bulk goods coal, iron and raw cotton needed more and more freight space.

The floods of emigrants and the gold rush in California also caused the shipping companies to expand. And the Crimean War in 1853 – 1856 was one of the principal factors in boosting the already rosy economic situation in the shipbuilding industry. The English and French merchant ships were involved in transporting troups and material to the remote theatre of war, so that well-paid cargos were waiting for the neutral merchant ships. The high profits tempted the shipowners to place numerous orders for new ships. The Papenburger

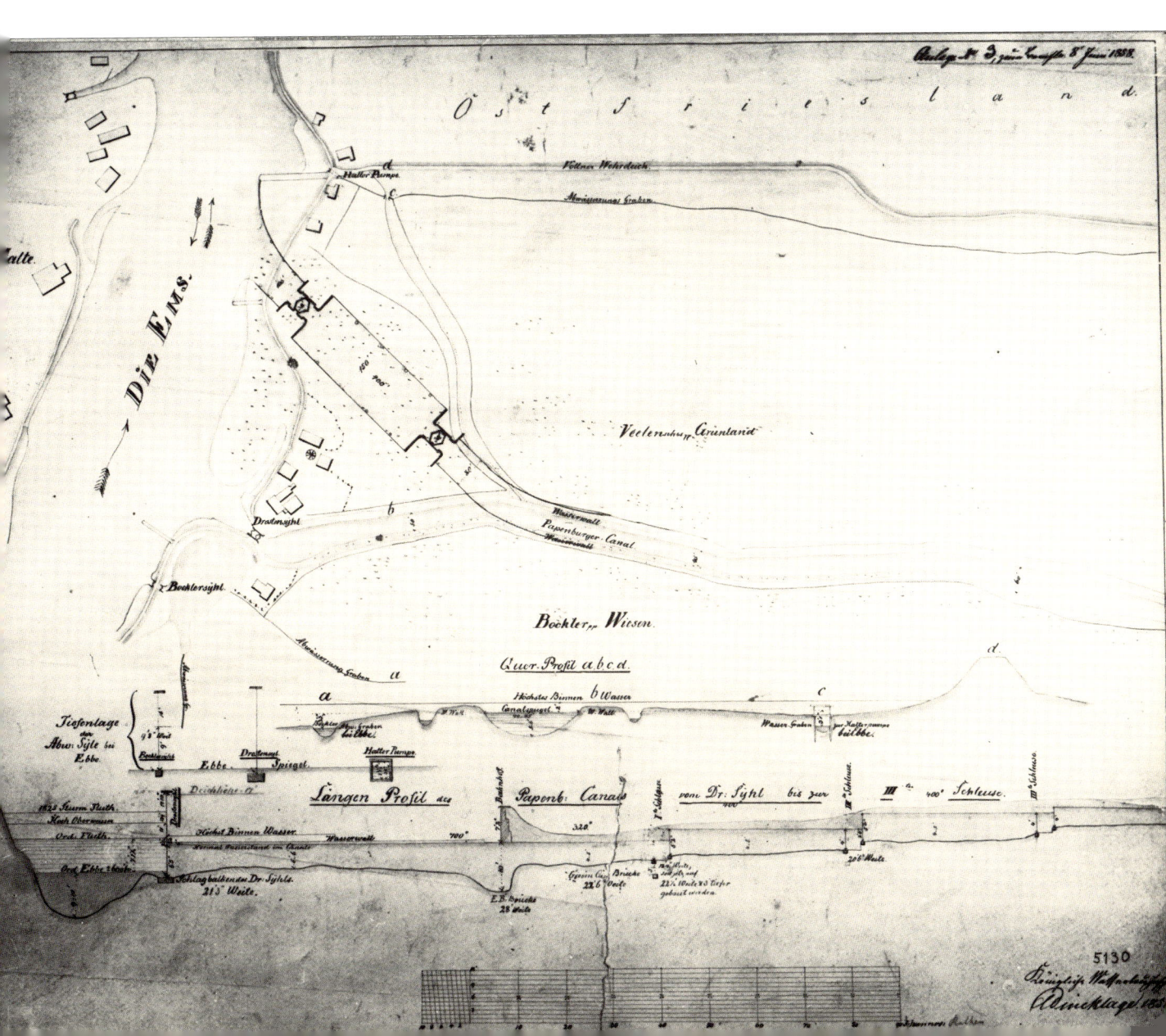

Plan zu der 1865 von Ludwig Franzius erbauten Seeschleuse, gezeichnet im Juni 1858, Archiv des Stadtbauamtes.

Plan for the sea-lock, built in 1865 by Ludwig Franzius, drawn in June 1858, town building department archives.

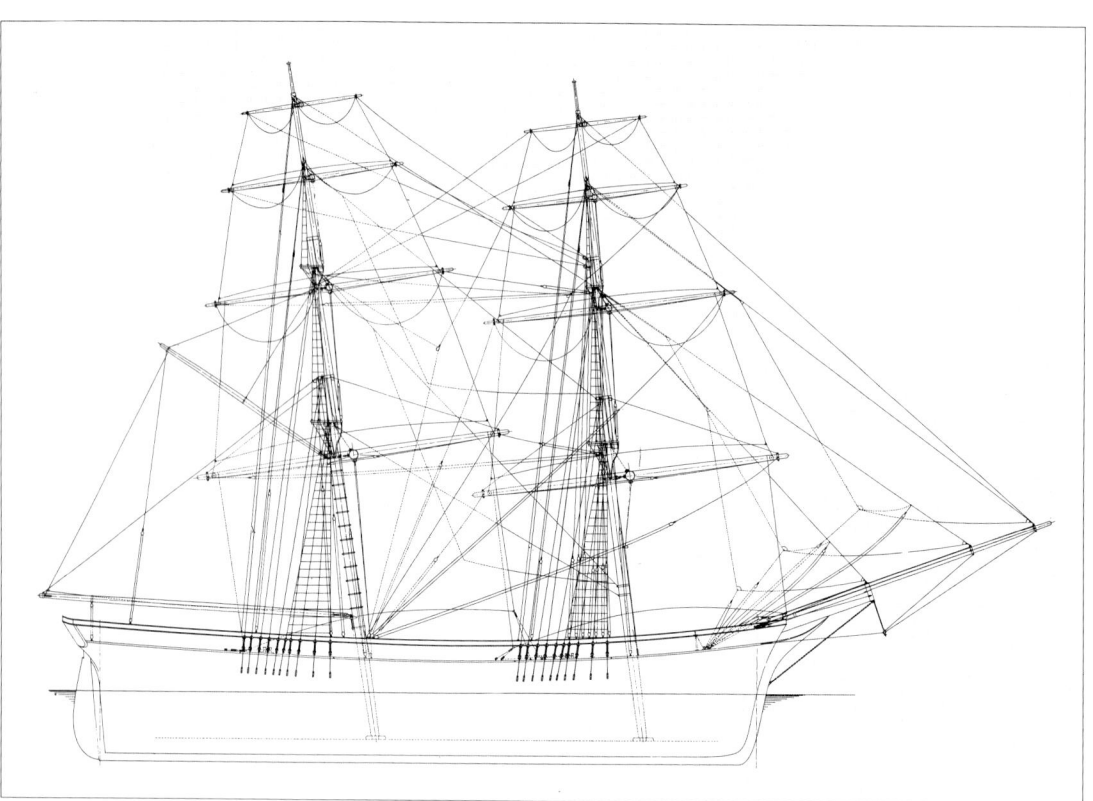

Segelriß der 1864 von Wilhelm Franz Meyer konstruierten Brigg Wilhelm und Joseph.
Sails' plan of the brig Wilhelm und Joseph, *constructed 1864 by Wilhelm Franz Meyer*

den Gewerbe- und Handwerksbetriebe, zu denen ja auch die Holzschiffswerft von Franz Wilhelm Meyer zählte, zerstört. Das 1815 an den kleinen deutschen Mittelstaat Hannover geratene Papenburg konnte keineswegs staatliche Unterstützung und Förderung seiner Industrie erhoffen, wie sie die größeren Staaten gewährten.

Die Hindernisse und Schwierigkeiten, die dem Papenburger Schiffbau durch die mangelnde Unterstützung erwuchsen, erkennt man an dem Ringen um die dringend notwendige Vergrößerung des alten Siels. Da es nur eine Durchlaßbreite von sechs Metern besaß, die Entwicklung des Schiffbaus aber zu immer größeren Typen ging, litten die Papenburger Werften in unerträglichem Maße unter der

yards were working at full stretch. Numerous new yards mushroomed from the ground until there were finally 27 shipyards in Papenburg.

Franz Wilhelm Meyer's shipyard also benefitted from the boom. In the period 1850 – 1860, bottlenecks recurred in a regular fashion with the yard's capacity completely overloaded. In addition to his role as shipbuilder, Franz Wilhelm continued to be involved in the shipping companies. In the years 1837 – 1840, he had acquired a share in all the ships built in his yard, and he even functioned as bookkeeper for numerous ships. We know that at the end of the 1860s, he was bookkeeper for 13 ships.

But in 1857, the first great boom of modern com-

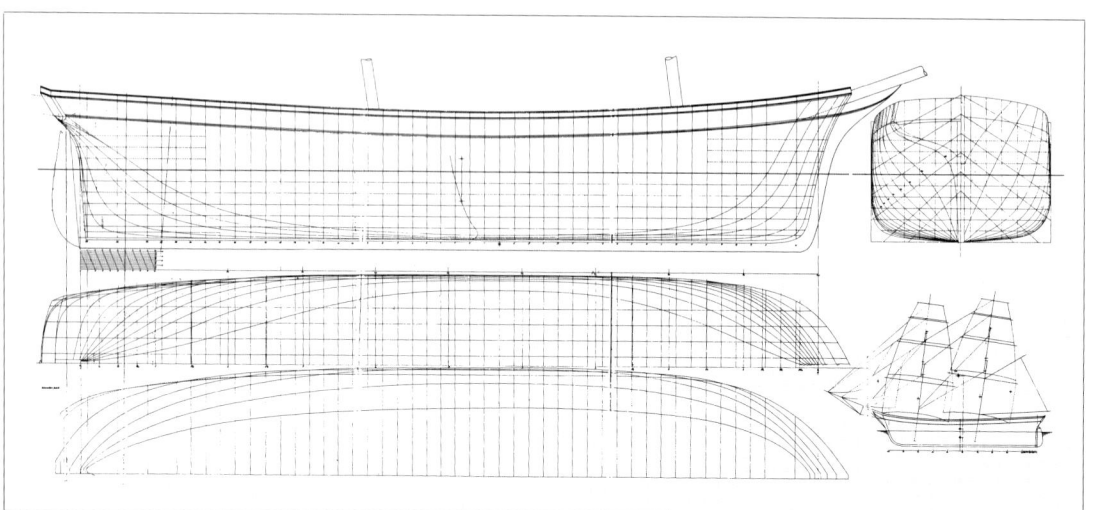

Linienriß der Brigg Wilhelm und Joseph, *1864.*
Elevation of the brig Wilhelm und Joseph, *1864.*

Begrenzung der Schiffsbreiten, die die enge Ausfahrt erzwang.

Das Unverständnis des Grundherrn, des Grafen von Landsberg-Velen, für die Notwendigkeiten des Schiffbaus zwang die Papenburger schließlich, das Siel mit dem umliegenden Gelände dem Grafen abzukaufen. Dabei verschuldete sich die Stadt so stark, daß sie die Kosten für den Bau der neuen Schleuse nicht mehr übernehmen konnte. Die Verhandlungen darüber mit den hannoverschen Behörden schleppten sich erfolglos hin. Erst als der blinde König Georg V. einmal bei einer Durchreise um einen staatlichen Zuschuß gebeten wurde, versprach er den Papenburgern auf dem Bahnhof ihre neue Seeschleuse. Es war ein königliches Wort, und die Abgeordneten in Hannover bewilligten daraufhin prompt die notwendigen Gelder, so daß die Schleuse 1865 vom Kronprinzen eingeweiht werden konnte. Bei einer Breite von 10,50 m konnten jetzt auch große Seeschiffe Papenburg anlaufen. Jedoch war der Werft von Franz Wilhelm Meyer und den übrigen Papenburger Werften damit noch nicht viel geholfen. Denn 1856 war im Zuge der Strecke Emden–Münster eine Eisenbahnbrücke über den Sielkanal projektiert worden, deren Durchlaßbreite zunächst ebenfalls zu eng geplant worden war. In endlosem Ringen kämpften die Papenburger um eine ausreichende Breite der Brückendurchfahrt.

„Unser Kanal", schrieb damals der Bürgermeister, „ist, indem er uns mit der Ems und dem Meere und somit in schiffahrtlicher Beziehung mit der ganzen Erde in Verbindung setzt, die Lebensader für Papenburg. Auf demselben wird der größte Teil der Aus- und Einfuhr, nicht allein Papenburgs, sondern auch der benachbarten Umgebung mit mehr als sechzig kleineren hiesigen und ebensovielen auswärtigen geeigneten Fahrzeugen vermittelt." Die Verwaltung gestattete schließlich den Bau einer Drehbrücke, deren Wendepunkt in der Mitte des Kanals lag, mit einer südlichen Öffnung von 8,50 m. Durch das mangelnde Verständnis der Landesverwaltung entstand ein auf die Dauer unhaltbarer Zustand.

Größere Seeschiffe konnten durch die Emsschleuse wohl in den Sielkanal einfahren, mußten aber vor der Eisenbahnbrücke liegen bleiben. Die Bauprogramme der Papenburger Werften und auch von Franz Wilhelm Meyer blieben durch den neuen Engpaß eingeengt.

Die Entwicklung des Unternehmens wurde aber nicht nur durch die krisenhafte Konjunkturentwicklung und die Nachteile der deutschen Kleinstaaterei gehemmt. Man hatte auch versäumt, sich rechtzeitig mit der technischen Entwicklung vertraut zu machen. Gerade die Hochkonjunktur verwehrte die Einsicht in neue Tendenzen im Schiffbau. Die Überlegenheit des dampfgetriebenen Eisenschiffs, die uns Heutigen so offensichtlich er-

mercial history was replaced by a short, hefty crisis with its origins in America. Its consequences for the German economy were just as disastrous as the crises of 1873 and 1929. The shipbuilding industry was hit particularly hard with the bottom dropping out of the phase of overproduction. Prices disintegrated. The result: shrinking turnover and stagnation. In this crisis, those companies which still worked on the basis of traditional crafts and trades, and Franz Wilhelm Meyer's wooden shipyard was one such company, were no longer able to compete on the international market. In 1815, Papenburg had become part of the small central German state Hannover, so that after the crisis it could not expect the same state support and subsidies for industry which were forthcoming from the larger states.

The handicaps and difficulties encountered by the Papenburger shipbuilding industry as a result of lacking state support, are illustrated by the struggle for the urgently needed enlargement of the old lock. The opening passage only measured six meters, whereas developments in the shipbuilding industry were moving rapidly towards larger and larger ships, so that the Papenburger yards suffered unbearably from the restrictions to the widths of their ships, imposed by the narrow exit.

The lack of understanding shown by the lord of the land, the Graf von Landsberg-Velen, for the needs of the shipbuilding industry, forced the Papenburgers eventually to buy the lock from him together with the surrounding land. But the town incurred such debts in doing so, that it was no longer in a position to take on the costs involved in building a new lock. Negotiations on this point with the authorities in Hannover dragged on and on without success. It was not until the blind King George V. was asked to grant a state subsidy on the occasion of a journey through the town, that the promise was given to the Papenburgers by the King at the railway station, that they would get their sea-worthy lock-gates. This was a royal promise, and the parliamentarians in Hannover promptly granted the necessary sums of money, so that the new lock could be inaugurated by the Crown Prince in 1865. The new lock was 10.50 m wide, so that it was now possible for large sea-going vessels to call at Papenburg. However, this was no great help for Franz Wilhelm Meyer and the other shipyard owners. For in 1856 it was planned to put a railway bridge over the Sielkanal for the new line Emden–Muenster, the width of which was also too narrow. In ceaseless struggles, the Papenburgers fought for the bridge to be built with a sufficient width.

"Our canal", wrote the mayor of those days, "is Papenburg's shipping lifeline to the Ems, to the open sea and thus to the whole world. Our canal is also the route by which a large proportion of the

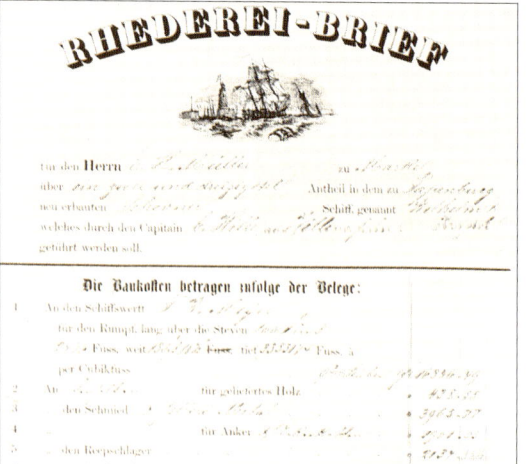

Rhederei-Brief über 1/32 Part an der Brigg Wilhelm und Joseph, *1864.*

Shipping company letter for 1/32 part in the brig Wilhelm und Joseph, *1864.*

exports and imports not only for Papenburg but also for the neighbouring region are transported, with more than 60 smaller vessels from here and just as many suitable vessels from elsewhere." The authorities eventually gave permission for a swing bridge to be built, with its pivot in the middle of the canal and with a southerly opening of 8.50 m. The lack of understanding shown by the authorities thus resulted in a state of affairs which was intolerable in the long term.

Although it was possible for larger ocean-going ships to enter the Sielkanal through the Ems lock, they had to moor before the railway bridge. This bottle-neck imposed permanent restrictions on future shipbuilding programs of all the yards in Papenburg, including Franz Wilhelm Meyer's yard.

The company's development was not only impeded by the economic recession and the disadvantages of the German bureaucratic administration. The shipbuilders had also failed to keep up with the technical developments of the times. The preceding economic boom in particular had concealed new trends in the shipbuilding industry. The superiority of the steam-driven iron ship, which seems so obvious to us today, was not so apparent when steam ships first crossed the seas. First experiments with steam ships had long since started. Way back in 1785, the American John Fitch set out for the trial voyage of his first steam ship. And shortly afterwards in England, a steam-driven canal tug boat, the Charlotte Dundas arrived on the scene; in 1807, the first paddlesteamer chugged up the yellow-brown waters of the Hudson with a speed of 7 kilometers per hour. The first steam ships were rigged paddlesteamers. They could not compete with the swiftly sailing clippers. It was not until the 1830s when experiments with propeller-driven ships were making progress, that the steam ships were capable of greater speeds.

Iron sailing ships were also gaining ground together with the steam ships: the sailing ship was reached final perfection right in the midst of the competition with the steam ship. The sailing ships did not need expensive machinery, fuel or engineers on board. A four mast barque of about 2800 gross registered tons never had a crew of more than 32 – 35 on board. But the length of time a sailing ship needed to complete its journeys was too indefinite, being so dependent on the weather. A steam ship had in the long term, three times the transport capacity of a sailing ship of the same size. And so the balance gradually shifted in favour of the steam ships, although the sailing ships were technically more advanced. In 1870, there were 127 steam ships with more than one thousand gross registered tons and 4320 sailing ships under the German flag: in 1905 there were 1463 steam ships and only 396 sailing ships.

The trend towards large sailing ships with an iron

Höherentwicklung des Seglers zwischen Dampf- und Segelschiffen unaufhaltsam zugunsten der Dampfschiffe. 1870 fuhren 127 Dampfer über 1000 BRT und 4320 Segelschiffe unter deutscher Flagge, 1905 waren es 1463 Dampfer und nur noch 396 Segelschiffe.

Für die Werften von Franz Wilhelm und Heinrich Wilhelm Meyer und den gesamten Papenburger Schiffbau bedeutete die Entwicklung zum Großsegler mit eisernem Rumpf und erst recht zum Dampfboot einen vernichtenden Schlag gegen ihren traditionellen Holzschiffbau kleinerer Typen. Man hatte sich wohl nicht rechtzeitig mit der Entwicklung des Marktes vertraut gemacht. Diese Versäumnisse forderten schwere Opfer. Zwischen 1860 und 1890 mußte eine Holzschiffswerft nach der anderen ihre Tore schließen. Auch auf der Werft von Franz Wilhelm Meyer wurden die Aufträge spärlicher, die Verhandlungen langwieriger.

hull and the development of the steam ship dealt a destructive blow to the shipyards of Franz Wilhelm and Heinrich Wilhelm Meyer and to the entire shipbuilding industry in Papenburg, with their traditional wooden construction and smaller vessel types. The shipbuilders had failed to take notice in time of the trends tendencies of the market. And this failure demanded considerable sacrifices. Between 1860 and 1890, one timber shipyard after the other closed its gates.

In Franz Wilhelm Meyer's yard too, contracts for new ships were few and far between and negotiations more tedious. The Papenburger shipbuilders fought bitterly for their existence. They turned to building extremely flat sailing ships which were still sought after on the routes to South America on account of the awkward ports there. This way out brought good profits in the last thirty years of the nineteenth century. But it was too late. The

Modell der Brigg
WILHELM UND JOSEPH.
Foto: Ingrid Fieback.
Model of the brig
WILHELM UND JOSEPH.
Photographer: Ingrid Fieback.

Papenburger See- und Watt-Schiffe für das Jahr 1867.

Laufende №	Flaggen №	Name des Schiffes	Name des Capitains	Name des Buchführers	Bauart	Jahr der Erbauung	Grösse nach Comm.-Lasten	Schiffe, welche: Chronometer führen	mit Zink oder Metall verkupfert	kupferfest oder mit galvanisirtem Eisen verbolzt
1	405	Abram	J. Peters	A. Beckmann	Schooner	1860	52			
2	253	Albert	G. Abrams jr.	J. L. Röttgers	Brigg	– 65	75	Chr.	M.	m.
3	15	Alfred	H. Többens	W. Höveler	Schoonerbrigg	– 65	72 1/2			
4	574	Almuth Catharina	B. Gewald	F. W. Meyer	Schooner	–63	41 1/2			
5	665	Alpha	J. Pilage	Jos. Dieckhaus	Schoonerkuff	–55	42 1/2			
6	502	Alwine	J. Bette	H. Suerken	"	–53	43 3/4			
7	370	Amandus	H. Walker	V. Korte	Galiot	–53	43 1/2			
8	466	Angela	H. Schuten	H. Meinders	Schooner	–56	63 1/2	Chr.	Z.	
9	632	Anna	L. J. H. Freericks	L. L. Freericks	Brigg	–63	93 1/2	Chr.	M.	m.
10	264	Anna	Jac. Jongebloed	J. Dieckhaus	Schoonerkuff	–53	57 1/2			
11	90	Anna	Jac. Venema	J. J. Lange	Schooner	–58	51 1/2	Chr.	Z.	
12	124	Anna	M. Poelmann	R. H. Freericks	Schoonerkuff	–57	35 3/4			
13	27	Anna	H. Hovene	A. Beckmann	Brigg	–64	75	Chr.	M.	m.
14	485	Anna Margaretha	J. Lucas	Schiffer selbst	Galiot	–61	24 1/2			
15	245	Anna Margaretha	H. B. Oltmanns	F. W. Meyer	Schooner	–66	48			
16	516	Anna Maria	H. Rieke	Schiffer selbst	Galiot	–66	19			
17	108	Anna Wiemann	H. Klein	C. B. Wiemann	Schooner	–59	65			
18	560	Annchen	W. L. Velt	H. E. Zurmeyer	"	–55	62			
19	461	Annchen	Jos. Bette	W. Höveler	Galiot	–62	55 1/4			
20	504	Annette	J. Baumeyer	J. J. Tross	Brigg	–56	61		Z.	
21	488	Antina	H. A. Kerjös	B. Tholen	Galiot	–61	28 1/2			
22	726	Antonette	B Schulte	R. Albers Wwe.	Brigg	56	68 1/2			
23	715	Antonius	A. Gönningen	B. Mammes Wwe	Schooner	–56	48 1/2			
24	3	Auguste	J. v. Veen	Jos. Rieke	Brigg	55	62 1/2		Z.	
25	86	Aurora	H. Bollen	A. Klasen	"	–60	67 3/4		Z.	
26	162	Berge	H. Hinrichs	C. P. Wiemann	"	–65	97	Chr.	M.	m.
27	544	Bernhard	G. Kuper	F. Parys	Schoonerkuff	–61	48 1/2			
28	477	Bernhard	J. Strack	J. J. Lange	Schooner	–62	58 1/2			
29		Bernhard	G. Jongebloed	J. Beckmann	Schoonerbrigg	– 66	81		M.	m.
30		Bernhard	B. Korfage	F. W. Meyer	"	–67	73 1/2			
31	749	Bernhardine	B. Olthaus	H. Huising	Brigg	–57	76 1/2	Chr.		
32	33	Bürgermeister Stüve	E. Maas	C. P. Wiemann	"	–65	102 1/2	Chr.	M.	m.
33	642	Cäcilia	H. Olthaus	J. Zurmeyer	Schoonerkuff	–51	55			
34	537	Cappelen	B. Walker	R. H. Freericks	"	–61	40			
35	232	Caspar	W. Rebbock	B. Mammes Wwe.	"	–63	53 1/4			
36	680	Catharina	J. Gauthier	J. A. Klasen	"	–55	33 3/4			
37	294	Cathinca	J. Niehaus	R. Zurmeyer	"	–57	33			
38	323	Ceres	G. Rosendahl	J. Dieckhaus	Schooner	– 62	56 1/2	Chr.	Z.	
39	729	Christine	E. Kassens	R. H. Freericks	"	– 57	54 1/2		Z.	
40	529	Cito	H. Rüther	J. Dieckhaus	Schoonerkuff	–53	44 1/2			
41	587	Clementine	H. W. Rüther	J. Dieckhaus	Schooner	–65	75 1/2			
42	392	Concordia	F. Eisenbart	Schiffer selbst	Kuff	–41	24			
43	470	Eduard	Rud. Heyen	A. Klasen	Schoonerbrigg	–64	68 3/4			
44	288	Einigkeit	B. Burlage	A. Beckmann	Schooner	–63	27 1/2			
45	94	Elisabeth	M. Stoppelkamp	J. L. Veen	Brigg	–60	67 1/2		Z.	
46	102	Elisabeth	A. Schwede	J. Barents	Schoonerbrigg	–63	58 1/2		Z.	
47	771	Elise	H. Niebur	Jos. L Veen Wwe.	Brigg	– 57	54	Chr.	Z.	
48	506	Elise	H. Kremer	J. L. Röttgers	Schooner	–61	55 3/4	Chr.	Z.	
49	575	Elise	H. Voogdt	Schiffer selbst	Galiot	–30	34 1/2			
50	326	Elise	R. H. Lange	H. J. Lange	Schoonerbrigg	–66	76		M.	m.
51	226	Emsland	H. Brandt	J. L. Röttgers	Schooner	–63	70 1/2	Chr.	Z.	
52	356	Ernst & Georg	H. J. Lange jr.	J. J. Lange	Schoonerbrigg	–59	45 1/2		Z.	
53	286	Ernte	J. Bodeewes	Schiffer selbst	Schooner	–57	42 3/4			
54	469	Fanny Sermes	H. J Kramer	R. H. Freericks	"	–54	60 1/2			
55	386	Fortuna	J. Wenninga	B. Erpenbeck	Brigg	–60	65	Chr.	Z.	
56	242	Franz	G. Kröger	A. Klasen	Schoonerkuff	–52	33 3/4			
57	429	Franziscus	B. Spillmann	F. W. Meyer	Kuff	–39	36 1/2			
58		Frau Anna	J. Mammes	Schiffer selbst	Tjalk		9 1/2			
59		Frau Catharina	L. Velt	Schiffer selbst	"		9 1/2			
60	755	Freihandel	Schipmann	H. H. Mammes jr. Wwe.	Schooner	–57	33 1/4			
61	74	Freundschaft	J. Többens	H. Leyding	Schoonerbrigg	–61	52 1/2		Z.	
62	443	Friede	H. Timmermann	B. Mammes Wwe.	Brigg	–66	83 1/2		M.	m.
63	395	Friedrich	H. Dreyer	W. Höveler	Schoonergaliot	–60	58		Z.	
64	734	Georg	Jos. Röttgers	Jos. L. Veen Wwe.	Brigg	–57	69 1/2		Z.	
65	58	Gerhard	Jac. Albers	R. Albers Wwe.	Schooner	–63	68	Chr.	Z.	
66	348	Gerhard	N. D. Santjer	L. Jongebloed	Schoonergaliot	–59	56			
67	459	Gerhard Heinrich	H. Kempen	S. Sievers	Schonner	–62	47			
68	91	Gertrude	A. Heyen	B. Mammes Wwe.	"	–56	58 1/2			
69	704	Gertrude	G. H Kramer	Jos Rieke	Brigg	–56	70 3/4		Z.	
70	255	Gertrude	H. J. Lindeboom	J. C. Lindeboom	Kuff	–49	24 1/2			
71	563	Gertrude	H. L. Freericks	R. L. Freericks	Schooner	–64	76 3/4			
72		Gesina	J. B C. Lindeboom	J. Tross	Schoonerbrigg	–63	77		Z.	
73	569	Gesina	D. Roskamp	E. Post	Schoonerkuff	–50	54 1/2			
74	557	Gesina	N. J. Lindeboom	J. C. Lindeboom	Kuff	–46	18 1/2			
75		Gesina	H. Rehbock	Schiffer selbst	Tjalk		9			
76	430	Gesina Margaretha	J. Koop	W. Rogge	Brigg	–61	66	Chr.	Z.	
77	238	Gottfried	G. Jongebloed	J. L. Röttgers	Schoonerbrigg	–66	84			m.
78	194	Gretchen	H. Lenger	F. W. Meyer	Schoonerkuff	–54	49 1/2			
79	522	Gretchen	H. Lindeboom	S. Sievers	Brigg	–66	96 1/2		M.	m.
80	185	Harmonie	J. B. Albers	Schiffer selbst	Kuff	–51	18 1/2			
81	26	Haselünne	H. Forkenbeck	B. G. Erpenbeck	Brigg	–62	69 1/2	Chr.	M.	m.
82	687	Heinrich	H. Ahrens	H. H. Mammes jr. Wwe	Schoonerkuff	–55	33			
83	757	Heinrich	M. H Krull	H Zurmeyer	Brigg	–57	63 1/2			
84	510	Heinrich	Jac. J. Röttgers	H. A. Jongebloed	Schoonerbrigg	–61	55 3/4			
85	496	Helen	H. Altmeppen	R. H. Freericks	"	–65	80 1/2		Z.	
86	478	Helena	L. Niemeyer	J. Dieckhaus	Schoonerkuff	–54	38 1/2	Chr.	Z.	
87	39	Helene	H. Tombrink	A. Beckmann	Brigg	–65	77		M.	m.
88	517	Hercules	W. Müllmann	B. Freericks	Schooner	–53	55 1/4			
89	403	Heribert	H. Dreyer	W. Höveler	Brigg	–66	88 1/2		M.	m.
90	638	Heribertus	H. J. Rieke	H. E Zurmeyer	Schoonerkuff	–48	56			
91	70	Hermann	E. Bolwin	H. Abrams	Schoonerbrigg	–60	64 3/4		Z.	
92	206	Hermann	B. Többens	B. Freericks	Schoonerkuff	–47	46 1/2			
93	458	Hermann	H. Lenger	H. H. Mammes jr. Wwe.	Kuff	–53	27 1/2			
94	93	Hermann	J. H. Niebur	A. Klasen	Schoonergaliot	–64	72			
95	416	Hermann	A. Schnieders	J. Dieckhaus	Schoonerkuff	–52	53 1/4			
96	371	Hermann	H. A. Schnieders	R. Zurmeyer	"	–54	31			
97	349	Hermanus	H. Mammes	Schiffer selbst	Tjalk		10			
98	430	Hermes	P. Suerken	L. Jongebloed	Schooner	–61	64 1/2		Z.	
99		Hermine	H. Tammen	J. Beckmann	"	–64	61			
100	486	Hilkea	C. L. Velt	H. E. Zurmeyer	Schooner	–64	73			
101	315	Hinricus	H. Schulte	H. H. Mammes jr. Wwe.	Kuff	–40	20 1/2			
102	59	Ida	B. Jongebloed	A. Klasen	Schooner	–56	62 3/4		Z.	
103	512	Jacobius	H. Poelmann	L. Jongebloed	"	–64	76 1/2		Z.	
104	126	Jacobus	B. Henken	E. Post	Schoonerkuff	–51	36 1/2			
105	713	Johann	L. L. Dreyer	E. Post	Schoonerkuff	1856	33 1/2			
106	18	Johann	G. Eisenbart	J. B. Albers	Schoonerbrigg	– 62	67 1/2			
107	190	Johanna	H. Schleinhege	H. H. Mammes jr. Ww.	Schoonerkuff	–57	32 1/2			
108	421	Johanna	H. H. Röttgers	F. W. Meyer	Schoonerbrigg	–64	77 1/2			
109	145	Johanne	J. J. Lange	J. J. Lange	Brigg	– 58	72 1/2		Z.	
110	764	Johannes	J. H. Schulte	Joh. Barents	Schooner	– 57	54 1/2			
111	345	Johannes	Lucas Rieke	J. A Klasen	Schoonerkuff	–59	33 3/4			
112	160	Johannes	W. Jongebloed	Joh. Beckmann	Brigg	–62	68 1/2	Chr.	Z.	
113	582	Johannes	J. J Kuper	Joh. Ottens	Schoonergaliot	–63	46 1/2			
114	243	Joseph	J. Abrams	Jos. L. Veen Ww.	Schoonerkuff	– 52	52 1/4			
115	136	Joseph	Joh. Gruber	Jos. Rieke	Schoonergaliot	–63	51 1/4			
116	220	Joseph	J. Kramer	H. Abrams	Brigg	–66	79 1/2		Z.	
117		Joseph	H. Klein	J. Dieckhaus	Schooner	– 67	80 1/2			
118	82	Josepha	N. Bödege	Th. Hilling	Brigg	–61	61	Chr.	Z.	
119	49	Juno	J. Süerken	J. L. Röttgers	Brigg	–65	82 1/4	Chr.	M.	
120	213	Klio	H. Roskamp	A. Klasen	Bark	–58	73	Chr.	M.	
121	573	Königin Marie	C. Wildermann	J. Beckmann	Brigg	–63	68 1/2		Z.	
122	181	Kronpr. Ernst August	J. Abrams	H. W. Meyer	Schooner	–63	61 1/2		Z.	
123	54	Leo	J. W. Jongebloed	A. Klasen	Schooner	–59	35 1/4			
124	46	Leo	F. Müller	R. H. Freericks	Schoonerkuff	–59	40 1/2			
125	101	Leonore	H. C. Jongebloed	J. Dieckhaus	Brigg	–58	74 1/4	Chr.	Z.	
126	20	Leopold	Jos. Freericks	H. Huising	Brigg	–55	72	Chr.	Z.	
127	578	Lina	J. Bliedecker	J. Zurmeyer	Schoonergaliot	–63	59 1/2			
128	423	Lina	W. Albers	J. Lange	Brigg	–61	65 1/2		Z.	
129	695	Lisette	J. H. Velt	W. B. Velt	Schooner	–55	65 1/2		Z.	
130	251	Lisette	W. Beckmann	G. Beckmann	Schoonerbrigg	–66	79			
131	154	Louis	H. Bolwin	R. H. Freericks	Brigg	–66	97 1/2	Chr.	M.	
132	475	Ludgerus	J. Lampe	J. Dieckhaus	Brigg	–64	78		Z.	
133	756	Lütcken	H. Sandmann	Jos. Heyl	Bark	–57	162	Chr.	M.	
134	271	Margaretha	H. B Koop	J. Zurmeyer	Brigg	–58	68 1/2		Z.	
135	462	Margarethe	Jos. J. Veen	L. L. Freericks	Schooner	–66	56 1/2		M.	
136	499	Maria	F. W. Meyer	F. W. Meyer	Schonner	–65	60			
137	324	Maria	B. Schulte	Th. Hilling	Brigg	–64	81 1/2	Chr.	Z.	
138	33	Maria	H. Beckmann	Joh. Beckmann	Schoonerbrigg	–60	52			
139	615	Maria	H. Pigge	B. Breymann	Schoonerbrigg	–63	73		Z.	
140	312	Maria	J. Jongebloed	J Dieckhaus	Schooner	–62	66 1/2			
141	364	Maria	M. Olthaus	E. Post	Schooner	–63	64 1/4		Z.	
142	483	Maria	A. Walker	F. W. Meyer	Schooner	–61	61		Z.	
143	331	Maria	H. Breymann	Jos. Dieckhaus	Schoonerkuff	–47	54 1/2			
144	710	Maria	H. Heyen	J. Zurmeyer	Schooner	–56	50 1/2			
145	367	Maria	J. Schleinhege	B. Mammes Ww.	Schooner	–62	45			
146	691	Maria	H. Ammann	J. Dieckhaus	Schoonerkuff	–55	33 1/2			
147	83	Maria	J. A. Schnieders	R. Zurmeyer	Schoonerkuff	–58	33 1/2			
148	174	Marie	G. Bueren	H. W. Meyer	Brigg	–65	102	Chr.	M.	
149	410	Martin	B. Rampe	A. Klasen	Schoonerbrigg	–62	64	Chr.	M.	
150	376	Mettina	J. van Loh	A. Beckmann	Schooner	–63	69	Chr.	M.	
151	310	Minister Windthorst	A. Führing	C. Dütting	Brigg	–66	104			
152	397	Nicolaus	G. Gautier	J. A. Klasen	Schooner	–66	71			
153	400	Orion	C. C. Lindeboom	R. Albers Ww.	Schoonergaliot	–64	46 3/4			
154	647	Osirius	H. Warnekes	R. H. Freericks	Schoonerkuff	– 54	45			
155	180	Osnabrück	L. H. Röttgers	C. P. Wiemann	Schooner	–62	64		Z.	
156	580	Pandora	Lenger	J. L. Röttgers	Schoonerkuff	–52	36		Z.	
157	24	Papenburg	J. Schnieders	B. Mammes Ww.	Bark	–64	112		M.	
158	68	Philothea	H. Kramer	A. Klasen	Schoonerbark	–66	87 1/2			
159	583	Prinzessin Friederike	B. Bröring	A. Klasen	Schooner	– 63	49			
160	144	Remmina	H. Nee	A. Beckmann	Schooner	–64	66		Z.	
161	140	Renskea	J. H. Voogdt	J. Tross	Schoonergaliot	–60	41			
162	586	Rhuma	H. Pylage	A. Klasen	Schooner	–65	61 1/2			
163	281	Rikstina	E. v. Loh	A. Beckmann	Brigg	–62	65 1/2	Chr.	Z.	
164	673	Rudolph	W. Müllmann	R. H. Freericks	Schooner	–55	60		Z.	
165	13	Rudolph	J. Mesker	R. Zurmeyer	Schooner	– 62	58 1/2			
166	610	Sara	G. Smit	H. W. Meyer	Schooner	–63	79		Z.	
167	295	Schlump zu Lulle	H. Strack	J. W. Stöve zu Lulle	Brigg	–58	66 1/2	Chr.	Z.	
168	329	Stadt Papenburg	J. Bolwin	R. H. Freericks	Schooner	–61	70 1/2			
169	385	Stephan	J. Menke	B. Mammes Ww.	Bark	–65	103 1/2	Chr.	M.	
170	231	Stephenson	J. Witte	G. J. Schulte Ww.	Brigg	– 60	68 1/2	Chr.	Z.	
171	501	Thekla	G. Schmelzer	A. Beckmann	Schooner	–61	52	Chr.	Z.	
172	116	Thekla Maria	H. H. Bahns	H. Cordes	Kuff	–48	41 1/2			
173	121	Theodor	D. J. Többens	D. Dröge	Schoonerkuff	–52	56 1/2			
174	279	Theresia	P. Huising	H. Huising	Brigg	–62	74 1/2	Chr.	Z.	
175	564	Theresia	Jos. Schulte	Jos. L. Veen Ww.	Brigg	–63	68 1/2		Z.	
176	335	Tina	U. Leuss	H. W. Meyer	Kuffgaliot	–64	19 1/2			
177	643	Valentin	B. Suhlmann	V. Korte	Schooner	–64	55 1/4			
178	34	Vater Breusing		C. P. Wiemann	Schoonerbrigg	–64	77 3/4	Chr.	M.	
179	619	Vesta	B. Rüster	H. H. Mammes jr. Ww.	Schoonerkuff	–49	32 1/2			
180	328	Von Bennigsen	B. Spillmann	Jos. L. Veen Ww.	Schooner	–59	46 1/4			
181	546	Wara	J. Lindeboom	J. L. Röttgers	Galiot	–65	50 1/2			
182	559	Widar	Th. Brake	J. L. Röttgers	Schooner	–62	61 1/4	Chr.	Z.	
183	65	Wilhelm	C. Cassens	H. Zurmeyer	Schooner	–53	63 1/2			
184	604	Wilhelm	H. B. Velt	F. W. Meyer	Schoonerkuff	–47	50 1/2			
185	419	Wilhelm & Joseph	C. Hille	F. W. Meyer	Schoonerbrigg	–66	89 1/2	Chr.	M.	m
186	248	Wilhelmine	J. Poelmann	L. Jongebloed	Schooner	–62	54 1/2			
187	536	Wodan	H. Meinders	J. Zurmeyer	Schoonergaliot	–61	55			
188	223	Zwei Gebrüder	H. Addicks	F. W. Meyer	Schooner	–65	57 1/2			
Im Bau begriffen am 1. Januar 1867:										
189			L. Bödege	B. Mammes Ww.	Schoonerbrigg					m
190			E. Zurmeyer	E. Zurmeyer sen.						m
191			Läning	B. Breymann						m
192			A. Marquering	J. W. Stöve						m
193			?	H. W. Meyer						
194			R. Engelken	L. Röttgers						
195			?	J. A. Klasen						m
196			B. Kramer	A. Beckmann						m
197			J. E. Kramer	?						
198			F. Wittrock	?						

Ueberdies noch 1 Schiff für auswärtige Rechnung im Bau begriffen.

Von den unter der laufenden Nr. 7, 20, 29, 53, 72, 90, 112, 121, 138, 161 und 177 verzeichneten Schiffen wohnen die buchführenden Rheder im Amtsbezirke Aschendorf; unter Nr. 188 im Amtsbezirke Meppen; unter Nr. 76 im Amtsbezirke Lingen und unter Nr. 17, 26, 82, 154, 155 und 178 im Amtsbezirke Osnabrück.

A. J. Rieke,
Expert für das Register „Veritas".

Buchdruckerei der Ems-Zeitung, Papenburg.

Die Papenburger Schiffbauer kämpften verbissen um ihre Existenz. Sie gingen zum Bau von extrem flachen Segelschiffen über, die sich wegen der Hafenverhältnisse auf der Südamerikafahrt noch gut

decline of the timber ships and thus of the Papenburger shipbuilding industry could no longer be halted. The number of merchant vessels registered in Papenburg dropped from 190 in 1869 to 29 in

bewährten. Hiermit konnte man auch im letzten Drittel des 19. Jahrhunderts noch gute Gewinne erzielen. Aber es war zu spät. Der Niedergang der Holzschiffe und damit auch der Papenburger Werften war nicht mehr aufzuhalten. Die Zahl der in Papenburg registrierten Handelsschiffe sank von 190 im Jahre 1869 auf 29 im Jahre 1900. Eine ähnliche Entwicklung wie die Schiffahrt nahm die Papenburger Werftindustrie. Auch die Werft von Franz Wilhelm Meyer konnte sich nicht mehr behaupten. 1876 starb der Firmeninhaber. 1877 lief noch einmal ein Segelschiff vom Stapel. Aber im gleichen Jahr ereilte der Tod auch den Erben der Werft, den ältesten Sohn Wilhelm. Die Witwe von Franz Wilhelm führte den Betrieb nicht weiter. Sie beschränkte sich darauf, die Schiffsbeteiligungen Franz Wilhelms zu übernehmen. So schloß die alte Meyersche Holzschiffswerft ihre Tore.

Aber schon vor dem Ende des Unternehmens hatte auf der anderen Seite des Kanals, auf dem Gelände, wo Willm Rolf einst mit dem Schiffbau begonnen hatte, die Zukunft ihre Pforten geöffnet: die Schiffswerft und Maschinenfabrik Joseph L. Meyer.

1900. The Papenburger shipbuilding industry suffered a similar fate to that of shipping in general. Neither could Franz Wilhelm Meyer's yard keep going. In 1876 the head of the company Franz Wilhelm Meyer died. In 1877, one last sailing ship was launched. But in the same year, the heir of the shipbuilding yards and Franz Wilhelm's eldest son, Wilhelm, also died. Franz Wilhelm's widow did not attempt to manage the company, but just held onto Franz Wilhelm's shares in ships. And so the old Meyer wooden shipyard closed its gates.

But before the company closed down, on the other side of the canal, on the ground where Willm Rolf once began to build ships, the future had opened its doors: the shipyard and engineering works Joseph L. Meyer.

Lied 4.
Papenburger Volkslied.

Weise: Denkst Du daran.

Denk', Papenburg, wie klein du angefangen,
Als Kolonie in einem wüsten Moor,
Wohin zuerst nur kühne Jäger drangen,
Auf Bretterschuh'n durch Binsen, Schilf und Rohr!
Ein schwimmend Land — gleichviel, wem's angehöre —
Gab einst der Fürst dem Drost zum Lehensgut,
Der scherzend sprach: „Dies Land gehört dem Meere,
Denn die Bewohner wallen auf der Flut."

Chor.
Der Schiffer lebt und schwebet auf dem Meere,
Er pflügt die See und ärntet aus der Flut.

Denk', Schifferstadt, verwirklicht sind die Worte
Des Drosten, der zur großen Kolonie
Ansiedler rief aus nah'- und fernem Orte,
Zu bau'n das Moor vom Poel zur Roderie.
Der armen Väter Spaten gebt die Ehre!
Ihr Veen-Platz ward aus Asch' zum Bauerngut,
Sie gruben Euch vom Moor den Weg zum Meere,
Ihr bautet Häuser, schwimmend auf der Flut.

Chor.
Das Haus des Schiffers schwimmet auf dem Meere,
Er pflügt die See und ärntet aus der Flut.

Der Droste ließ erbau'n die Eingangstore
Zur Ems und See, noch Drosten-Siel genannt,
Und Kastenschleusen bis zum hohen Moore;
Da schmückten Werfte der Kanäle Rand
Und füllten aus mit Schiffen Belt und Meere;

Geschirmet durch neutrale Fürsten-Hut,
Schien Papenburg, als ob es Hamburg wäre,
Des Wohlstands Ebbe stieg zur höchsten Flut.

Chor.
Gebt nicht dem Glück, gebt Gott allein die Ehre,
Denn Schiffergut hält wechselnd Ebb' und Flut.

So ist es auch mit Papenburg gegangen,
Und eh'rne Not gefolgt der goldnen Zeit,
Zwar hat Fortuna wieder angefangen
Zu lächeln der gesunk'nen Herrlichkeit;
Doch seid nicht stolz auf hundert Schiff' im Meere,
Auf Rheder-Glück und leicht erworb'nes Gut,
In Glück und Unglück gebet Gott die Ehre,
Baut, schifft getrost, verlieret nie den Mut!

Chor.
Ihr Schiffer, Rheder, lebet aus dem Meere,
Und beider Gut hält mit ihm Ebb' und Flut.

*Joseph L. Meyer,
der Gründer der Eisenschiffswerft und Maschinenfabrik.*

*Joseph L. Meyer,
founder of the iron ship-
building works and engi-
neering factory.*

Zu neuen Ufern
1872 – 1920

To new shores
1872 – 1920

Joseph Lambert Meyer war der zweite Sohn des Werftbesitzers Franz Wilhelm Meyer. Er galt nicht als der künftige Erbe der väterlichen Werft, sollte überhaupt nicht Schiffbauer werden. Die Familie wünschte, daß er einen Holzhandel gründen und auf diese Weise mit seinem Bruder in der Werft eng zusammenarbeiten sollte. Aber Joseph L. Meyer ging seinen eigenen Weg. Nach dem Besuch der Noelleschen Handelsschule in Osnabrück wandte er sich dem Schiffbau zu. Der Vater gab schließlich seinem hartnäckigen Wunsch nach, ließ ihn auf seiner Werft Schiffbau erlernen und sandte ihn dann zur weiteren Ausbildung nach den Vereinigten Staaten, einem Land, das neben England im Schiffbau führend war. Hier arbeitete er auf verschiedenen amerikanischen Werften in Boston, Baltimore und New York. Er brachte von seinem Amerikaaufenthalt ein Skizzenbuch zurück, das seinen geschulten Blick für gute Schiffsmodelle beweist. Nach seiner Heimkehr besuchte er die Königliche Schiffbauschule in Grabow und ging nach Abschluß seiner Ausbildung zur Stettiner Vulcan Werft. Für die damalige Zeit hatte er also

Joseph Lambert Meyer was the second son of the shipyard owner Franz Wilhelm Meyer. He was not expected to inherit his father's shipyard, and was not supposed to become a shipbuilder at all. The family wanted him to found a timber business and thus work in close cooperation with his brother in the shipyard. But Joseph L. Meyer went his own way. After finishing the Noelleschen School of Commerce in Osnabrueck, he turned to shipbuilding. His father finally gave way and let his obstinate son learn shipbuilding on the yard and then sent him to America for further training. In those days, America held a leading position in the shipbuilding industry together with England. He worked in various American shipyards in Boston, Baltimore and New York. On returning from America, he brought back a book of sketches which revealed his trained eye for good ship models. After he had returned home, he went to the Royal Shipbuilding School in Grabow and then went to work on the Vulcan yard in Stettin. The last stage of his drawn-out years of training in Stettin played a significant role in moulding his decisions in later life. During

Bescheinigung Franz Wilhelm Meyers über die Lehrzeit seines Sohnes auf der väterlichen Werft.

Document compiled by Franz Wilhelm Meyer to certify his son's apprentice-ship at his father's shipyard.

eine sehr gründliche Ausbildung erhalten. Die letzte Epoche seiner „Lehrjahre" in Stettin war für seine späteren Entschlüsse entscheidend. Denn hier entstand damals das erste auf deutschen Werften gebaute preußische Panzerschiff. Nach langem Zögern hatte sich die Admiralität entschlossen, erstmals ein Panzerschiff, die PREUSSEN, einer deutschen Werft in Auftrag zu geben. Joseph L. Meyer hat an diesem Auftrag mitgearbeitet, war sogar mehrere Male zu Verhandlungen mit der Admiralität in Berlin gewesen. Hier auf der Vulcan-Werft sammelte er nicht nur praktische Erfahrungen, hier festigte sich auch seine Erkenntnis, daß die Zukunft dem Eisenschiffbau gehöre.

Als er von Stettin zurückkehrte, begann er in dem von der Wirtschaftskrise schwer getroffenen Papenburg den Aufbau seines eigenen Unternehmens. Die Papenburger Schiffbauer sahen diesem Beginnen verständnislos zu. Um sich einen größeren Kapitalstock zu verschaffen, tat sich Joseph L. Meyer mit dem Darmstädter Industriellen Barth zusammen. 1872 gründeten sie die Firma Barth und Meyer, Eisenschiffswerft, Eisengießerei und Maschinenfabrik. Die Firma wurde als offene Handelsgesellschaft geführt. Ihr eigentliches Geburtsdatum ist der 1. April 1872. Jeder Partner leistete eine Bareinlage von 6000 Talern und Joseph L. Meyer brachte noch das Werftgrundstück, das heißt jene Turmwerft, auf der 1795 Willm Rolf Meyer zum ersten Mal ein Schiff gebaut hatte, mit ein. Der Wert des Grundstücks wurde mit 4000 Talern festgesetzt.

these years, the Vulcan yard in Stettin built the first Prussian armoured ship ever to be built in a German shipyard. After long deliberations, the Admirality finally decided to place an order with a German shipyard for an armoured ship, the PREUSSEN. Joseph L. Meyer had worked on this contract and had even been to Berlin several times for negotiations with the Admirality. In the Vulcan yard in Stettin he not only acquired a wealth of practical experience, he also came to the conviction that the future for the shipbuilding industry was in iron ships.

When he returned from Stettin, he began to establish his own company in Papenburg which was suffering from the effects of the economic recession. The other Papenburger shipyard owners looked on in amazement. In order to increase his initial capital, Joseph L. Meyer joined forces with the industrial businessman Barth from Darmstadt. In 1872, they founded the company Barth and Meyer, iron shipyard, iron foundry and engineering works. The company was founded as a general partnership on April 1st, 1872. Each partner deposited the sum of 6000 thalers in cash, and Joseph L. Meyer also contributed the land for the yard, the same Turmwerft, on which Willm Rolf Meyer had built his very first ship in 1795. The value of the land was estimated at 4000 thalers. The transition to iron shipbuilding was linked with the introduction of the steam engine and the change from a manual craft industry to a mechanical factory with division

Die früheste fotografische Aufnahme der Werft entstand anläßlich der Hochzeit Joseph L. Meyers im Jahre 1874. Auf dem Helgen: Raddampfer TRITON.

The earliest photograph of the shipyard was taken on the occasion of Joseph L. Meyer's wedding in 1874. Paddle-steamer TRITON *on the building slip.*

Die erste Seite des „Lieferungs-contractes" zwischen der Werft und dem Norddeutschen Lloyd über den Raddampfer Triton *(Bau-Nr. 4).*

The first page of the "Lieferungscontract" (deliver contract) between the shipyard and the Norddeutscher Lloyd for the paddle-steamer Triton *(ship no. 4).*

Lieferungscontract.

Zwischen der Direction des Norddeutschen Lloyd und den Herren Meyer & Barth in Papenburg ist heute, vorbehaltlich der Genehmigung des Verwaltungsrathes des Norddeutschen Lloyd folgender Contract verabredet und abgeschlossen worden.

§1.

Die Herren Meyer & Barth verpflichten sich dem Norddeutschen Lloyd ein von ihnen zu erbauendes eisernes Räderdampfschiff, dessen Stärke und Construction in der diesem Contracte angehefteten Anlage, welche als ein integrirender Theil desselben zu betrachten ist, näher beschrieben sind, nebst allem Zubehör wie in der gedachten Anlage näher specificirt ist, ausgerüstet zu liefern.

§2.

Das Dampfschiff muß sich als guter Seeboot bewähren, somit sich solches bei dem geringen Tiefgange erreichen läßt, und darf sich bei Benutzung der vollen Maschinenkraft keinerlei erhebliche Vibrationen in Schiff und Maschinen zeigen und darf mit gefüllten Kesseln, compl. Ausrüstung, 60,000 Pfund Steinkohlen an Bord einen Tiefgang von 5 Fuß englisch = 1,525 Meter nicht überschreiten.

§3.

Das Dampfschiff soll bei einem mittleren Tiefgange von 5 Fuß englisch = 1,525 Meter ohne Benutzung von Segeln und in ruhigem Wasser eine Geschwindigkeit von 10 Seemeilen, von denen 60 auf einen Grad des Äquators gehen, pro Stunde, in Beziehung auf das Wasser besitzen, bei einem Verbrauche von 750 ℔ guter Steinkohlen pro Stunde. Für jedes Pfund Steinkohlen, welches pro Stunde während der anzustellenden Probefahrt zur Erreichung und Erhaltung der erwähnten Geschwindigkeit mehr als obiges Quantum verbraucht wird, zahlen die Herren Meyer & Barth dem Norddeutschen Lloyd eine Conventionalstrafe von 5 Thaler Crt.

Falls bei dem stipulirten Kohlenverbrauch die Geschwindigkeit des Schiffes weniger als 9½ Seemeilen oder der Kohlenverbrauch 830 Pfund pro Stunde bei 10 Seemeilen Geschwindigkeit pr Stunde überschreiten sollte, hat die Direction des Norddeutschen Lloyd das Recht die Annahme des Dampfschiffes zu verweigern.

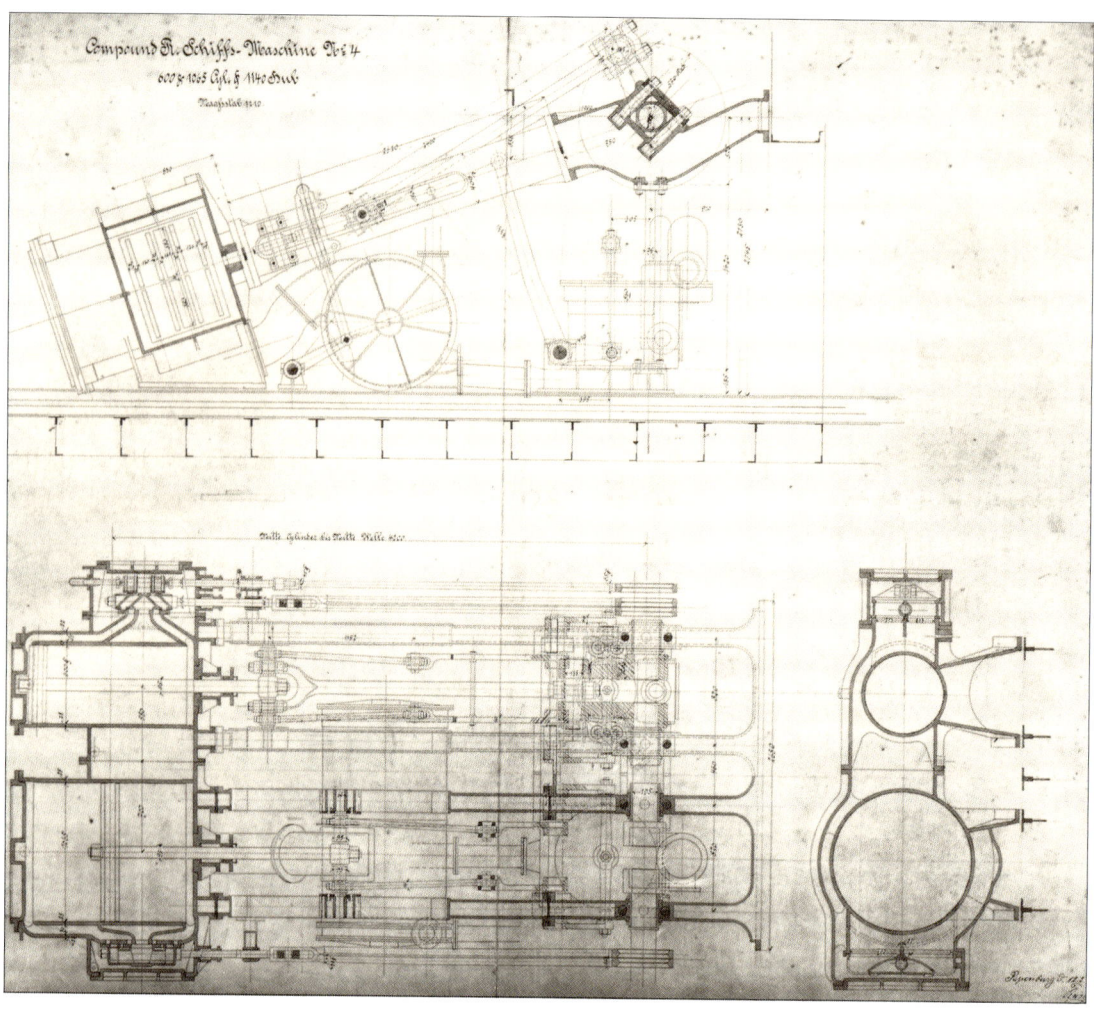

Werftzeichnung einer Compound-Dampfmaschine für einen Raddampfer.

Shipyard drawing of a compound-steamengine for a paddle-steamer.

Der Übergang zum Eisenschiffbau war verbunden mit der Einführung der Dampfmaschine und dem Wechsel vom manuellen Handwerksbetrieb zum arbeitsteiligen maschinellen Fabrikbetrieb. Deshalb war ein hoher Kapitalaufwand für die Einrichtung der Produktionsstätten erforderlich. Viele Fabrikanten konnten ein derartiges Gründungskapital nicht aufbringen und wählten die Form der Aktiengesellschaft für ihre Neugründungen. Joseph L. Meyer ist diesen Weg der Kapitalbeschaffung nicht gegangen. Die Meyersche Eisenschiffswerft ist eine der wenigen Privatgründungen in diesen Jahrzehnten. Ihren Charakter als Familienunternehmen hat sie auch in den folgenden Zeiten stets behaupten können.

Die Geschäftsführung wurde zwischen Joseph L. Meyer und seinem Partner Barth so aufgeteilt, daß Barth für die Maschinenfabrik und die Gießerei und Joseph L. Meyer für die Schiffswerft, die Kesselschmiede und für kaufmännische Angelegenheiten verantwortlich war.

Der neue Betrieb wurde auf dem Grundstück der alten Turmwerft eröffnet. Im Jahre 1869 hatte die Stadt in die Deverwiesen einen Kanal bis zum

of labour. That is why considerable funds were required for equipping the production shops. Many manufacturers could not supply such initial capital themselves, and selected the form of a joint stock company for their newly founded enterprises. Joseph L. Meyer decided not to chose this way of creating capital. The Meyer iron shipyard is one of the few private companies founded in these times. The family character of the company has been retained over the ensuing years.

Management of the company was divided between Joseph L. Meyer and his partner Barth in such a way that Barth was responsible for the engineering works and the foundry, and Joseph L. Meyer for the shipbuilding yard, the boilermaking shop, and for all business matters.

The new company was founded on the grounds of the old Turmwerft. In 1869, the town had had a canal dug in the Dever meadows to the Deverweg, which was called the Turmkanal after the Turmwerft. In this way, the shipyard acquired a water front 522 m long, so that it could erect two permanent hauling-up slipways for ships up to 90 m long, and five horizontal slipways. In this way, the

Deverweg graben lassen, der nach der Turmwerft „Turmkanal" genannt wurde. Dadurch gewann die Werft eine Wasserfront von 522 m, die es erlaubte, zwei festliegende Aufschlepphellinge für Schiffe bis zu 90 m Länge und fünf Querhellinge einzurichten. Auf diese Weise konnte sie mehrere Schiffe zu gleicher Zeit bauen oder reparieren. Nachdem Joseph L. Meyer noch den früheren Werftplatz seines Onkels Heinrich Wilhelm Meyer am Hauptkanal erworben hatte, war Raum genug für die Schaffung der Gebäude und Einrichtungen des neuen Unternehmens. Neben der Schiffswerft und der Maschinenfabrik legte er eine Kesselschmiede und eine Eisengießerei an, später kam noch eine Kupferschmiede hinzu. Im Jahre 1896 entstanden die Gebäude für die Tischlerei und die Büroräume. Da das Unternehmen wuchs, genügte die erste Kesselschmiede später nicht mehr. 1909 errichtete Joseph L. Meyer eine neue, geräumigere als die erste. Schließlich erweiterte er noch das Werftgelände, indem er auch den zweiten Werftplatz seines Onkels Heinrich Wilhelm am oberen Turmkanal erwarb.

So erwuchsen aus bescheidenen Anfängen die ausgedehnten Anlagen der Eisenschiffswerft.

Das früheste Bild der neuen Werft aus dem Jahre 1874 ist an dem Tage aufgenommen, an dem Joseph L. Meyer sich verheiratete. Auf dem Photo erkennt man noch den Einschnitt des ehemaligen Grabens um die alte Papenburg. Viele ältere Pa-

yard could build or repair several ships at the same time. After acquiring the old shipyard which used to belong to his uncle Heinrich Wilhelm Meyer on the main canal, Joseph L. Meyer now had enough room for the buildings and installations for his new enterprise. In addition to the shipyard and the engineering works, his company included boilermaking shop and an iron foundry, with the later addition of a copper forge. In 1896, the buildings for the joiners' workshops and the company offices were built. With the increasing size of the company, the original boilermaking shop was no longer big enough. In 1909, Joseph L. Meyer had a new boilermaking shop built with much more room than the first one. Finally he extended the shipyard by acquiring the second yard which had belonged to his uncle Heinrich Wilhelm on the upper Turmkanal.

This is how the extensive iron shipbuilding works grew from such modest beginnings.

The earliest photograph of the new shipyard was taken in 1874 on the day on which Joseph L. Meyer married. On the photograph the indentation of the former ditch around the old Papenburg can still be seen. Many elder Papenburgers can still remember children skating on this ditch. The engineering works can also be seen on the photograph, together with the TRITON, the fourth ship built by the young company.

The location of the yard imposed restrictions on

Raddampfer TRITON, *der erste Passagierdampferbau der Werft, 1874.*

Paddle-steamer TRITON, *the first passenger steam ship built on the shipyard, 1874.*

41

penburger erinnern sich, daß die Kinder auf diesem Graben gerne Schlittschuh liefen. Man erkennt auf dem Bild die Maschinenfabrik, und die Triton, das vierte Schiff des jungen Unternehmens, ist ebenfalls zu sehen.

Der Standort der Werft legte dem Besitzer für seine Schiffsbauten Einschränkungen auf. Zum einen lag die Werft etwa 70 km landeinwärts und war nur über die Ems zu erreichen. Stärker aber engte der schmale Zugang zur Ems den Schiffbau ein. Weniger die Schleuse als die Eisenbahnbrücke mit ihrer Durchlaßbreite von 8,50 m legte die Schiffsbreiten fest. Also konzentrierte sich Joseph L. Meyer zunächst auf den Kleinschiffbau. Zuerst lieferte er kleinere Leichter und Prähme, Schlepper und Schwimmbagger.

Die Gründung des Unternehmens stellte in der damaligen Wirtschaftslage einen besonderen Akt unternehmerischen Mutes dar. Der deutsche Schiffbau stand unter starkem englischen Konkurrenzdruck. Als Deutschland noch im Dornröschenschlaf seiner Kleinstaaterei lag, hatte in England bereits die Industrialisierung eingesetzt. Die seebeherrschende Nation besaß eine lange Erfahrung im Bau von Handels- und Kriegsschiffen. Nicht nur die technischen Voraussetzungen, auch die Kapitalbasis waren in England breiter, während in Deutschland die junge Industrie unter der Kapitalknappheit litt. Noch war der deutsche Markt für

the shipbuilding plans of the yard's owner. On the one hand, the yard was located about 70 km inland and could only be reached via the Ems. But the narrow access point to the Ems was far the greater hindrance. It was less the lock itself than the railway bridge with its opening of 8.50 which limited the width of the ships. So Joseph L. Meyer concentrated at first on building small ships, supplying in the first few years lighters and praams, tugs and floating dredgers.

In view of the prevailing economic climate, the founding of such an company was an amazing act of entrepreneurial courage. The German shipbuilding industry faced stiff competition from England. While Germany was still dozing in its Kleinstaat existence, England was already being industrialized. The sea-faring nation was already endowed with many years of experience in building merchant vessels and warships. Both the state of technical progress and the availability of capital in England were far superior to the situation in Germany, where the infant industry still suffered from scarcity of capital. The German market for steam ships was still very limited and most of the ships were built in England. The situation in the sector of shipyard equipment and special machines for the shipbuilding industry was similar. The English foundries were quicker than their German counterparts in adjusting their production to include

Raddampfer Augusta *(Bau-Nr. 32) für den Seebäderdienst von Leer nach Borkum und Norderney.*

Paddle-steamer Augusta *(ship no. 32) for the sea-side routes from Leer to Borkum and Norderney.*

Heckraddampfer Soden
*(Bau-Nr. 59)
bereit zum Stapellauf.*

Rear paddle-steamer Soden
*(ship no. 59)
ready for launching.*

Dampfschiffe recht begrenzt, und die Mehrzahl der Schiffe wurde in England bestellt. Ein ähnlicher englischer Vorsprung herrschte auf dem Sektor der Werftausrüstungen und Spezialmaschinen für den Schiffbau. Die englische Hüttenindustrie hatte sich früher als die deutsche auf die Lieferung von Eisenblechen für den Schiffbau eingestellt. Die englischen Walzwerke waren damals die wichtigsten Lieferanten der Schiffbleche für die deutschen Werften an der Nordseeküste. Erst nach dem Auslaufen der ersten Eisenbahnausstattung

sheet metal for ships. The English rolling mills were in those days the main suppliers of sheet metal for the German shipbuilding industry on the North Sea coast. It was not until production of the first railway constructions was phased out that the German rolling mills also made the transition to producing sheet metal for ships. Joseph L. Meyer established contacts right from the start with the Gute-Hoffnungs-Huette (Good-Hope foundry) in Oberhausen. Following generations continued to work in close cooperation with this

Die Soden *war der erste
Neubau für die deutschen
Kolonialbehörden in Afrika.*

The Soden *was the first new
ship to be built for the German
colonial authorities in Africa.*

43

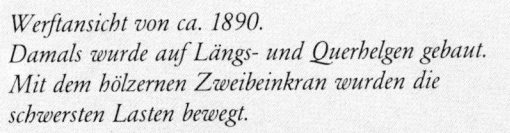

*Werftansicht von ca. 1890.
Damals wurde auf Längs- und Querhelgen gebaut.
Mit dem hölzernen Zweibeinkran wurden die
schwersten Lasten bewegt.*

*View of the shipyard approx. 1890.
In those days, the ships were built on lengthwise
and crosswise building slips. The wooden twin-ley
crane was used to move the heaviest loads.*

Der Raddampfer Norderney *(Bau-Nr. 85) war bereits der zweite Neubau für die Dampfschiffs-Rhederei Norden einer Vorgängergesellschaft der A.-G. Reederei Norden-Frisia.*

The paddle-steamer Norderney *(ship no. 85), was already the second new ship to be built for the Dampfschiffs-Rhederei Norden in Norden, a predecessor company of the A.-G. Reederei Norden-Frisia.*

gingen auch deutsche Walzwerke stärker zur Produktion von Schiffsblechen über. Joseph L. Meyer nahm von Anfang an geschäftliche Beziehungen zu der Gute-Hoffnungshütte in Oberhausen auf. Die Zusammenarbeit mit dieser Hütte setzten die folgenden Generationen fort. Der Enkel von Joseph L. Meyer, Joseph Franz Meyer, wurde zur Hundert-Jahr-Feier der Hütte eingeladen als Ausdruck der jahrzehntelangen Verbundenheit zwischen Werft und Gute-Hoffnungshütte.

Der besondere Weg, den Joseph L. Meyer bei der Firmengründung beschritten hatte, wird deutlich bei einem Vergleich mit der Entstehungsgeschichte anderer deutscher Eisenschiffswerften. Sie gingen in der Regel aus Maschinenfabriken und Eisenwerken hervor, nicht aber aus einer alten Holzschiffswerft. Auf den übrigen Werften besaß man also bereits Erfahrung in der Eisenverarbeitung und eine entsprechende maschinelle Ausrüstung, ehe man daran ging, Eisenschiffe zu bauen. Die Schiffbauindustrie warf damals nicht genügend Gewinne ab, so daß die Unternehmen, die sich daran beteiligten, durch die Herstellung anderer Produkte eine Risikoverteilung anstrebten.

Joseph L. Meyer aber mußte alle Produktionsanlagen selbst erstellen, um seine Schiffe bauen zu können und hat, wenn er auch neben Schiffen Dampfmaschinen und ähnliches baute, doch vorwiegend sich dem Schiffbau zugewandt.

foundry, and when the foundry celebrated its centenary, Joseph L. Meyer's grandson, Joseph Franz Meyer, was invited as an indication of the close links between the shipbuilding company and the Gute-Hoffnungs-Huette.

The unique way in which Joseph L. Meyer went about founding his iron shipbuilding company can be clearly seen when compared to the emergence of other German iron shipbuilding yards. These developed in most cases from engineering factories and iron works, but not from an old wooden shipyard. There was already a wealth of experience in working iron and suitable machinery and appliances available in these other companies, before they started building iron ships. In those days, there was not sufficient profit coming from building ships alone, so that those companies that participated in this business tried to spread the risk involved by manufacturing other products too.

But Joseph L. Meyer had to erect all the production plant himself in order to build his ships, and although he did build steam engines and similar products alongside his ships, shipbuilding was nevertheless his main occupation.

If we take a look at the daily life in the new shipyard, we see a completely different scene from the one prevailing in the wooden shipyard. The number of workers and their main trades have changed. In a wooden shipyard, the shipwrights accomplish-

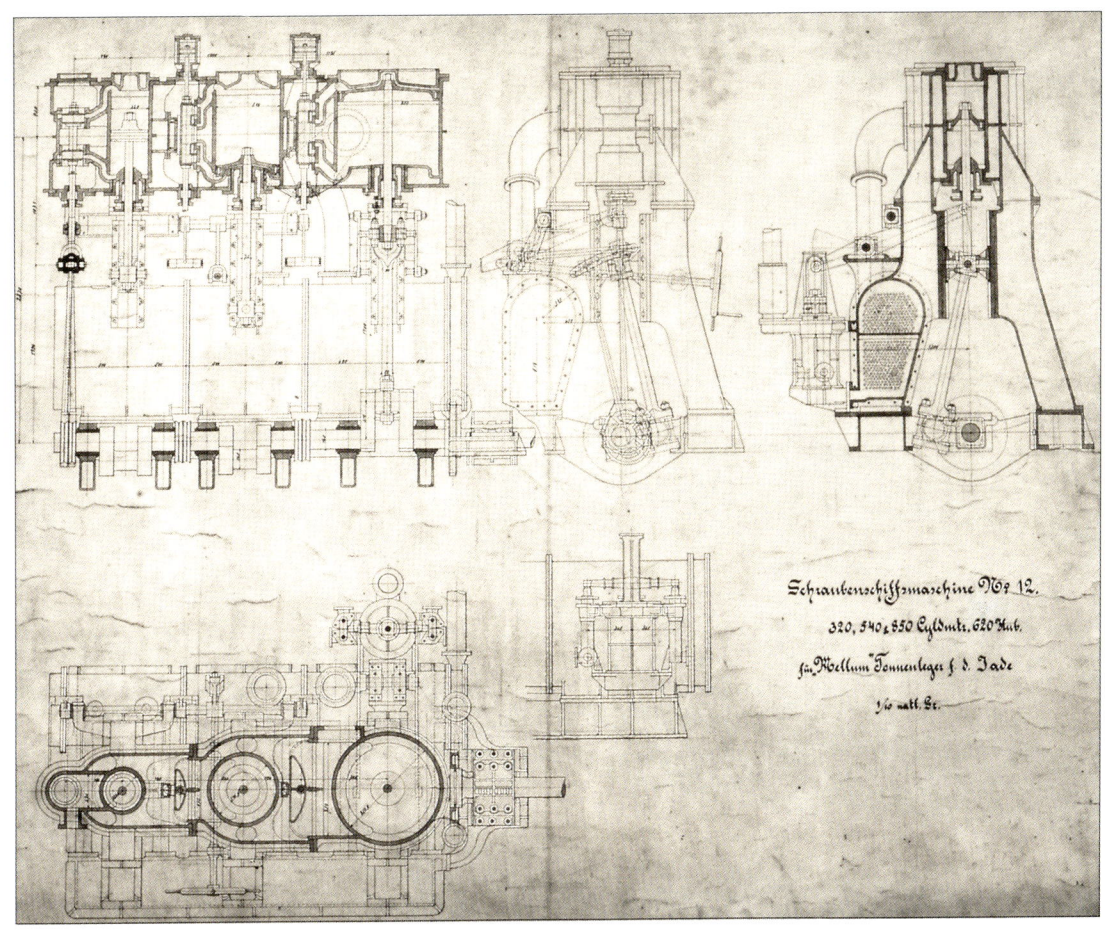

III-Expansionsdampfmaschine für den Schraubenantrieb des Tonnenlegers MELLUM.
III expansion steam machine for driving the propeller of the buoy positioning ship MELLUM.

Tonnenleger MELLUM *(Bau-Nr. 86), 1893.*
Buoy positioning ship MELLUM *(ship no. 86), 1893.*

Der weiße Anstrich verrät, daß auch der Zollkreuzer Wami *(Bau-Nr. 91) für den Dienst in den Kolonien bestellt wurde.*

The white coat of paint betrays that the customs launch Wami *(ship no. 91) was also commissioned for service in the colonies.*

Blicken wir einmal auf das tägliche Leben in dem neuen Betrieb, so bietet sich uns ein ganz anderes Bild als in der Holzschiffswerft. Der Stamm und die Zahl der Arbeiter hatten sich verändert. Bei einer Holzschiffswerft verrichtete der Zimmermann mit dem Fortschreiten des Baus alle auftauchenden Arbeiten. Auf der neuen Eisenschiffswerft aber wurde arbeitsteilig gearbeitet. Nicht mehr der Zimmermann beherrschte das Bild der Belegschaft. Sie gliederte sich in die Gruppen der Schiffbauer, der Maschinenbauer und des kaufmännischen Personals. Bereits bei seiner Eröffnung besaß der neue Betrieb eine erheblich höhere Belegschaft als die Holzschiffswerft in den Zeiten ihrer höchsten Blüte. Der Gründer konnte nicht auf die Papenburger als Arbeiter zurückgreifen, da man im Ort nur Erfahrung im Holzschiffbau besaß. Er brachte sich die ersten Meister und Facharbeiter von der Vulcan-Werft in Stettin mit. Im Jahre 1880 zählte die Werft 62, zehn Jahre später 216 Belegschaftsmitglieder.

Die Arbeitszeit ging allmählich zurück, wurde aber erst 1880 auf zehn Stunden täglich festgelegt. Die

ed all the various different tasks which arose during the different stages of building a ship. But in the new iron shipyard, work was accomplished on the basis of the division of labour. The shipwrights were no longer the dominant group of workers. Instead, there were shipbuilders, mechanical engineers, and the administration office staff. Already on inauguration, the new company had considerably more members of staff than the wooden shipyard at its zenith. Joseph L. Meyer could not rely on the citizens of Papenburg as his workers, because they only had experience in working timber. He brought the first foremen and skilled workers with him from the Vulcan yard in Stettin. In 1880 the workforce numbered 62; by 1890 there were 216 people working in the iron shipyard.

The working hours were gradually reduced, but it was not until 1880 that a limit of ten hours daily was fixed. The wages for skilled workers remained fairly stable in the decades leading up to the first World War. Wages in Papenburg were somewhat under the level paid in the Hanseatic cities, so that the basic houly wage for a skilled worker in 1897 amounted to 29 pfennigs. On the basis of a sixty-hour working week, this made the average monthly income on the yard to about 72 marks. After the first increase to the basic wage by four pfennigs in 1902, it gradually rose until the First World War to 38 pfennigs per hour. Skilled workers were then earning about 100 marks per month. But this can only be seen as an indicator of the social situation of the employee when compared to the food prices of the time. A three-pound loaf of bread cost

Das Feuerschiff Genius-Bank *lief als 100. Schiffsneubau der Eisenschiffswerft im Jahre 1894 vom Stapel.*

The lightship Genius-Bank *was the 100th ship to be launched by the iron shipyard in 1894.*

Schlepper Seehund
(Bau-Nr. 93).

Tug Seehund
(ship no. 93).

Löhne für die gelernten Arbeiter blieben in den Jahrzehnten bis zum Ersten Weltkrieg recht stabil. Papenburg, das mit seinen Löhnen etwas unter dem Niveau der Hansestädte lag, zahlte 1897 für einen gelernten Arbeiter einen Ecklohn von 29 Pfg. in der Stunde. Man kam bei einer sechzigstündigen Arbeitszeit also auf der Werft zu einem Monatseinkommen von rund 72 Mark. Nach der ersten Erhöhung des Ecklohnes um 4 Pfg. im Jahre 1902, stieg er bis zum Ersten Weltkrieg auf 38 Pfg. pro Stunde. Die Facharbeiter erreichten damals also rund 100 Mark im Monat. Die soziale Lage der Arbeitnehmer läßt sich daraus erst dann erkennen, wenn man die Lebensmittelpreise der gleichen Zeit zum Vergleich heranzieht. Man mußte für ein Drei-Pfund-Brot 60 Pfg. bezahlen, für ein Pfund Kaffee 2,10 Mark und für ein Pfund Talg 30 Pfg. Ein Arbeiter hatte also für ein Brot zwei Stunden zu arbeiten.

Das Verhältnis des Firmenchefs zu seinen Arbeitern war damals noch ganz patriarchalisch. Er kümmerte sich persönlich um den Einzelnen und griff bei Notlagen ein. Z. B. ließ er bei Teuerungen waggonweise billige Kartoffeln heranschaffen, um die Preissteigerungen bei den Grundnahrungsmitteln aufzufangen. In der Friesenstraße errichtete er eine Reihe von Wohnungen für seine Stammarbeiter. Das gute Verhältnis zwischen Unternehmer und Arbeiter spiegelt sich in einem Bericht der Emszeitung aus dem Jahre 1889. Sie schreibt über eines der jährlich stattfindenden Betriebsfeste: „Gestern veranstalteten die Beamten und Arbeiter der Firma

60 pfennigs, a pound of coffee 2 marks 10 pfennigs, and a pound of suet 30 pfennigs. A worker thus had to work two hours for the price of a loaf of bread.

The relationship between the head of the company and his workers was still very patriarchal. He took a personal interest in each individual and intervened in crisis situations. For example, in times of inflation, he ordered cartloads of potatoes to be made available to his workers, to compensate for the increases in the price of essential foodstuffs. In the Friesenstrasse, he built a row of houses to accommodate his permanent members of staff. The good relationship between the entrepreneur and his workers is reflected in a report which appeared in the Ems newspaper in 1889. The newspaper reported on one of the annual company parties: "A ball was held yesterday for the office staff and workers of Messrs. Jos. L. Meyer. The pleasant atmosphere showed that a good time was

Der Heckraddampfer Ulanga *(Bau-Nr. 129), von den Kolonialbehörden für den Einsatz auf den seichten Flüssen Afrikas bestellt, hatte einen Tiefgang von nur 42 cm.*

The rear paddle-steamer Ulanga *(ship no. 129), was commissioned by the colonial authorities for service on the shallow rivers of Africa and had a draught of only 42 cm.*

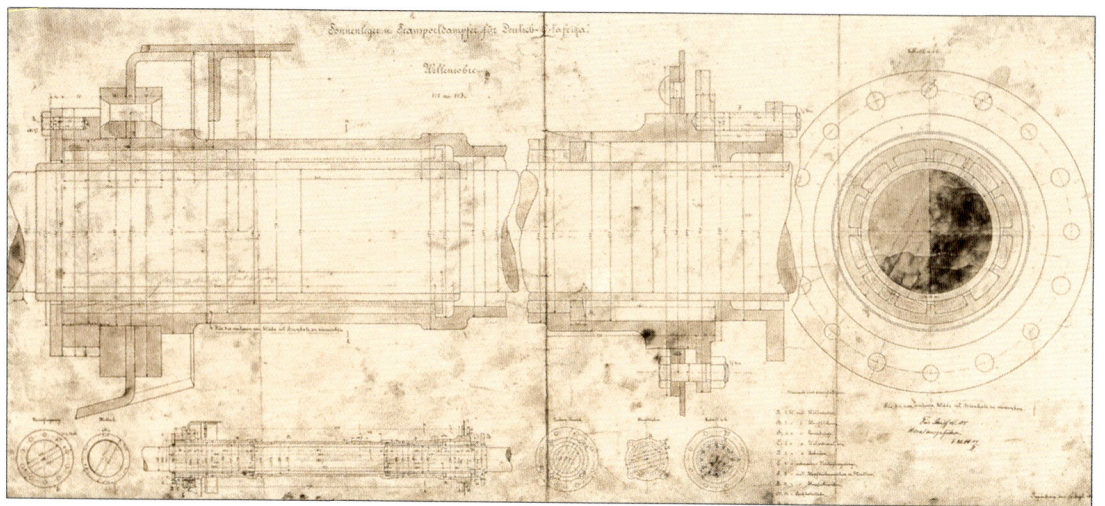

Konstruktionszeichnung zu dem Wellenrohr des Dampfer Kaiser Wilhelm II.
Design drawing for the shaft pipe for the steamer Kaiser Wilhelm II.

Jos. L. Meyer einen Ball, der in der größten Gemütlichkeit verlief. Herr Meyer und Gemahlin verweilten bis nach 11 Uhr im Kreise des Fabrikpersonals, und die freundliche, man möchte fast sagen familiäre Art und Weise des Verkehrs mit demselben hatte für den unbeteiligten Zuschauer etwas ungemein Wohltuendes. Der Ball dauerte bis nach vier Uhr und wurde durch keinen Mißton gestört." Der Verfasser dieses kleinen Artikels will damit auf den Unterschied hinweisen, der zwischen diesem Betrieb und der allgemeinen sozialen Lage des Arbeiters bestand, die damals noch gekennzeichnet war durch den harten Klassenkampf und die schroffe Unterordnung unter die Fabrikherren.

had by all. Mr. Meyer and his wife were present in person until after eleven o'clock and were obviously at ease with their factory workers. The friendly, almost familiar tone prevailing between the head of the company and his workers was a rare experience for the unbiased spectator. The ball lasted until after four o'clock and was troubled by no undercurrents." The writer refers here to the difference between this company and the general social status of the worker, which was characterized by the class struggle and the stark subordination to the lords of the factories.

Joseph L. Meyer's particular attention was devoted to the education of the younger workers. In Papen-

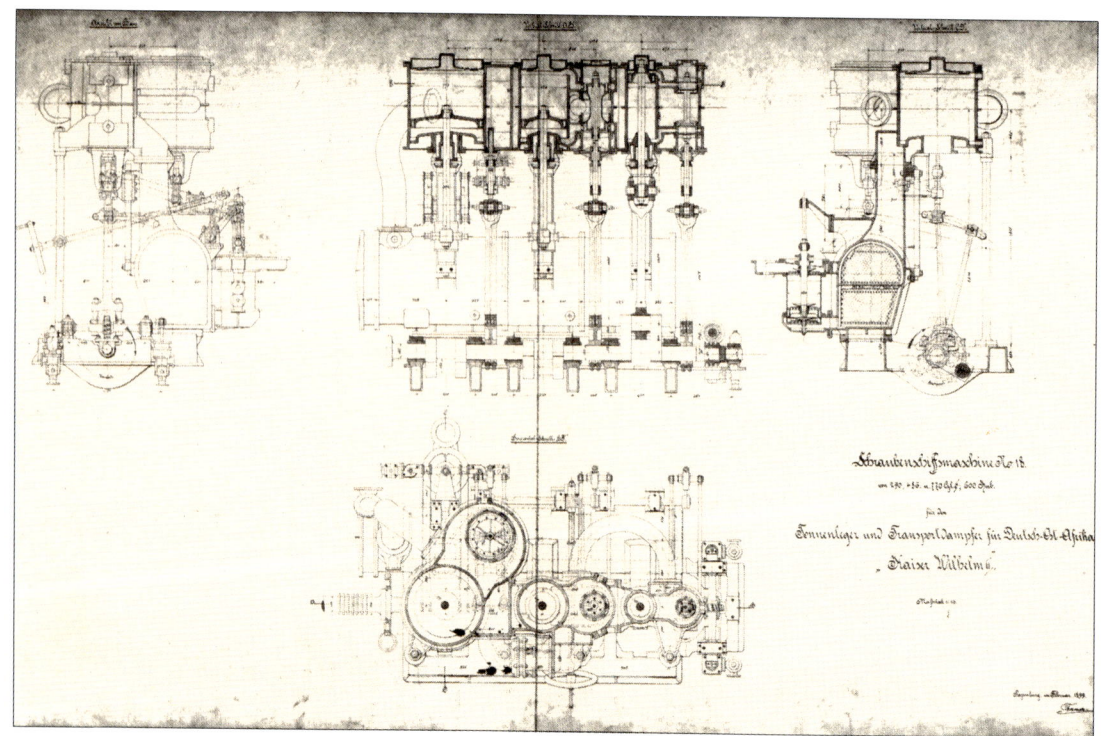

Dampfmaschine für Kaiser Wilhelm II.
Steam engine for Kaiser Wilhelm II.

Der für die Kolonialbehörden in Kamerun gebaute Tonnenleger und Transportdampfer KAISER WILHELM II *(Bau-Nr. 130) nach dem Stapellauf.*

KAISER WILHELM II *(ship no. 130), built as buoy positioning ship and transport steamer for the colonial authorities in Cameroun, here after launching.*

Schon unter Dampf liegt hier die KAISER WILHELM II *am Ausrüstungskai der Werft, 1899.*

Here the KAISER WILHELM II *is moored already under steam to the fitting-out quay of the shipyard, 1899.*

Das Bürogebäude der Werft im Jahre 1902.

The shipyard office building in 1902.

Das besondere Bemühen Joseph L. Meyers galt der Ausbildung der jugendlichen Arbeiter. In Papenburg gab es damals noch keine Berufsschule oder Fortbildungsschule für Lehrlinge. Sie wurden erfahrenen Facharbeitern zur Ausbildung übergeben. Joseph L. Meyer richtete auf der Werft eine eigene Fortbildungsschule ein. Er klagte einmal darüber, daß manchem jungen Arbeiter die notwendige Strebsamkeit fehle, um zum Facharbeiter und Meister aufzusteigen. Dieses Übel führte er auf den zu frühen Branntweingenuß der Jugendlichen zurück und schränkte den üblichen Schnapsausschank auf der Werft ein. Stattdessen richtete er eine Kaffeehalle im Betrieb ein und ließ den Arbeitern zweimal täglich warmen Kaffee ausschenken. Da weitere Klagen über mangelnde Strebsamkeit fehlen, dürfen wir schließen, daß der Kaffee die erhoffte Wirkung getan hat.

Die Werft schuf sich eine eigene Betriebskrankenkasse, der die Arbeiter beitreten konnten, anstatt der Allgemeinen Ortskrankenkasse anzugehören. 1884 zahlten die Arbeitnehmer zwei Drittel des Beitrags, der Arbeitgeber trug das restliche Drittel. Nach 1945 beteiligten sich beide Partner zu je 50 % an den Beitragskosten. Anfänglich lag die Höhe des monatlichen Beitrags für den Arbeitnehmer bei einem halben Tagesverdienst. Dafür standen ihm Krankengeld für dreizehn Wochen und ein Sterbegeld zu. Nach 1918 dehnte die Betriebskrankenkas-

burg in those days there were no technical colleges or schools in which the apprentices could pursue their studies. Joseph L. Meyer built his own training school on the shipyard. He complained that some of the young workers were lacking in the necessary ambition to become skilled workers, foremen and master workers. He attributed this evil to the premature consumption of brandy and spirits by the young workers, and restricted the usual brandy rations in the yard. Instead he built a coffee hall and provided his workers with hot coffee twice a day. As no more complaints about lacking ambition were heard, we may conclude that the coffee achieved the desired effect.

The shipyard established its own company health insurance scheme which the employees could join instead of belonging to the general local health insurance companies. In 1884, the workers paid two thirds of the contribution and the employer paid the remaining third. Since 1945, both partners pay 50 % of the health insurance contributions. Initially the monthly contribution to be paid by the worker amounted to half a days earnings. For this, he was entitled to sick pay for thirteen weeks and death benefit. After 1918, the company health insurance scheme extended the insurance cover to include the members of the workers' families. Today the company health insurance scheme is administered by a meeting of representatives. The

Peilbarkasse MOEVE *(Bau-Nr. 136).*
Beacon inspection boat MOEVE *(ship no. 136).*

se den Krankenschutz auch auf die Familienmitglieder der Werksangehörigen aus. Heute wird die Betriebskrankenkasse von einer Vertreterversammlung verwaltet. Hier treffen sich fünf Vertreter der Arbeitnehmer und fünf des Arbeitgebers.

Überblickt man den Geschäftsgang in dieser ersten Generation des Eisenschiffbaus, so sehen wir einen stetigen Fortgang und Ausbau des begonnenen Werkes. Dieser Weg war nicht immer leicht. Die Betriebsgründung selbst fiel in das letzte Jahr eines langanhaltenden konjunkturellen Aufschwungs. Schon im folgenden Jahr, im Jahr 1873, folgte nach dem Boom der Gründerjahre der große Katzenjammer. Unvermittelt brach eine allgemeine Wirtschaftskrise herein. Die industrielle Produktion stagnierte, das internationale Preisniveau verfiel. Auch der deutsche Schiffbau wurde von den Auswirkungen der Depression erfaßt. In einem Bericht der Industrie- und Handelskammer heißt es über das Jahr 1881: „Schiffbau und die damit in Verbindung stehenden gewerblichen Betriebe verkehren noch fortwährend in den gedrücktesten Verhältnissen. Die im Bau gewesenen Schiffe haben fast nur durch die Einräumung hoher Kredite an den Mann gebracht werden können."

Auch das junge Unternehmen wurde von der Krise

meeting is attended by five representatives from the workers and five from the employer.

A look at the trend of business in this first generation of iron shipbuilding reveals continual progress and development of the young company. This was not always easy. The company was in fact founded in the very last year of a long-lasting economic boom. And right in the very next year, 1873, recession interrupted the boom of the founder years. A general economic crisis broke out without warning. Industrial production stagnated and the international level of prices disintegrated. The German

Referenzenliste

der Firma Jos. L. Meyer, Schiffswerft und Maschinenfabrik, Papenburg.

Reedereien:	Staatliche und städtische Behörden:
…mburg-Amerika Linie, Hamburg	Reichskolonialamt, Berlin
…mburg-Südamerikanische Dampfschiffahrts-Gesellschaft, Hamburg	Reichsmarineamt, Berlin
…utsche Levante-Linie, Hamburg	Wasserbauamt, Emden
…rddeutscher Lloyd, Bremen	„ , Flensburg
…utsch-Amerikanische Petroleum-Gesellschaft, Hamburg	„ , Geestemünde
…ermann-Linie A.-G, Hamburg	„ , Hamm
…go Stinnes Linien, Hamburg	„ , Harburg
…terweser-Reederei Actiengesellschaft, Bremen	„ , Leer
…reinigte Flensburg-Ekensunder u. Sonderburger Dampfschiffs-Gesellschaft, Flensburg	„ , Meppen
…estfälische Transport-Actien-Gesellschaft, Dortmund	„ , Minden
…antic-Tank-Reederei G. m. b. H., Hamburg	„ , Münster i. Westf.
…rkumer Kleinbahn- und Dampfschiffahrt Aktien-Gesellschaft, Borkum	„ , Norden
…t-Ges. „Ems" Dampfschiffahrts-Gesellschaft, Emden und Leer	„ , Rheine i. Westf.
…tien-Gesellschaft Reederei Norden-Frisia, Norderney	„ , Stralsund
…mpania Argentina de Navegacion (Nicolas Mihanovich) Ltda, Buenos-Aires	„ , Tönning
…xhaven-Brunsbüttel Dampfer A.-G, Cuxhaven	Wasserstrassenbauamt, Oldenburg
…nder Heringsfischerei-Actien-Gesellschaft, Emden	Wasserstraßen-Maschinenamt (Kaiser-Wilhelm-Kanal) Rendsburg-Saatsee
…ückstädter Fischerei-Act.-Ges, Glückstadt	Maschinenbauamt, Emden
…erer Heringsfischerei Akt.-Ges., Leer	„ , Herne
F. Lahusen, Bremen	Marine-Werft, Kiel
…einschiffahrt Actiengesellschaft vorm. Fendel, Mannheim	„ , Wilhelmshaven
…ciedad Anonima Importadora y Exportadora de la Patagonia, Punta-Arenas	Dortmund-Emskanal-Verwaltung, Münster i. Westf.
W. Wessels Ww., Emden	Ems-Lotsgesellschaft, Emden
…hleppschiffahrts-Gesellschaft Dortmund-Ems G. m. b. H., Leer	Gemeinde, Ditzum
	Hauptzollamt, Leer
	Kanalbaudirektion, Essen
	Kanal- und Bauamt, Burg i. Dith.
	Magistrat, Wilhelmshaven
	Minendepot, Cuxhaven
	Oberpostdirektion Oldenburg
	Torpedowerkstatt, Friedrichsort bei Kiel.

Stapellauf des Gouvernements-Dampfers Herzogin Elisabeth *(Bau-Nr. 155) für die Kolonialbehörden, 1902.*

Launch of the Gouvernement's steamer Herzogin Elisabeth *(ship no. 155) for the colonial authorities, 1902.*

Als sogenannter Regierungsdampfer war die Herzogin Elisabeth *auf der Back auch mit einem Geschütz ausgerüstet.*

As a so-called government steamer, the Herzogin Elisabeth *was also fitted out with gun on the forecastle.*

getroffen. Zwar lief die eigene Produktion erfolgreich an. 1873 wurden die ersten drei Bauten, drei Prähme für Wilhelmshaven abgeliefert. Aber Joseph L. Meyers Geschäftspartner, der Darmstädter Industrielle Barth, geriet mit seinem Darmstädter Betrieb in Absatzschwierigkeiten. Schließlich sah er sich gezwungen, sein Kapital aus der Werft zu ziehen. 1879 schied der Mitbegründer der Firma aus. In dieser kritischen Situation wurde Joseph L. Meyer von seiner Mutter finanziell so weit gestützt, daß er den Betrieb weiterführen konnte. Seit dieser Zeit firmierte die Werft allein unter dem Namen Jos. L. Meyer.

shipbuilding industry was also hit by the effects of the depression. In a report of the chamber of commerce and industry referring to the year 1881, it can be read that "the shipbuilding industry and the ancillary industrial companies connected to it, are still experiencing extreme difficulties. Ships which were under construction could only be completed and sold by granting higher credits."

Jos. L. Meyer's young company was also hit by the crisis. On the one hand, the company's own production program started well. In 1873, the first three ships, three praams for Wilhelmshaven, were delivered. But Meyer's business partner Barth, the

Der bereits im Jahre 1883 gelieferte Schlepper Papenburg *(Bau-Nr. 19) war noch ein wesentlich weniger leistungsfähiges Schiff als die 20 Jahre später gebaute* Papenburg II.

The steam tug Papenburg *(ship no. 19), delivered back in 1883, was of a far inferior performance than the* Papenburg II, *built 20 years later.*

Schleppdampfer Papenburg II *(Bau-Nr. 179) an der Werft. Auf den Helgen liegen die Rümpfe von drei Heringsloggern für Emden, 1903.*

Steam tug Papenburg II *(ship no. 179) in the shipyard. The hulls for three hering luggers for Emden are to be seen on the building slips, 1903.*

In den folgenden Jahren begünstigte dann die allmählich einsetzende Erholung des Marktes den Aufstieg der Werft.

Joseph L. Meyer konnte sich vor allem im Kleinschiffbau durchsetzen. Die Werft baute Prähme, Schlepper, Leichter, Lotsenboote, Bereisungsschiffe und kleine Passagierdampfer. Unter den Auftraggebern fanden sich im besonders großen Umfang die Reichsbehörden. Behördenaufträge waren deshalb besonders vorteilhaft, weil bei ihnen die Finanzierung gesichert war.

Zu den Schlepperbauten gehörten auch die beiden Schlepper Papenburg und Papenburg II, die 1883 und 1903 vom Stapel liefen. Sie sollten für eine neugegründete Papenburger Schleppdampfreederei Segler, die wegen ihrer Größe nicht unter Segeln die Ems passieren konnten, emsaufwärts schleppen. Doch die Segelschiffe blieben auf die Dauer aus, und letztlich scheiterte das Unternehmen. Das Beispiel zeigt noch einmal deutlich, daß der Niedergang der Segelschiffahrt in diesen Jahrzehnten von vielen noch nicht erkannt wurde.

In dem wirtschaftlichen Aufschwung, der etwa bis gegen Ende der 80er Jahre anhielt, konnte sich Joseph L. Meyer durch seine unternehmerische Aktivität eine bedeutende Position im deutschen Schiffbau schaffen. Der Kreis seiner Tätigkeit weitete sich. Die zunehmende Bedeutung des Betriebes für die Stadt Papenburg verknüpfte kommunale Belange mit den geschäftlichen Interessen. Joseph L. Meyer hat sich auch den Aufgaben in der Gemeinde mit großer Tatkraft gewidmet. Als Mitglied der Handels- und Schiffahrtsdeputation und des Bürgervorsteherkollegiums hat er die Belange der Stadt vertreten. In der Industrie- und

industrial businessman from Darmstadt, encountered sales difficulties with his Darmstadt company, and was finally forced to withdraw his capital from the shipyard. In 1879 the co-founder left the company. In this critical situation, Joseph L. Meyer was financially supported by his mother to such an extent, that he could continue to run his business. Since then, the yard has functioned solely under the name Jos. L. Meyer.

In the following years, the gradual recovery of the market created more favourable conditions for the shipyard's further development.

Joseph L. Meyer made a name for himself above all for building smaller ships. His yard built praams, tugs, lighters, pilot vessels, inspection ships and small passenger steamers. The imperial authorities were one of the main sources of such contracts. Contracts from the authorities were particularly favourable because they were financially secure.

Two of the tugs built were the Papenburg and the Papenburg II, which were launched in 1883 and 1903. They were built for a newly found Papenburger steam tug shipping company to tug sailing ships up to the Ems when these could not travel up the Ems under sail on account of their size. But orders for sailing ships were gradually dying out, so that the company had no long-term success. This example clearly shows once again that few people at that time anticipated the imminent decline of shipping under sail.

During the economic boom which lasted until the end of the 1880s, Joseph L. Meyer acquired a position of some importance in the German shipbuilding industry on acount of his entrepreneurial activities. The sphere of his activities expanded.

Handelskammer für Ostfriesland und Papenburg, die 1867 gegründet worden war, setzte er sich für die Papenburger Schiffahrt ein. 1883 wählte man ihn zum stellvertretenden (später ständigen) Mitglied der Reichsversicherungsanstalt, Abteilung See-Berufsgenossenschaft. Joseph L. Meyer arbeitete auch in der Schiffbautechnischen Gesellschaft mit, wo er sich Ausbildungsfragen widmete.

So griff der Firmenchef in seiner Tätigkeit weit über die Unternehmensführung im engeren Sinne aus, wenn diese auch immer Mittelpunkt seiner Arbeit blieb. In der Mitte der 90er Jahre verdunkelte sich der geschäftliche Horizont für den deutschen Schiffbau wieder. 1894 berichtete Joseph L. Meyer von einer so weitgehenden Flaute bei den eingehenden Aufträgen, daß der Arbeiterstamm nur dadurch beschäftigt werden konnte, daß umfangreiche Erweiterungen und Verbesserungen der Betriebseinrichtungen vorgenommen worden seien. Die folgenden Jahre brachten schwankende Geschäftsergebnisse.

Joseph L. Meyer nannte das Jahr 1899 das ungünstigste seit Bestehen der Werft. Die Hauptauftrag-

The increasing significance of the company for the town of Papenburg linked community interests with business concerns. Joseph L. Meyer was also very active in assuming tasks within the community. He represented the interests of the town as a member of the Deputation for commerce and shipping and as a member of the parish council. He became spokesman for the Papenburg shipping industry in the chamber of industry and commerce for Ostfriesland and Papenburg, which had been founded in 1867. In 1883, he was elected as deputy (and later permanent) member of the imperial insurance company, in the department for maritime professional corporations. Joseph L. Meyer also worked with the Schiffbautechnische Gesellschaft (technical society for shipbuilding), where he devoted his attention to training matters. In this way, Jos. L. Meyer's activities went far beyond the management of his shipyard as such, although this was always the crux of his work. In the middle of the 1890s, the clouds darkened the business horizon for the German shipbuilding industry again. In 1894, Joseph L. Meyer reports that the

Der 1902 an die Vereinigte Dampfschiffsrhederei Norden und Norderney gelieferte Raddampfer JUIST *(Bau-Nr. 157) am Kai des vor der Eisenbahnbrücke liegenden Reparaturbetriebes der Meyer Werft. Im Hintergrund die Holzlager der Firma Brügmann.*

The paddle steamer JUIST *(ship no. 157) delivered to the Vereinigte Dampfschiffsrhederei Norden und Norderney, at the quay of the Meyer shipyard repair section in front of the railway bridge. In the background is the timberyard belonging to the Bruegmann company.*

Blick auf die Werft im Jahre 1903, im Vordergrund ein Emder Logger, auf dem Längshelgen liegt das Feuerschiff AUSSENJADE *(Bau-Nr. 162).*

View of the shipyard in 1903, with a lugger from Emden in the foreground and lightship AUSSENJADE *(ship no. 162) on the lengthwise building slip.*

Eine der typischen Zweizylinder-Compoundmaschinen, die von der Meyer Werft hergestellt wurden.

One of the typical two-cylinder compound machines built by the Meyer shipyard.

Den Wassertanker W II (Bau-Nr. 160) baute Jos. L. Meyer für die Kaiserliche Werft in Wilhelmshaven im Jahre 1902. Das Gebäude hinter dem Vorschiff des Tankers war zuerst die Kesselschmiede, später die Schiffbauschlosserei und zuletzt die Schweißerei der alten Werft.

Water tanker W II (ship no. 160) was built by Jos. L. Meyer for the imperial shipyard in Wilhelmshaven in 1902. The building behind the forecastle of the tanker used to be the boiler-making shop, later became the shipbuilding fitter's shop and finally the welding shop in the old shipyard.

Der Zweimastgaffelschoner Johann *(Bau-Nr. 161) gehört zu den wenigen Segelschiffen, die die Eisenschiffswerft baute.*

The two-mast gaff schooner Johann *(ship no. 161) was one of the few sailing ships built by the iron shipyard.*

geber waren damals die großen deutschen Schifffahrtsgesellschaften, der Norddeutsche Lloyd, die Hamburg-Amerika Linie, die Hamburg-Südamerikanische-Dampfschiffahrtsgesellschaft, die Hansalinie. Auch für die preußischen Wasserbaubehörden wurden von Jahr zu Jahr mehr Schiffe gebaut. Diese Regierungsaufträge warfen aber nicht immer Gewinne ab. So waren 1899 nach jahrelangen Verhandlungen mehrere Aufträge hereingekommen. Inzwischen aber waren Lohnerhöhungen und Preissteigerungen beim Material eingetreten, die die preußische Verwaltung nicht übernehmen konnte, da über die Etatposten bereits entschieden war. Die Rezession im Schiffbau hielt noch in den folgenden Jahren an. 1904 konnte der Firmenchef den Stamm seiner Arbeiter nur dadurch halten, daß er auf eigene Rechnung baute. In der letzten Krise schließlich, in den Jahren 1908 und 1909, beschäftigte er seine Arbeitnehmer mit dem Bau der neuen Kesselschmiede, nahm aber auch Aufträge herein, die keinen Gewinn boten. Trotz dieser sorgenvollen Jahre hielt der langfristige Aufstieg der Firma an. Die Beschäftigtenzahl stieg von 305 Arbeitern im Jahre 1904 auf 436 Arbeiter im Jahre 1914. Darunter waren 129 Facharbeiter. Zur gleichen Zeit beschäftigte Jos. L. Meyer zwanzig kaufmännische Angestellte.

Mit der Ausweitung der Produktionsmöglichkeiten stieg natürlich das Bestreben, größere Schiffe zu bauen. Aber die Schleusenbreite und der noch en-

order books were so empty that he could only find work for his permanent workers in having them carry out extensive improvements and extensions to the company's plant and installations. The business results for the following years fluctuated.

Joseph L. Meyer referred to 1899 as the least favourable since the foundation of the company. The bulk of the company's orders in those days came from the large German shipping companies: the Norddeutscher Lloyd, the Hamburg-Amerika Linie, the Hamburg-Sued-Amerikanische Dampfschiffahrtsgesellschaft, the Hansa Linie. And more ships were being built year for year for the Prussian water board authorities. But such government contracts were not always profitable. In 1899, several contracts were awarded after negotiations which had lasted for years. But in the meantime, wage rises and increases in the price of materials had occurred which could not be passed on to the Prussian administration, because these items in the budget had already been determined. The recession in the shipbuilding industry persisted in the following years. In 1904, Joseph L. Meyer could only retain his permanent workers by building ships for his own account. In the final crisis in 1908 and 1909, he put his workers to build the new boilermaking shop, but also took on contracts which offered no prospects of profit. Inspite of these worrying years, the long-term growth of the company was not halted. The number of employ-

1902 konnte Papenburg wieder einmal die Eröffnung einer neuen Seeschleuse feiern. Man hatte damals große Pläne hinsichtlich einer Hafenerweiterung, wie die Planungsskizze beweist.

In 1902, Papenburg once again celebrated the inauguration of a new sea lock. The planning sketch shows the great plans nurtured in those days for an extension of the harbour.

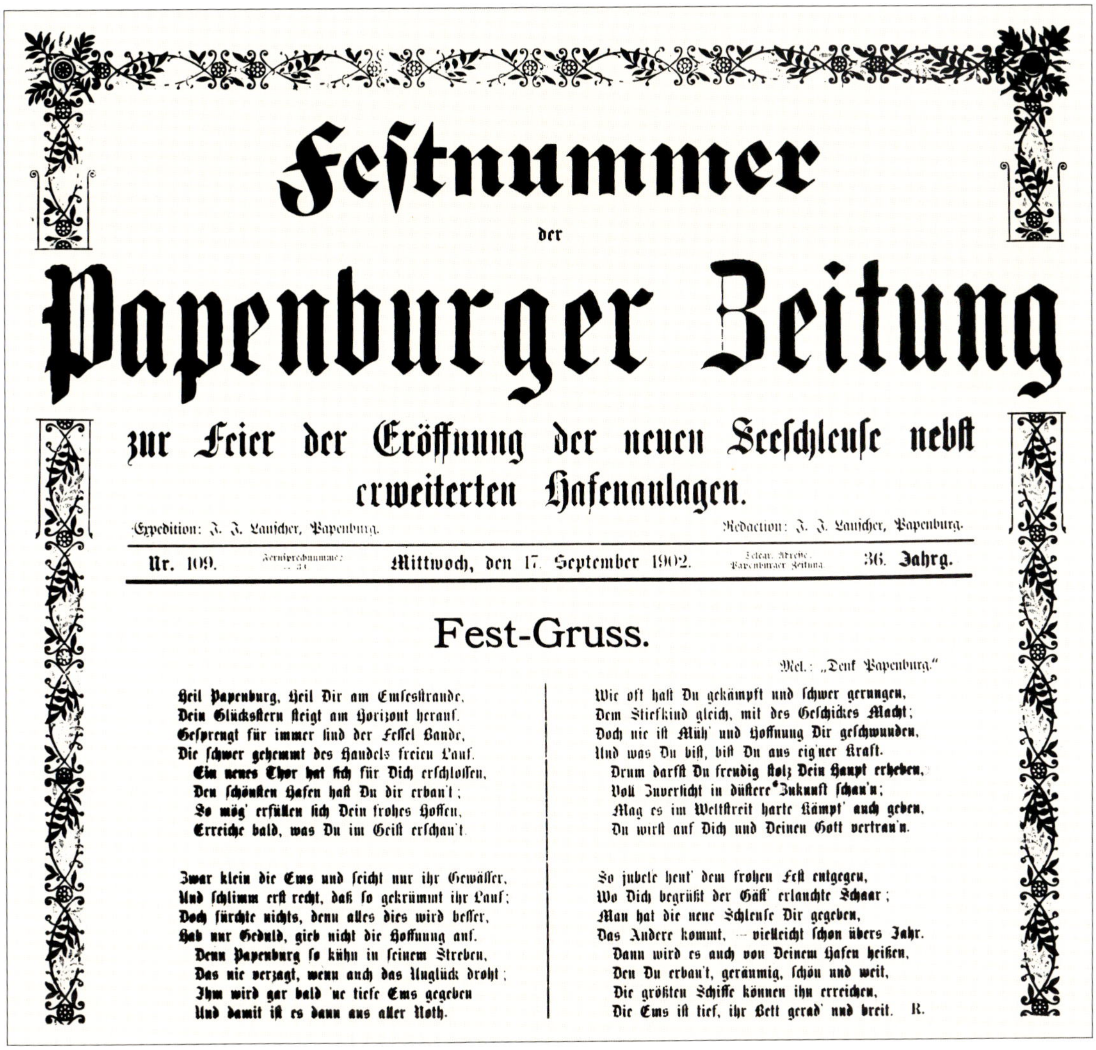

Festnummer
der
Papenburger Zeitung
zur Feier der Eröffnung der neuen Seeschleuse nebst erweiterten Hafenanlagen.

Expedition: J. J. Lauscher, Papenburg. Redaction: J. J. Lauscher, Papenburg.

Nr. 109. Fernsprechnummer: 31 — Mittwoch, den 17. September 1902. — Telegr.-Adresse: Papenburger Zeitung — 36. Jahrg.

Fest-Gruss.

Mel.: „Denk Papenburg."

Heil Papenburg, Heil Dir am Emsesstrande,
Dein Glücksstern steigt am Horizont herauf.
Gesprengt für immer sind der Fessel Bande,
Die schwer gehemmt des Handels freien Lauf.
Ein neues Thor hat sich für Dich erschlossen,
Den schönsten Hafen hast Du dir erbau't;
So mög' erfüllen sich Dein frohes Hoffen,
Erreiche bald, was Du im Geist erschau't.

Zwar klein die Ems und seicht nur ihr Gewässer,
Und schlimm erst recht, daß so gekrümmt ihr Lauf;
Doch fürchte nichts, denn alles dies wird besser,
Hab nur Geduld, gieb nicht die Hoffnung auf.
Denn Papenburg so kühn in seinem Streben,
Das nie verzagt, wenn auch das Unglück droht;
Ihm wird gar bald 'ne tiefe Ems gegeben
Und damit ist es dann aus aller Noth.

Wie oft hast Du gekämpft und schwer gerungen,
Dem Stiefkind gleich, mit des Geschickes Macht;
Doch nie ist Müh' und Hoffnung Dir geschwunden,
Und was Du bist, bist Du aus eig'ner Kraft.
Drum darfst Du freudig stolz Dein Haupt erheben,
Voll Zuversicht in düstere Zukunft schau'n;
Mag es im Weltstreit harte Kämpf' auch geben,
Du wirst auf Dich und Deinen Gott vertrau'n.

So jubele heut' dem frohen Fest entgegen,
Wo Dich begrüßt der Gäst' erlauchte Schaar;
Man hat die neue Schleuse Dir gegeben,
Das Andere kommt, — vielleicht schon übers Jahr.
Dann wird es auch von Deinem Hafen heißen,
Den Du erbau't, geräumig, schön und weit,
Die größten Schiffe können ihn erreichen,
Die Ems ist tief, ihr Bett gerad' und breit. R.

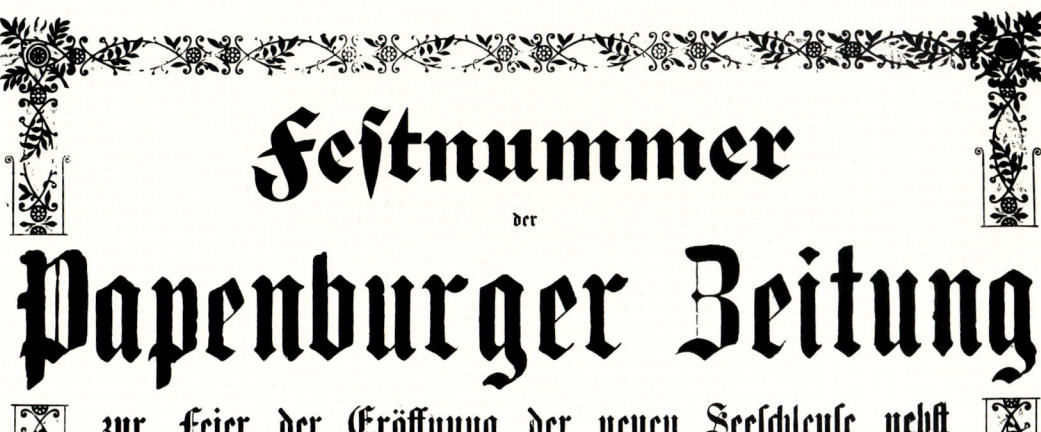

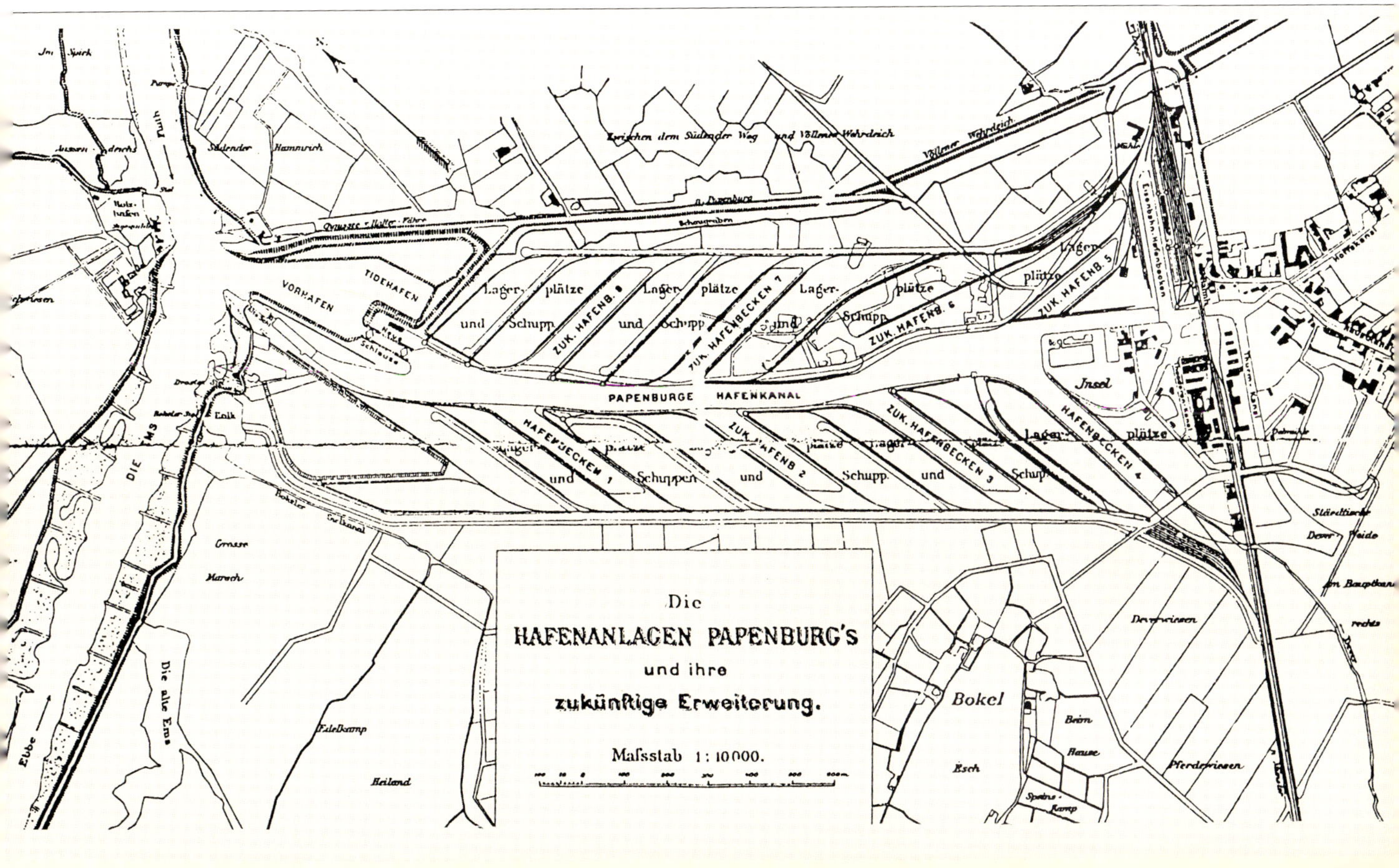

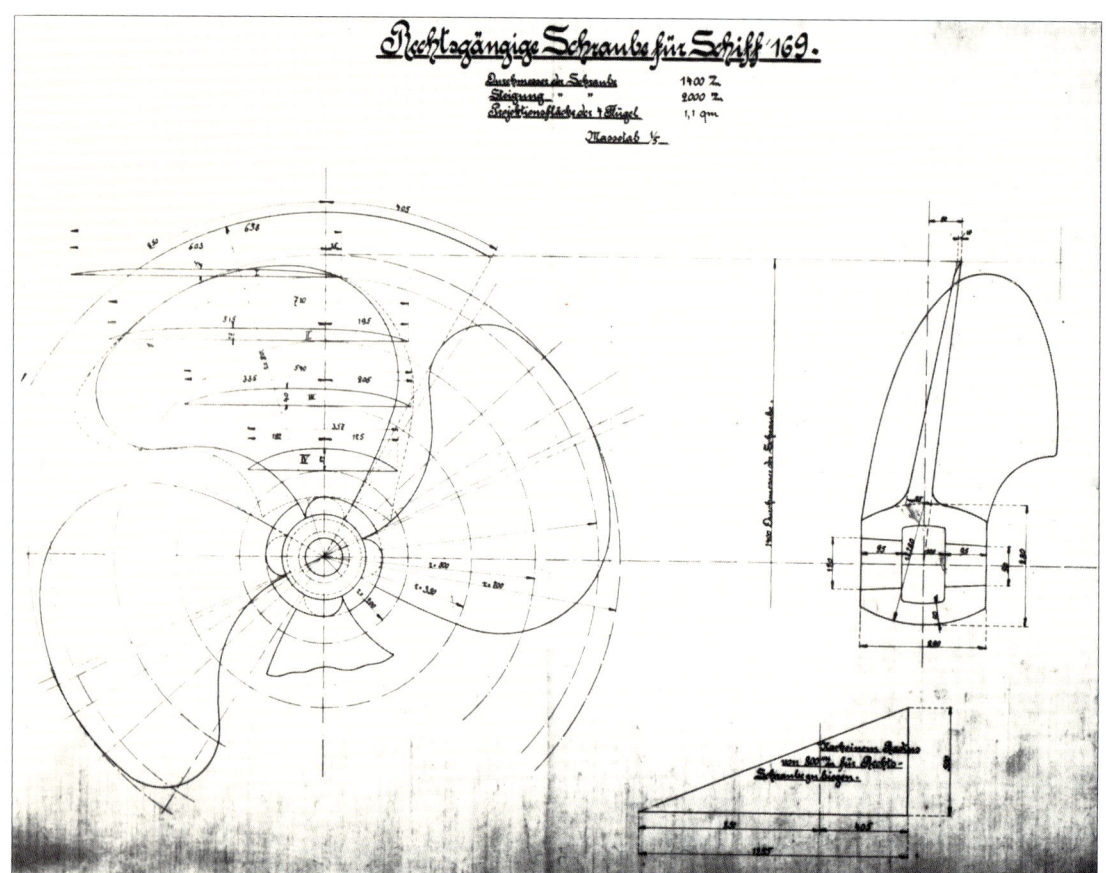

Konstruktionszeichnung für die in der werfteigenen Gießerei hergestellte Schiffsschraube des Fährdampfers CAPELLA.

Construction drawing for the propeller to be installed in the steam ferry CAPELLA. This propeller was manufactured in the shipyard's own foundry.

Fährdampfer CAPELLA *(Bau-Nr. 169), im Jahre 1903 für den Norddeutschen Lloyd gebaut.*

Steam ferry CAPELLA (ship no. 169), built in 1903 for the Norddeutscher Lloyd.

Die Stadt Dortmund XVI ist einer der typischen Schlepper für den Dortmund-Ems-Kanal, von denen die Werft im Laufe der Zeit mehrere für die Westfälische Transport A.-G. baute.

The Stadt Dortmund XVI is one of the typical canal tugboats, several of which were built over a period of time for the Westfaelische Transport A.-G. and which were put into service on the Dortmund-Ems canal.

gere Durchlaß an der Eisenbahnbrücke machten alle derartigen Pläne zunichte. Joseph L. Meyer mußte aus diesem Grunde eine ganze Reihe von Aufträgen in den 90er Jahren ablehnen. Dazu gehörten Schlepper für den Norddeutschen-Lloyd und die HAPAG, eine vergrößerte Ausgabe der Argoschiffe und Kanonenboote mit einer Breite von neun Metern. Daher stellte er 1893 den Antrag an das preußische Ministerium, die Eisenbahnbrücke zu erweitern. Da dieser Antrag abgelehnt wurde, suchte Joseph L. Meyer, der klar erkannte, daß die Zukunft größeren Schiffstypen gehöre, einen Ausweg. Er erwarb vorsorglich einen Platz am Kanal vor der Eisenbahnbrücke. Er spielte dabei wohl mit dem Gedanken, notfalls den gesamten Werftbetrieb emswärts vor die Brücke zu verlegen. 1895 unternahm er dort einen Versuch, einen Reparaturbetrieb aufzuziehen und ließ Anlagen für das Aufslippen der Raddampfer der A.-G. Reederei Norden-Frisia schaffen. Endlich gab die preußische Regierung im Jahre 1902 dem Drängen der Papenburger Wirtschaft nach und fand sich zunächst zu einer Verbreiterung der Emsschleuse bereit, die eine Durchlaßbreite von 15 m erhielt. Damit steigerte sich die Kapazität des Papenburger Hafens, aber für den Werftbetrieb war solange nichts gewonnen, als nicht auch die Eisenbahnbrücke verbreitert wurde. Schließlich erklärte sich die Eisenbahnverwaltung damit einverstanden, wenn die Werft einen erheblichen Anteil der Kosten trüge.

ees rose from 305 workers in 1904 to 436 in 1914, including 129 skilled workers. At the same time Jos. L. Meyer also employed 20 office staff.

The expansion of the production capacity also nurtured the ambition to build larger ships. But the size of the locks and the even narrower opening of the railway bridge destroyed all such plans. Joseph L. Meyer had to reject a whole set of contracts for this very reason in the 1890s, including tugs for the Norddeutscher Lloyd and the HAPAG, an enlarged version of the Argo ships and gun boats with a width of nine meters. He therefore presented an application to the Prussian ministry in 1893 for the railway bridge to be widened. This application was rejected. But it was perfectly clear to Joseph L. Meyer that the future belonged to larger types of ships, and searched for a way out of this situation. He took the precautionary measure of acquiring a site on the canal on the other side of the railway bridge. He apparently intended to move the entire shipbuilding company towards the Ems and to the other side of the railway bridge, if necessary.

In 1895, he started to establish a repair yard there, and started production of suitable installations for hauling up the paddle-steamers of the A.-G. Reederei Norden-Frisia. In the end the Prussian government gave in to the persistent urgings of the Papenburg businessmen, and declared its approval initially for a widening of the Ems lockgate, which

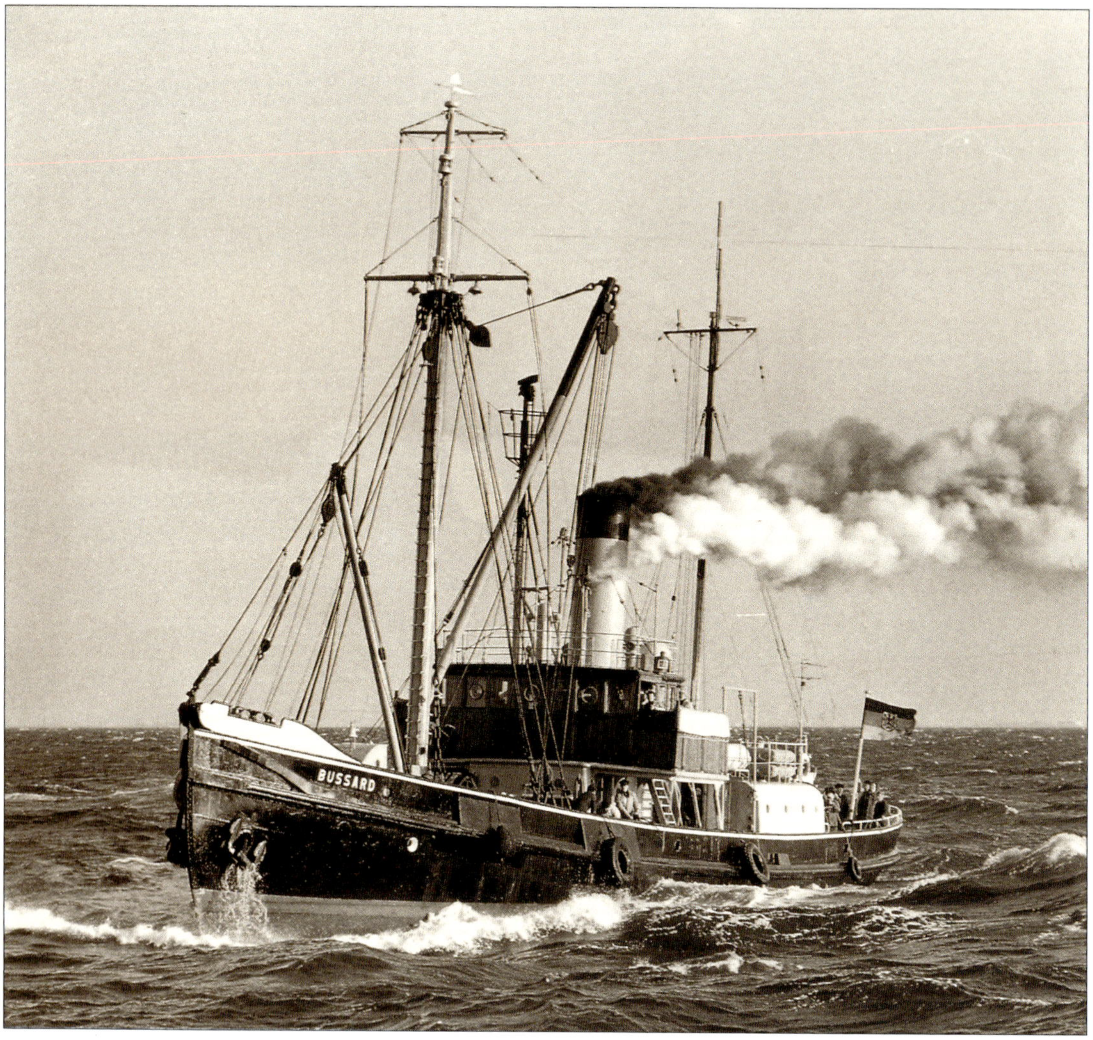

Der 1905 gebaute Tonnenleger BUSSARD *(Bau-Nr. 302) liegt heute als Museumsschiff am Kai des Kieler Schiffahrtsmuseums.*

The buoy positioning ship BUSSARD *(ship no. 203) is moored today as a museum ship at the quay of the maritime museum in Kiel.*

Haftpflichtverband der deutschen Eisen- und Stahl-Industrie

Versicherungsverein auf Gegenseitigkeit zu Frankfurt a. M.

Gründungsfonds 500 000 Mark.

Rückdeckung bei der Ersten Österreichischen Allgemeinen Unfall-Versicherungs-Gesellschaft, Direktion für Preussen, mit einem Gewährleistungsfonds von über 11 500 000 Mark.

Sektion: Nordwestliche Eisen- & Stahl-Berufsgenossenschaft Hannover. Zentralstelle: Saarbrücken.

No. 5055 des Mitglied-Verzeichnisses.

Versicherungs-Urkunde Nr. 5055

Die Firma Jos. L. Meyer, Dampfschiffbau in Papenburg

wird auf Grund ihres Antrages vom 7. April 1904 und gemäss der darin abgegebenen Erklärung, die ihr ausgehändigte Verbandssatzung für sich als rechtsverbindlich anzuerkennen, als **Mitglied** des **Haftpflichtverbandes der deutschen Eisen- und Stahl-Industrie, V. a. G.** aufgenommen und ihr nach Massgabe der Verbandssatzung*) und der etwaigen hier angefügten besonderen Bedingungen **Versicherung gegen die Folgen der gesetzlichen Haftpflicht** gewährt.

Der Versicherungsvertrag gilt zunächst auf die Dauer von fünf Jahren und beginnt am 18. Juli 1904 Mitternachts. Derselbe verlängert sich nach Ablauf dieser Zeit stillschweigend jeweils auf ein weiteres Jahr, wenn die Kündigung nicht rechtzeitig gemäss § 6 der Verbandssatzung erfolgt.

Hannover, den 15. Juli 1904.

…nd der deutschen Eisen- u. Stahlindustrie,

Versicherungsverein auf Gegenseitigkeit.

Der Vorstand:

…bandssatzung umstehend.

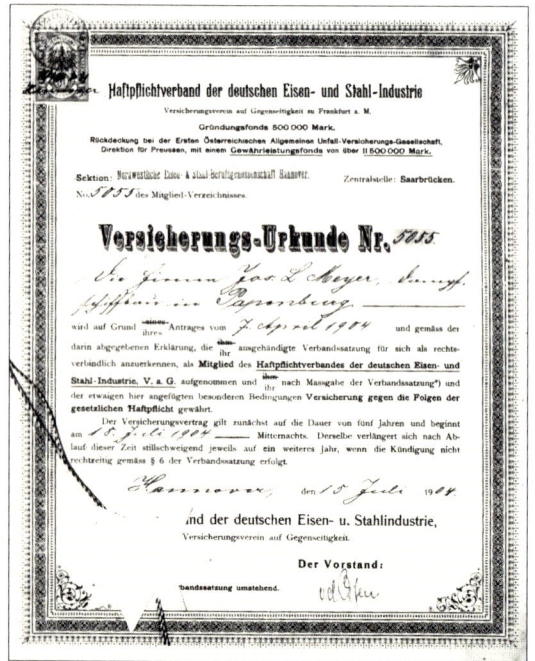

now had an opening of 15 m. This resulted in an increased capacity of the Papenburg harbour. But the shipyard had gained nothing, as long as the railway bridge was not widened as well. Eventually the railway company agreed, on condition that the shipyard contributed a considerable share of the costs. And when the negotiations were about to be concluded, the Papenburg torf merchants came with claims for damages to compensate for the period during construction of the new bridge in which they would not be able to pass under the bridge. They demanded the exact sum of 82 480 marks for loss in earnings. Finally an agreement was reached on this point too, and the new railway bridge was built at a cost of 120 000 marks. A considerable portion was paid by the shipyard. The same events have a remarkable habit of repeating themselves throughout the history of the company. This railway bridge built in 1903 had been blown up in the last weeks of the war by German soldiers. In the first difficult years, a fixed bridge had been built in order to restore traffic

Versicherungs-Urkunde des Haftpflichtverbandes der deutschen Eisen- und Stahlindustrie für die Meyer Werft aus dem Jahre 1904.

Insurance certificate of the liability association for the German iron and steel industry for the Meyer shipyard dated 1904.

Die Werft Jos. L. Meyer gehört zu den Gründungsmitgliedern (s. Nr. 11) der Nordwestlichen Eisen- & Stahl-Berufsgenossenschaft Hannover.

The Jos. L. Meyer shipyard is one of the founding members (s. no. 11) of the Nordwestliche Eisen- & Stahl-Berufsgenossenschaft in Hannover.

Der Tender Fuchs *(Bau-Nr. 200), eines der wenigen Kriegsschiffe, die die Werft lieferte.*

The tender Fuchs *(ship no. 200), one of the few war ships delivered by the shipyard.*

Als die Verhandlungen schon vor dem Abschluß standen, warteten auch noch die Papenburger Torfschiffer mit Schadenersatzforderungen auf. Für die Zeit, da die Durchfahrt wegen der Bauarbeiten unpassierbar sein würde, verlangten sie akkurat 82480 Mark an Verdienstausfall. Zuletzt kam es auch hierüber zu einer Einigung und die neue Eisenbahnbrücke wurde mit einem Kostenaufwand von 120000 Mark gebaut. Einen erheblichen Teil davon trug die Werft.

Die gleichen Ereignisse wiederholen sich in der Geschichte des Unternehmens in merkwürdiger Parallelität: Die 1903 gebaute Eisenbahnbrücke hatten in den letzten Wochen des Zweiten Weltkrieges deutsche Soldaten gesprengt. In der ersten Notzeit hatte man, um den Verkehr so schnell wie möglich wieder in Gang zu bringen, eine starre Brücke errichtet. Jetzt konnten nur noch ganz kleine Kähne die Durchfahrt passieren. Die Werft richtete auf dem Gelände vor der Brücke, auf der sogenannten „Insel", eine Ausweichreparaturwerkstätte für Schlepper ein. Es war aber nicht daran zu denken, den gesamten Werftbetrieb hier neu aufzubauen. Bei den Verhandlungen um eine neue Eisenbahnbrücke wünschte die Unternehmensleitung angesichts der neuen Größenordnung im Schiffbau eine Brücke mit einer Durchlaßbreite

S.M.S. „Fuchs"

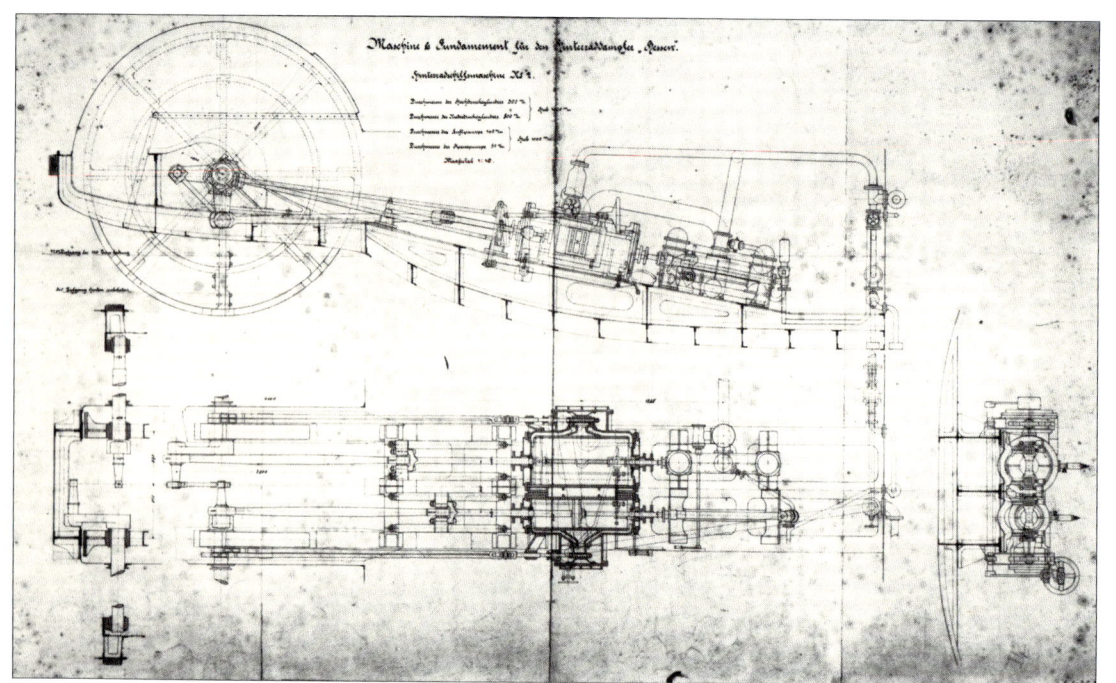

Konstruktionszeichnung für ein Heckrad mit Antriebsmaschine, wie sie die Werft bei besonders flachgehenden Binnenschiffen für die deutschen Kolonien baute.

Construction drawing for a rear wheel with drive unit, as built by the shipyard for particularly shallow-draught inland ships for the German colonies.

Heckraddampfer Tomondo *(Bau-Nr. 232) wurde 1907 für den Einsatz auf dem Rufidji in Ostafrika (heute Tansania) gebaut.*

Rear paddle steamer Tomondo (ship no. 232), was built in 1907 to serve on the river Rufidji in East Africa (today Tanzania).

Blick von der Eisenbahnbrücke auf die wartenden Torfschiffe. Im Hintergrund die Werft. Am rechten Ufer liegt eine der auf der Ems oft eingesetzten Harener Pünten.

View from the railway bridge of the waiting peat boats. The shipyard is in the background. On the right-hand bank there is a "Harener Puente", these boats were frequently used on the river Ems. This photograph is dated about 1910. Origin: collection Karl Wulkotte.

Passagier-Raddampfer WESTFALEN *(Bau-Nr. 220) passiert die Rathausbrücke in Leer.*

Passenger paddle steamer WESTFALEN *(ship no. 220) passing the town hall bridge in Leer.*

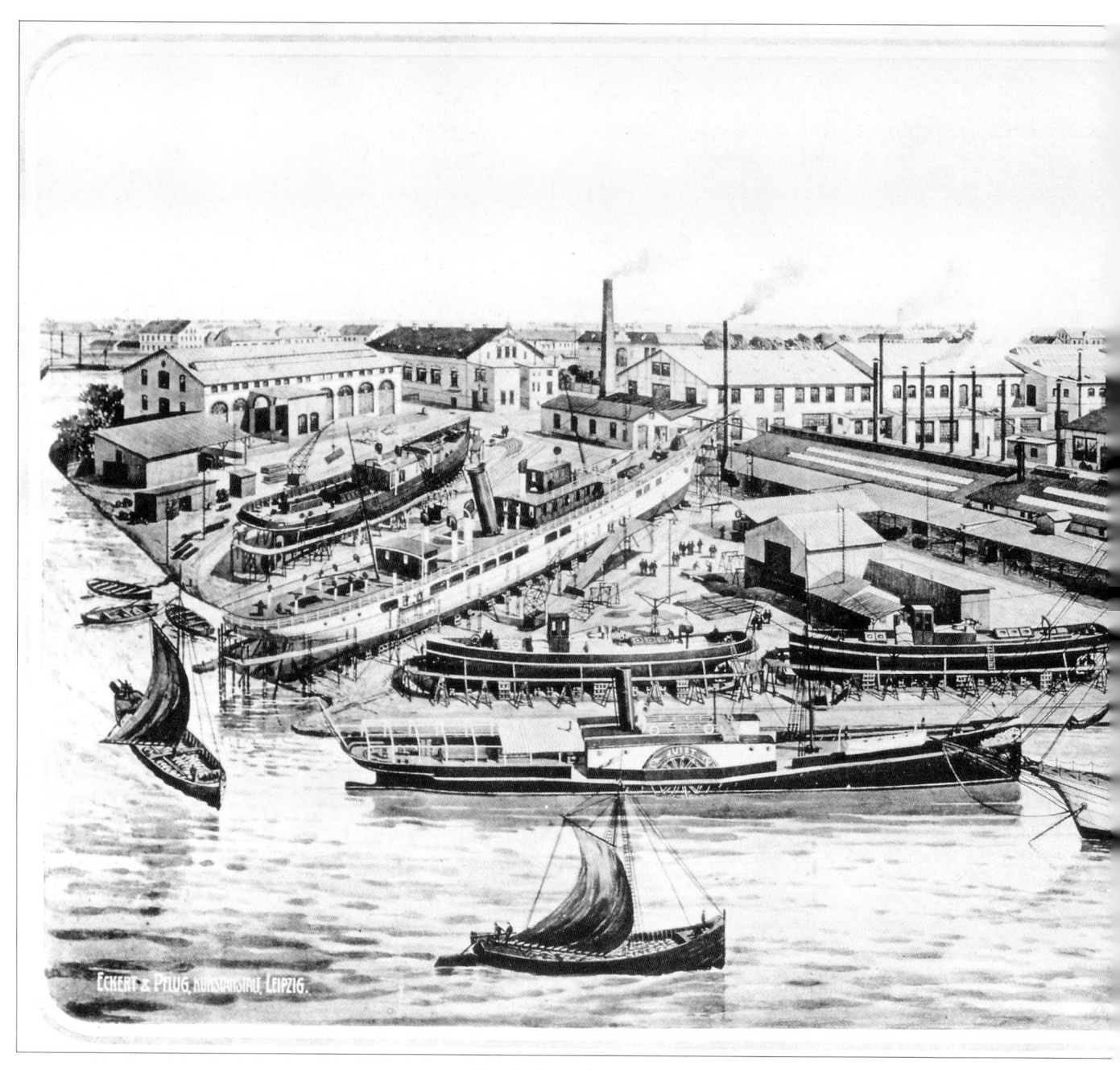

Diese Lithographie der Leipziger Kunstanstalt Eckert & Pflug ziert noch heute die Empfangshalle der Werft. Sie entstand etwa 1910 und zeigt die Werft mit einigen Schiffsneubauten aus dem ersten Jahrzehnt des 20. Jahrhunderts. So ist links auf dem Längshelgen der Gouvernements-Dampfer Herzogin Elisabeth *zu erkennen, im Vordergrund sind neben den typischen Torfkähnen die Raddampfer* Juist *und* Westfalen, *der Gaffelschoner* Johann *und der Schleppdampfer* Rhein-Ems III *abgebildet. Rechts auf den Querhelgen liegen die Rümpfe von Heringsloggern.*

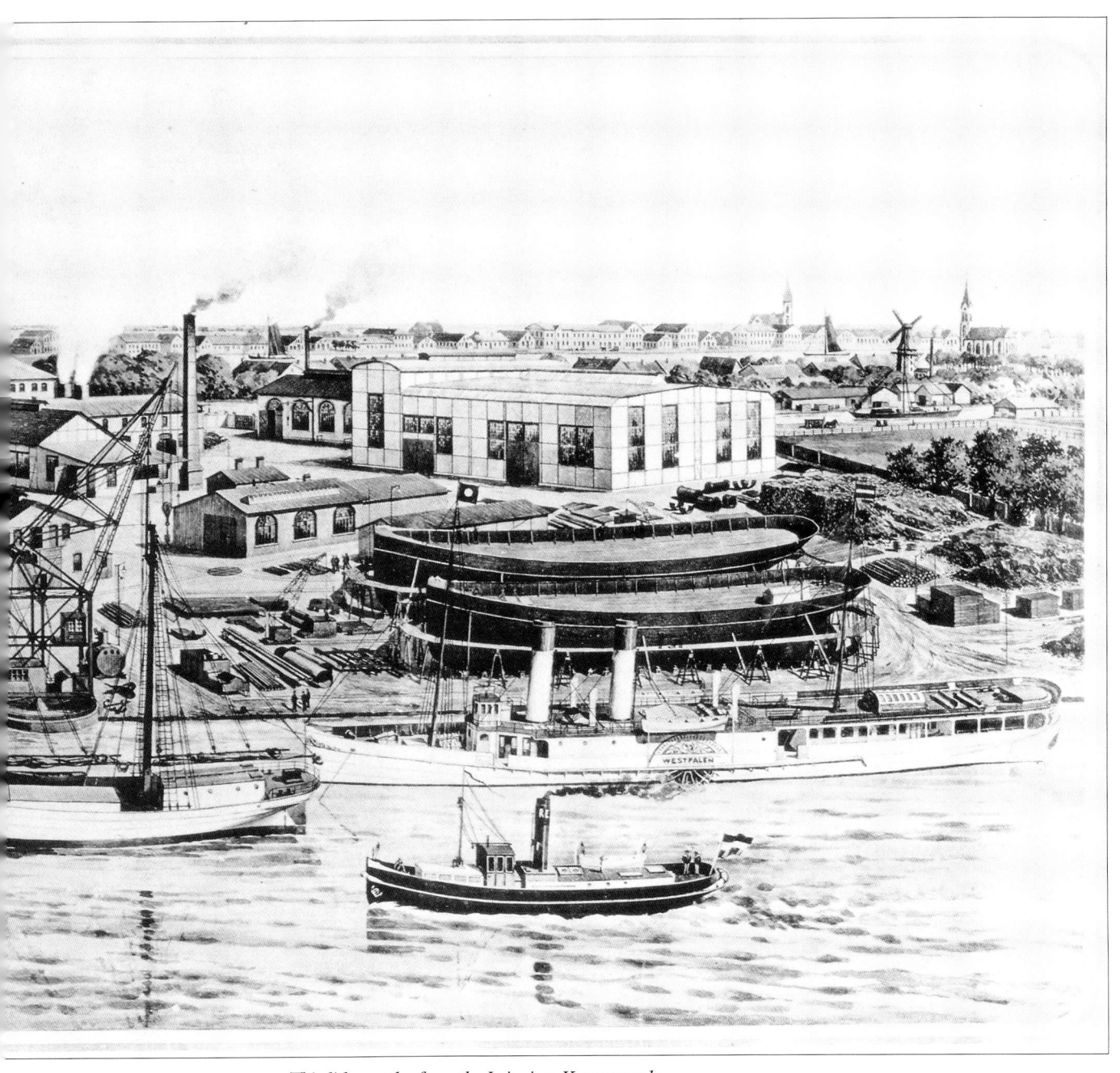

This lithography from the Leipziger Kunstanstalt Eckert & Pflug today still decorates the entrance hall to the shipyard. It originates from about 1910 and shows the shipyard with some newly built ships from the first decade of the 20th century. The Gouvernements steamer HERZOGIN ELISABETH *can be seen on the left on the lengthwise building slip; the paddle steamers* JUIST *and* WESTFALEN *are illustrated together with the gaff schooner* JOHANN *and the steam tugboat* RHEIN-EMS III *in the foreground next to the typical peat boats. On the crosswise building slips are the hulls for hering luggers.*

Kaum einer vermag wohl in dem Ausstellungsschiff, das noch heute auf der Trave in Lübeck liegt, die ehemalige PRINZ HEINRICH *zu erkennen.*

Scarcely anyone will recognize the exhibition ship still moored today on the river Trave in Luebeck, as the former PRINZ HEINRICH.

von 18 m. Nach längeren Verhandlungen über die Beteiligung der Werft an den Kosten dieses Projekts wurde 1953 die neue Zugbrücke über den Sielkanal gebaut.

In den Jahren um 1900 galt Joseph L. Meyer bereits auf dem Gebiet des Kleinschiffbaus als anerkannte Autorität. Eine ganze Reihe von Spezialkonstruktionen wurden auf der Werft entwickelt. 1908 machte er einen Versuch, in einen Schlepper anstelle einer Dampfmaschine einen Dieselmotor einzubauen. Dieser erste deutsche Motorschlepper wurde mit großem Erfolg in Wilhelmshaven eingesetzt. Ein anderes Betätigungsfeld des Unternehmens war der Bau von Feuerschiffen. Eine große Zahl der deutschen Feuerschiffe ging aus den Werkstätten von Joseph L. Meyer hervor. Mit einer weiteren Spezialkonstruktion erwarb sich die Firma einen besonderen Ruf: dem Bau von extrem flachgehenden Schiffen, besonders Hinterraddampfern, die für die Fahrt in den oft sehr seichten afrikanischen Flüssen entwickelt wurden.

and transport conditions as rapidly as possible. But now only the smallest of barges could pass under the bridge. The shipyard set up an emergency repair workshop for tugs on the ground to the other side of the bridge, on the so-called "island". It was however inconceivable that the entire shipyard be rebuilt here. During negotiations for the construction of a new railway bridge, the company management requested a passage under the bridge of 18 m, in view of the new dimensions in the shipbuilding industry. After long negotiations concerning the shipyard's contribution to the cost of this project, the new drawbridge over the Sielkanal was built in 1953.

In the period at the turn of the century, Joseph L. Meyer was already a recognized authority as far as the building of smaller ships was concerned. A whole series of special constructions was developed in the yard. In 1908 he attempted to install a diesel engine in a tug instead of a steam engine. The first German motorized tug went into service with great success in Wilhelmshaven. Another field of activity of the company was the construction of lightships. A large number of the German lightships came from Joseph L. Meyer's workshops. The company acquired a very special reputation with the construction of extremely flat draft ships, in particular rear paddle steamers, which were developed for crossing the partly very marshy rivers in Africa.

In the 1880's, the German empire had acquired the

Der 1909 für den Seebäderdienst nach Borkum gebaute Dampfer PRINZ HEINRICH *(Bau-Nr. 240).*

The steamer PRINZ HEINRICH *(ship no. 240) built in 1909 for service on the sea-side route to Borkum.*

Der Schlepp- und Bereisungsdampfer Schwalbe *(Bau-Nr. 245) fuhr noch nach dem Zweiten Weltkrieg mit Schuten durch den Hamburger Hafen. Foto: Schiffsfoto-Zentrale Wolfgang Fuchs.*

The steam tug and inspection boat Schwalbe *(ship no. 245) was still in service after the Second World War, tugging barges through the port of Hamburg. Photograph: Schiffsfoto-Zentrale Wolfgang Fuchs.*

Speziell für das Bugsieren der Riesendampfer der Imperator-*Klasse bestellte die Hamburg-Amerika Linie 1912 den starken Schleppdampfer* Wendemuth *(Bau-Nr. 284) und sein Schwesterschiff* Loewer *bei Jos. L. Meyer.*

In 1912 the Hamburg-Amerika Line ordered the powerful steam tugboat Wendemuth *(ship no. 284) and its sister ship* Loewer *from Jos. L. Meyer, to tug the huge steamers of the* Imperator *class.*

73

Feuerschiff Jasmund *(Bau-Nr. 275) auf der Längshelling im Bau ...*

Lightship Jasmund *(ship no. 275) under construction on the lengthwise building slip ...*

... und beim Stapellauf im Jahre 1911.

... and being launched in 1911.

Das Feuerschiff Jasmund *war eines von vielen, die Jos. L. Meyer im Laufe der Jahrzehnte lieferte.*

The lightship Jasmund *was one of many delivered by Jos. L. Meyer over the decades.*

Schon im Jahre 1910 baute die Werft auch ein unbemanntes Feuerschiff (Bau-Nr. 261). Es trug den Namen Westerems.

An unmanned lightship named Westerems *(ship no. 261), had already been built by the shipyard back in 1910.*

Ein 1912 an den Stützpunkt Friedrichsort geliefertes Torpedofangboot (Bau-Nr. 277).

A torpedo recovery boat (ship no. 277) delivered to the naval base Friedrichsort in 1912.

Der Minenleger C 4 (Bau-Nr. 243), hier während einer Einsatzfahrt im Jahre 1917, gehört zu einer ganzen Serie von solchen Fahrzeugen, die die Marine in den Jahren vor dem Ersten Weltkrieg bauen ließ. Foto: Archiv Deutsches Schiffahrtsmuseum.

The mine-layer C 4 (ship no. 243), here in action in 1917. This was one of a whole series of such vessels commissioned by the navy in the years leading up to the First World War. Photograph: Archives of the German maritime museum.

Der 1912 für die Flensburger Förde gebaute Passagierdampfer Albatros *war bis 1969 in Fahrt. Heute liegt das Schiff in dem Ostseebad Damp an Land und beherbergt eine Ausstellung, die an die Transporte von Flüchtlingen und Soldaten über die Ostsee im Winter und Frühjahr 1945 erinnert.
Foto: Arnold Kludas.*

The passenger steamer Albatros, *built for the Flensburger Foerde in 1912, was still in service until 1969. Today, the ship is moored ashore in the Baltic Sea resort Damp and houses an exhibition reminding of the transport of refugees and soldiers over the Baltic Sea in the winter and spring of 1945.
Photograph: Arnold Kludas.*

Die als Fährdampfer für die Route Cuxhaven-Brunsbüttel konzipierte Seestern *(Bau-Nr. 309) kam nach dem Ersten Weltkrieg vorwiegend als Schlepper zum Einsatz und wurde schließlich 1924 entsprechend umgebaut. Das Foto zeigt das Schiff mit der Schornsteinmarke der „Bugsier" im Hamburger Hafen.
Foto: Slg. Arnold Kludas.*

After the First World War, the Seestern *(ship no. 309), originally designed as steam ferry for the route Cuxhaven-Brunsbuettel, was mainly used as a tugboat and was finally converted as such in 1924. This photograph shows the ship with the funnel emblem of the "Bugsier" shipping company in the port of Hamburg.
Collection: Arnold Kludas.*

*Blick auf die Werft um 1910.
Das damalige Wahrzeichen der Werft war der
40 t-Auslegerdrehkran, der zum Einsetzen der
Kessel und Dampfmaschinen genutzt wurde.*

*View of the shipyard around 1910.
The 40 t slewing jib crane, which was used
to install the boilers and steam engines,
used to be the emblem of the shipyard.*

Das deutsche Reich hatte in den achtziger Jahren des vorigen Jahrhunderts in Afrika die Kolonien Deutsch-Ostafrika, Deutsch-Südwestafrika, Kamerun und Togo erworben. Die Verwaltung dieser Gebiete lag bei dem Reichskolonialamt. Diese Behörde gab mehrere solcher Dampfer in Auftrag, so 1897 einen Truppentransporter für die deutsche Schutztruppe in Ostafrika. Das war der erste einer ganzen Reihe von ähnlichen Aufträgen. Unter diesen ist der Bau der GRAF GOETZEN besonders interessant. Das Schiff war für den Passagierverkehr auf dem Tanganjikasee in Ostafrika bestimmt. Das Besondere dabei war, daß das Schiff zuerst in Papenburg gebaut, dann zerlegt, in wasserdichte Kisten verpackt und so nach Ostafrika transportiert werden mußte. Die Werft sandte dann eine eigens zusammengestellte Mannschaft an den Tanganjikasee, die das Schiff an Ort und Stelle wieder zusammenbauen sollte.

Meister Rüther, der die Gruppe leitete, berichtete nach seiner Ankunft seinem Chef: „Bis auf die fehlende Backdeckplatte ist nach der Verladung jetzt alles in Kigoma, abgesehen von zwei Kisten Deckschrauben, die wohl irgendwo in Daressalam liegen. Das Tauwerk ist durch ein Feuer während der Bahnfahrt auf offenem Wagen völlig unbrauchbar geworden. Wir sind nun seit drei Wochen am Bauen ... wir können hoffen, bis August fertig zum Stapellauf zu sein. Die elektrische Zentrale, die ich selbst habe bauen müssen, ist nun auch

African colonies of German-East Africa, German-South-West Africa, Cameroun and Togo. The imperial colonies office was responsible for the administration of these territories. This office issued contracts for several of these special steamships, together with the contract in 1897 for a troop transporter ship for the first German protective troop in East Africa. This was the first of a whole series of similar contracts. Of these, the construction of the GRAF GOETZEN is particularly interesting. The ship was intended to be a passenger ship on Lake Tanganjika in East Africa. The peculiarity of the design was that the ship was built in Papenburg first of all, then disassembled, packed in watertight chests and then transported to East Africa. The shipyard then sent a specially selected team of shipbuilders to Lake Tanganjika to reassemble the ship on site there.

Master Ruether, the leader of the group, reported to his boss on his arrival: "Apart from the missing back deck plate, everything is now in Kigoma, apart from two cases of deck screws, which must be somewhere in Daressalam. The ropes are completely useless after a fire in the open waggon during the rail journey. We have been building the ship now for three weeks ... we hope to be ready for launching in August. The central electrical system, which I have had to construct myself, is now completed and a crane has been working for several days ... With the exception of a completely

Die GRAF GOETZEN *beim Probezusammenbau auf dem Helgen in Papenburg. Gut sind die zahlreichen Markierungen für den endgültigen Zusammenbau am Tanganjikasee zu erkennen.*

The GRAF GOETZEN *during trial assembly on the building slip in Papenburg. The numerous markings for final assembly at Lake Tanganjika can be easily seen.*

Kühlmaschine für den Kühlraum des Schwesterschiffes der Graf Goetzen, *die* Rechenberg. *Die* Rechenberg *wurde wegen des Ausbruches des Ersten Weltkrieges nicht mehr nach Afrika transportiert.*

Refrigeration plant for the cold-storage room on the sister ship of the Graf Goetzen, *the* Rechenberg. *It was in the end no longer possible to transport the* Rechenberg *to Africa because of the outbreak of the First World War.*

fertig, seit einigen Tagen fährt ein Kran ... Mit Ausnahme eines gänzlich unbrauchbaren Tischlers und eines Elektrikers habe ich keine europäische Hilfe bekommen, ich beschäftige durchschnittlich 20 Inder und 150 Schwarze, wenn das Nieten beginnt, wohl noch 100 mehr." So bewiesen die Papenburger Meister, daß sie auch unter veränderten Bedingungen Tüchtiges leisten konnten. Die Zusammensetzung des Schiffes wurde glücklich durchgeführt, aber gerade, als das Schiff seine erste Runde auf dem See fahren sollte, brach der Krieg aus. Die anrückenden Engländer versenkten den Dampfer und internierten die Papenburger Schiffbauer in einem Gefangenenlager. Erst 1918, als der Krieg beendet war, durften sie in ihre Heimat zurückkehren. Die Engländer, nach den Bestimmungen des Versailler Vertrages Mandatsmacht für Deutsch-Ost-Afrika, hoben das versenkte Schiff, tauften es um und übergaben es dem Verkehr. Es fährt bis heute, erst unter englischer, jetzt unter einheimischer Flagge seine Runden auf dem Tanganjikasee — ein Beweis für die solide Konstruktion.

Das Ansehen, das sich Joseph L. Meyer als Schiffbauer erworben hatte, zeigte sich darin, daß ihn

useless joiner and an electrician, I have had no European assistance. On average, I employ 20 Indians and 150 Negros, and probably 100 more once riveting begins." The Papenburg master shipbuilders thus showed that they could work efficiently even under the most adverse of conditions. The ship had just been reassembled and was to go for its first trial trip on the lake when the war broke out. The advancing British sunk the steamer and interned the Papenburg shipbuilders in a prisoner of war camp. It was not until 1918 when the war was over, that they were allowed to return home. The British, who acquired mandatory power for German-East Africa under the conditions of the Treaty of Versailles, raised the sunk ship back to the surface, renamed it and released it for service on the lake. The ship is still in service sailing on Lake Tanganjika, originally under the English and now under the native flag — evidence of its solid design.

The reputation which Joseph L. Meyer had acquired as shipbuilder is illustrated in the fact that Kaiser Wilhelm II summoned him to join the commission which was to decide on the most suitable type of ship for the Dortmund-Ems canal. Origin-

Patent-Klappwaschtische für die Graf Goetzen. *In den Behälter über der Waschschüssel wurde Frischwasser gefüllt, das nach Gebrauch beim Hochklappen der Waschschüssel in den unteren Auffangbehälter lief. Die Wartung dieser Schränke war Aufgabe des Kabinenstewards.*

Patent folding wash-stand for the Graf Goetzen. *Fresh water was filled into the container above the wash basin and, after use, was drained into the lower collecting container when the wash basin was folded up. The cabin steward was responsible for tending to these closets.*

Die Graf Goetzen *(Bau-Nr. 300) während des Ersten Weltkrieges auf dem Tanganjikasee. Das Geschütz auf der Back war nachträglich installiert worden, es stammte von dem 1915 in der Rufidji-Mündung versenkten Kreuzer* Königsberg.

The Graf Goetzen *(ship no. 300) during the First World War on Lake Tanganjika. The gun on the forecastle was a later installation, originating from the cruiser* Koenigsberg *which was sunk in the Rufidji estuary in 1915.*

Die ehemalige Graf Goetzen *ist noch heute als* Liemba *auf dem Tanganjikasee zu sehen. Eine erstaunliche Berühmtheit erlangte das Schiff durch seine Mitwirkung in dem 1951 gedrehten Spielfilm „The African Queen" mit Katherine Hepburn und Humphrey Bogart.*

The former Graf Goetzen *can still be seen today on Lake Tanganjika as the* Liemba. *The ship acquired amazing fame from its role in the film "The African Queen" made in 1951 with Katherine Hepburn and Humphrey Bogart.*

Lotsendampfer Pilot *(Bau-Nr. 296), 1913.*
Pilot steamer Pilot *(ship no. 296), 1913.*

Kaiser Wilhelm II. in die Kommission berief, die über den geeignetesten Schiffstyp für den neuen Dortmund-Ems-Kanal entscheiden sollte. Ursprünglich sollte dieser Schiffahrtsweg bei Papenburg in die Ems führen. Papenburg war der letzte binnenländische Hafen, der noch von Seeschiffen angelaufen werden konnte. Auf diese Weise wäre hier ein bedeutender Umschlagplatz entstanden. Auch Joseph L. Meyer setzte sich für diese Linienführung des Kanals ein und vertrat die Interessen der Stadt als Vorstandsmitglied des „Canalvereins", der sich um die Durchführung dieses Projekts bemühte. Leider änderten die Behörden ihren ursprünglichen Plan und ließen den neuen Kanal bei Meppen in die Ems münden.

Der Dortmund-Ems-Kanal war für Schiffe in einer Größe von 500 BRT projektiert worden, aber bald verlangte die Industrie, auch Schiffe bis zu 600 BRT zuzulassen. Joseph L. Meyer prüfte mit den anderen Kommissionsmitgliedern eine Kombination von Schleppdampfern und Seeleichtern oder Baggerschuten. Der neuentwickelte Typ fand allgemeine Zustimmung und ging als großes Dortmund-Ems-Kanal-Schiff in die Produktion.

In die Zeit des Ersten Weltkrieges fielen die letzten Lebensjahre des Begründers der Eisenschiffswerft. Der Krieg griff tief in das Leben des Betriebes ein. Die Aufträge der Kaiserlichen Marine konnten die Stockung bei den zivilen Aufträgen nicht ersetzen. Zahlreiche Facharbeiter dienten als Soldaten. Mehr und mehr lähmte die englische Seeblockade die gesamte deutsche Handelsschiff-

ally, this waterway was to flow into the Ems near Papenburg. Papenburg was the last inland port which could still be entered by sea-going ships. In this way, an important cargo transfer center would have arisen here. Joseph L. Meyer was also in favour of this route for the canal und represented the interests of the town as member of the executive committee of the "canal association", which endeavourd the secure finalization of the desired route. Unfortunately, the authorities altered their original plans and routed the new canal in such a way that it flowed into the Ems near Meppen.

The Dortmund-Ems canal had been planned for ships up to a maximum size of 500 gross registered tons, but the industry soon urged for ships up to 600 gross registered tons to be permitted on the canal too. Joseph L. Meyer and the other members of the commission examined a combination of tug steamers and sea-lighters or barges. The new construction met with general approval und production of the large Dortmund-Ems canal barge started.

The years of the first World War coincided with the last years in the life of the founder of the iron shipyard. The war intruded far into the life of the company. Orders for ships from the imperial navy could not replace the decline in civil contracts. Many skilled workers served in the army. The English blockade at sea increasingly strangled German merchant shipping in its entirety, so that shipbuilding in turn more or less came to a standstill. Although the last years of his life were filled with

Inzwischen werden bereits 5 Schiffe, die einmal bei Jos. L. Meyer vom Stapel liefen, in der Bundesrepublik als Museumsschiffe geführt: Neben dem hier abgebildeten Feuerschiff AMRUM-BANK *in Emden handelt es sich um das Feuerschiff* ELBE I *in Cuxhaven, den Tonnenleger* BUSSARD *in Kiel, den Passagierdampfer* ALBATROS *in Damp und den ehemaligen Passagierdampfer* PRINZ HEINRICH *in Lübeck.*

By now there are already 5 ships once launched by Jos. L. Meyer which today function as museum ships in West Germany: these are, in addition to the lightship AMRUM-BANK *in Emden illustrated here, the lightship* ELBE I *in Cuxhaven, the buoy positioning ship* BUSSARD *in Kiel, the passenger steamer* ALBATROS *in Damp, and the former passenger steamer* PRINZ HEINRICH *in Luebeck.*

Als der Erste Weltkrieg zu Ende ging, wurden die Arbeiten an den noch auf den Helgen liegenden Kriegsschiffen gestoppt. Die flachgehenden Minensucher F. M. 49 und 50, bei Jos. L. Meyer unter den Baunummern 335 und 336 bestellt, wurden zu Passagierdampfern umgebaut und gingen als Reparationsleistungen nach Rumänien zum Einsatz auf der Donau im Bereich des „Eisernen Tores".

At the end of the First World War, work on those warships still on the building slips ceased. The shallow-draught mine detectors F.M. 49 and 50, commissioned from Jos. L. Meyer under ship numbers 335 and 336, were converted to passenger steamers and went to Rumania as part of the German reparations, for service on the river Donau in the area of the "Eisernes Tor" (iron gate).

fahrt, und damit kam auch der Schiffbau mehr oder minder zum Erliegen.

Obwohl so die letzten Jahre Joseph L. Meyers von tiefer, politischer Unruhe erfüllt waren, konnte er im ganzen auf ein Leben des stetigen Aufbaus und der rastlosen, von Erfolg gekrönten Arbeit zurückblicken. Im Jahre 1920 starb er. Unter seiner Leitung hatte die Werft 340 Schiffe gebaut. Seine Verdienste um den Aufbau des Unternehmens hatten auch nach außen entsprechende Anerkennung gefunden.

1897 erhielt Joseph L. Meyer die von König Friedrich Wilhelm IV. gestiftete Medaille „Für gewerbliche Leistungen" in Bronze. Im Jahre 1912 wurde er durch die Verleihung des Roten Adlerordens 4. Klasse ausgezeichnet. Die größte Anerkennung seiner Verdienste um die Weiterentwicklung des deutschen Schiffbaus empfing er durch die Verleihung der Rechte eines Ehrendoktors der Ingenieurwissenschaften im Jahre 1910. In der Ehrenurkunde wurden seine Verdienste um die Förderung des deutschen Kleinschiffbaus hervorgehoben. Als Joseph L. Meyer starb, konnte er seinen Söhnen ein festgegründetes, umfangreiches Unternehmen übergeben.

deep-reaching political unrest, Joseph L. Meyer could all in all look back on a life marked by continual progress and development, by nevertiring, hard work crowned with success. He died in 1920. Under his leadership the yard had built 340 ships. His achievements in building the company to a highly respected enterprise had gained much recognition, from elsewhere as well as from his immediate surroundings.

In 1897, Joseph L. Meyer received the bronze medal "For business achievements" donated by King Friedrich Wilhelm IV. In 1912 he was decorated with the red eagle medal fourth class. The widespread recognition of his achievements for the German shipbuilding industry was illustrated when he was made an honorary doctor of engineering sciences in 1910. The diploma emphasized his achievements in promoting the building of small vessels in the German shipbuilding industry. When Joseph L. Meyer died, he left his sons a well-established, extensive enterprise.

Bewahrung und Bewährung
1920 – 1951

Preservation and verification
1920 – 1951

Franz Joseph Meyer mußte als Nachfolger des Firmengründers das Unternehmen durch die Zeit der tiefsten Umwälzungen in der deutschen Politik und Wirtschaft führen. Die Jahrzehnte seiner Unternehmensleitung forderten von jedem Unternehmer Flexibilität und Zähigkeit, um sich zu behaupten. Lassen wir die Zeit noch einmal vor unserem geistigen Auge vorbeiziehen! 1918 war der Krieg verloren. Deutschland mußte den Versailler Vertrag schließen, seine Kriegs- und Handelsflotte ausliefern. Jeden Monat gingen in den folgenden Jahren deutsche Lieferungen an Agrarerzeugnissen

As successor to the company's founder, Franz Joseph Meyer had to lead the company through the most turbulent period of German political and economic life. During the decades in which he was head of the company, every entrepeneur had to show flexibility und perseverence to stay the course. Let us briefly recapitulate on the main events. At the end of the first World War in 1918, Germany as defeated nation was forced to ratify the Treaty of Versailles and to surrender both the navy and the merchant navy. In the coming years, the Germans supplied agricultural and industrial

Umbauarbeiten an einem Bagger kurz nach dem Ersten Weltkrieg. Insgesamt elf Bagger wurden auf der Werft neu gebaut. Im Hintergrund des Bildes sind noch einige Torfschuten zu erkennen.

The Meyer shipyard also built 11 dredgers. This illustration shows conversion work on a dredger shortly after the First World War. A few peat barges can still be seen in the background.

und Industriegütern ohne Bezahlung als Reparationsleistungen ins Ausland. Der Überhang an Kaufkraft, die deutschen Kriegsschuldanleihen, die Reparationen zerstörten das Vertrauen in die deutsche Währung. Rasch zerfiel der Geldwert. Zugleich waren diese ersten Jahre nach dem Krieg Jahre einer konjunkturellen Scheinblüte. In Deutschland herrschte Vollbeschäftigung wie in den Kriegsjahren. Aber die Konjunktur beruhte auf schwankendem Grund.

Erst als am 15. November 1923 die Inflation gestoppt und durch die Einführung der Rentenmark eine gesunde Währung eingeführt worden war, begann die wirkliche Gesundung der Wirtschaft. Aber diese Phase der Erholung hielt nicht lange an. Viele Unternehmen litten an einer hohen Verschuldung, die durch eine überhastete Expansion entstanden war. Schon 1927 begann der Absatz zu stagnieren. Im Jahre 1929 brach die von Amerika ausgehende Weltwirtschaftskrise mit verheerender Wucht über das noch ungefestigte deutsche Wirtschaftsgefüge herein. Rasch griff die Arbeitslosigkeit um sich, schließlich betrug die Zahl der Arbeitslosen sechs Millionen. Zugleich trat auch die politische Schwäche des Weimarer Systems immer stärker hervor. Die Radikalen auf der Linken und auf der Rechten beherrschten die Straße. Die Regierung Brüning vermochte die Krise nicht mehr aufzufangen. Am 30. Januar 1933 betrat Adolf Hitler die weltpolitische Bühne. Er hatte versprochen, Arbeitsplätze und Brot zu schaffen, und er hielt vordergründig sein Versprechen. Die Ausweitung des Geldvolumens, Straßen- und Wohnungs-

products every month without payment as reparations. The surplus of purchasing power, loans to cover the German war debt and the reparations destroyed any confidence in the German currency. And at the same time, the first few years after the war saw a fictitious economic boom. The German economy experienced full employment such as is normally found only in wartime. But the economy was on very unsure ground.

It was not until inflation was stopped on November 15th 1923 and a sound currency was introduced with the Rentenmark that the economy really began to recover. But this phase of recovery did not last for long. Many companies were suffering from high debts which had accumulated through overhasty expansion. In 1927 sales began to stagnate. In 1929, the world economic recession originating from America crashed down over Germany's still insecure economic system with an incredible force. Unemployment spread rapidly until the total of six million was reached. At the same time, the political weakness of the Weimar system became more and more obvious. The radicals from the left und right ruled the streets. The Bruening government was not capable of halting the crisis. On January 30th 1933, Adolf Hitler appeared on the stage of world politics. He had promised to create employment and food for all, and he kept his promise superficially. He enlarged the volume of money in circulation, initiated widespread construction of roads and housing, and thus gave the economy the impulse it needed. At the same time, the new state took the reigns of economic control

Auf dem Höhepunkt der Inflation druckte die Werft Geld-Gutscheine, die kurzfristig gegen den aufgedruckten Betrag eingelöst werden konnten.

During the peak period of the inflation crisis, the shipyard printed money vouchers which could be exchanged for the amount printed on the note at short notice.

Franz Josef Meyer, der älteste der drei Söhne des Gründers der Eisenschiffswerft, übernahm ab 1924 allein die Geschäftsführung.

As from 1924, Franz Josef Meyer, the eldest of the iron shipyard founder's three sons, took over the sole management of the company.

bau, später die deutsche Aufrüstung kurbelten die Wirtschaft wieder an. Zugleich aber nahm der neue Staat die „Kommandohöhen" der Wirtschaft fest in seine Hand. Mit den Mitteln der Vierjahrespläne wurde die Produktion gelenkt und kontrolliert. Hitler hatte einen scheinbaren und von machtpolitischen Interessen diktierten Fortschritt eingeleitet. Auf diesem politischen Hintergrund muß das Lebenswerk Franz Joseph Meyers gesehen werden, um zu ermessen, welche Leistung in der vierten Schiffbaugeneration erbracht werden mußte, um den Betrieb zu erhalten und fortzuführen.

Joseph L. Meyer besaß drei Söhne; einer von ihnen schlug die Verwaltungslaufbahn ein, die beiden anderen, Franz Joseph und Bernhard studierten Schiffbau bzw. Maschinenbau. Später sollten diese Bereiche wie in den Gründungsjahren von ihnen getrennt geleitet werden. Noch zu Lebzeiten des Vaters traten beide Söhne als Gesellschafter in die Firma ein und übernahmen dann gemeinsam am 1. Januar 1920 die Leitung der Werft. Der Vater zog sich von den Geschäften zurück. Aber der brüderlichen Zusammenarbeit waren nur wenige Jahre beschieden. 1924 verstarb Bernhard, der jüngere Bruder, an einem Herzleiden. Seine Familie blieb wohl noch bis 1935 finanziell an dem Unternehmen beteiligt, aber Franz Joseph übernahm nach dem Tod seines Bruders allein die Firmenleitung.

firmly in its hands. Production was directed and controlled via the four-year plans. Hitler had introduced apparent progress, dictated by the interests of power politics.

The life-work of Franz Joseph Meyer must be seen in this political context in order to appreciate the achievements of the fourth generation of shipbuilders in retaining and continuing the company. Joseph L. Meyer had three sons; one chose an administrative career, whereas the other two, Franz Joseph and Bernhard, studied shipbuilding respectively mechanical engineering. In later years, these two areas were to be managed by the two brothers separately, in parallel to the situation in the early years of the company. While their father was still alive, both brothers entered the company as partners and on January 1st 1920, jointly took over management of the yard. Joseph L. Meyer retired from business. But the years of brotherly cooperation were only few in number. In 1924 the younger brother Bernhard died of a heart ailment. Although Bernhard's family remained financially involved in the enterprise until 1935, Franz Joseph took over management of the company on his own after the death of his brother.

Franz Joseph was born in 1875 and passed his school leaving certificate in 1893 after completing his school education in Papenburg and Muenster. He then studied shipbuilding, obtained his diploma in 1899, and after military service started to work in his father's shipyard.

Wasserrohrkessel für den Passagierdampfer FRISIA I *(Bau-Nr. 377) aus dem Jahr 1928, zusammengebaut in der Kesselschmiede.*

Water pipe boiler for passenger steamer FRISIA I *(ship no. 377) from 1928, assembled in the boiler shop.*

Die unter der Bau-Nr. 338 im Jahre 1920 abgelieferte M 127 war einer der vielen von der Werft gelieferten Kanalschleppdampfer.

M 127, delivered in 1920 under ship no. 338, was one of many canal steam tugs built by the shipyard.

Der Hafenschlepper Bali *(Bau-Nr. 357), hier im Hamburger Hafen, war 1923 von der Woermann-Linie bestellt worden.*

The port tug Bali *(ship no. 357), seen here in the port of Hamburg, had been ordered in 1923 by the Woermann-Linie.*

Hochsee- und Bergungsschlepper Hoheweg *(Bau-Nr. 355) der Unterweser-Reederei, Bremen.*

Ocean-going and salvage tug Hoheweg *(ship no. 355) for the Unterweser-Reederei, Bremen.*

Er war 1875 geboren und hatte nach Schuljahren in Papenburg und Münster 1893 sein Abitur bestanden. Danach studierte er Schiffbau, legte 1899 die Hauptprüfung ab und trat nach seinem Militärdienst in die väterliche Werft ein.

Die Geschäftstätigkeit des Unternehmens folgte in den ersten Jahren unter der neuen Leitung dem Auf und Ab der allgemeinen Wirtschaftsentwicklung. Nach dem Zusammenbruch des deutschen Reiches im Jahre 1918 war für die Meyer Werft der Staat, der einen beträchtlichen Teil des Vorkriegsbauprogramms abgenommen hatte, als Auftraggeber ausgefallen. Aber schon bald mußte die neue Reichsregierung Schiffbauaufträge für die Reparationsforderungen erteilen. Auch versuchten die deutschen Reedereien, so rasch wie möglich ihren Schiffsbestand, den sie durch die Bestimmungen von Versailles verloren hatten, zu ersetzen. Die Aufträge waren daher so zahlreich, daß die deutschen Werften in diesen Jahren ihre Kapazitäten um 50 % vergrößerten. 1922 wurde in der Bautonnage eine Rekordhöhe erreicht, die erstmalig nach 1950 wieder überschritten wurde. Auch die Meyer

Business activities of the company during the first few years under new management followed the ups und downs of the general economic developments. After the collapse of the German Reich in 1918, the yard could no longer rely on contracts and orders from state, which had been one of the main customers of the yard in the pre-war period. But before long, the new government had to order new ships to be built to meet the reparation demands. The German shipping companies also tried to restore their stock of ships which they had lost through the stipulations of the Treaty of Versailles. There were so many contracts coming in that the German shipyards increased their capacity by 50 % in this period. In 1922 the tonnage of ships being built reached a record level which was not surpassed until after 1950. The Meyer shipyard also participated in the economic boom. But then it slithered too in the whirlpool of inflation.

Not only the entrepreneurs suffered from the monetary disintegration. The workers and office staff in Meyer's shipyard were affected as well. At the end of the first World War, the basic loan for a

Der Frachtdampfer Durazzo *(Bau-Nr. 340), hier während der Ablieferungsfahrt auf dem Papenburger Hafenkanal, war ursprünglich von der Levante-Linie bestellt worden, ging aber noch während des Baues an die Hamburg-Amerika Linie über.*

Cargo steamer Durazzo *(ship no. 340), seen here on the Papenburg harbour canal during its delivery voyage, had been originally ordered by the Levante-Linie, but was taken over by the Hamburg-Amerika Linie while still under construction.*

Die Durazzo in der Papenburger Schleuse. Das 1922 abgelieferte Schiff war mit 1468 BRT einer der größten Neubauten der Werft zwischen den Weltkriegen.

The Durazzo in the Papenburg lock. This 1468 GRT ship, delivered in 1922, was one of the largest new ships to be built by the shipyard between the two World Wars.

Die Werft im Jahre 1922, am Ausrüstungskai der Dampfer Durazzo. *Farbige Zeichnung von H. Wolter.*

The shipyard in 1922, with the cargo steamer Durazzo *at the fitting-out quay. Coloured drawing by H. Wolter.*

Werft nahm bis 1922 an dem konjunkturellen Aufschwung teil. Dann glitt auch sie in den Strudel der Inflation.

Unter dem Geldzerfall litten nicht nur die Unternehmer, sondern auch Arbeiter und Angestellte auf der Werft. Der Ecklohn für einen gelernten Arbeiter hatte noch am Ende des ersten Weltkriegs 39 Pfg. betragen. Jetzt stiegen die Löhne und Prei-

trained worker was still 39 pfennigs. But wages and prices now escalated to dizzy heights. Wages were calculated in millions and billions. But in the evenings, the workers' wives stood waiting at the yard gates to go to the shops quickly with the day's wages before the prices for bread and meat rose by another million and the day's work had been in vain. In those days the wages were paid daily. As

Der Bau des für Papenburger Verhältnisse großen Frachtdampfers Durazzo *inspirierte auch noch andere Künstler zu Zeichnungen von der Werft.*

The construction of the cargo steamer Durazzo, *which was large compared to usual conditions in Papenburg, also inspired other artists to draw the shipyard.*

Dampfbarkasse MOP 86 B *(Bau-Nr. 365) für Argentinien.*

Steam launch MOP 86 B *(ship no. 365) for Argentina.*

se in schwindelerregende Höhen. Die Löhne wurden in Millionen und Milliarden berechnet. Am Abend aber standen die Frauen an den Werktoren, um mit dem Tageslohn rasch noch einzukaufen, ehe die Preise für Brot und Fleisch um eine weitere Million angezogen hatten und des Tages Arbeit nutzlos geworden war. Täglich wurden damals auf der Werft die Löhne ausgezahlt. Da die allgemeine Notenpresse mit der Entwertung nicht mehr Schritt halten konnte, ging die Werft dazu über, ein eigenes Notgeld zu drucken, um überhaupt Lohngeld zur Verfügung zu haben. Dann kam die Stabilisierung und die Einführung der Rentenmark 1923. Plötzlich sank der Ecklohn tief unter den bereits erreichten Stand. Jetzt erhielt der Arbeiter 28 Pfg. Stundenlohn. Bis 1930 kletterte der Verdienst langsam auf 76 Pfg. pro Stunde. Dann kam die Weltwirtschaftskrise, und die Löhne stürzten auf 51 Pfg. ab. Trotz der Ankurbelung der deutschen Wirtschaft während des Dritten Reiches stieg das Lohnniveau nur langsam an. Erst 1940 wurde ein Ecklohn von 61 Pfg. erreicht. Aber damals sank durch die Lebensmittelrationierung der reale Wert des Geldes bereits wieder. Nach dem zweiten Zusammenbruch 1945 und den Jahren der Not bis zur Währungsreform im Jahre 1948 besaß der gezahlte Lohn nur geringen Wert. 1948 arbeitete man dann für 90 Pfg., 1951 stieg der Ecklohn auf 1,15 DM.

the public mints were not able to keep pace with devaluation, the yard started to print its own emergency money in order to have sufficient reserves to pay the wages. And then in 1923 came stabilization with the introduction of the Rentenmark. Suddenly the basic wage sank well below the original level. A worker was now paid 28 pfennigs per hour. By 1930 the hourly wage climbed slowly to 76 pfennigs. But the economic recession sent the wages reeling back down to 51 pfennigs. Inspite of the invigoration of the German economy during the Third Reich, the wage level only climbed slowly. It was not until 1940 that the basic wage reached 61 pfennigs. But food rationing reduced the real value of the money again. After the second collapse in 1945 and the hard years until the currency reform in 1948, the paid wage had little value. In 1948 the basic wage then amounted to 90 pfennigs, and rose to DM 1.15 in 1951.

Werftarbeiter vor dem Motorschlepper HANEKEN *(Bau-Nr. 372), 1927. Foto: Slg. Ulf-Karl Wulkotte.*

Shipyard workers in front of the motor tug HANEKEN *(ship no. 372), 1927. Photograph: collection Ulf-Karl Wulkotte.*

Die Inselfähre Langeoog IV *(Bau-Nr. 371) hatte zwar noch den typischen Dampferlook, war aber bereits mit zwei Motoren ausgerüstet, 1927.
Foto: Archiv der Inselgemeinde Langeoog.*

The island ferry Langeoog IV *(ship no. 371) still had the typical appearance of a steamship, but was already fitted with two engines, 1927.
Photograph: archives of the island council Langeoog.*

Die Frisia I *(Bau-Nr. 377) war ein bei den Passagieren besonders beliebter Dampfer. Das Schiff war bis 1966 bei der A.-G. Reederei Norden-Frisia, dem treuesten Kunden der Werft, in Fahrt.*

The Frisia I *(ship no. 377) was a particularly popular steamer with the passengers. The ship was in service with the shipyard's most faithful client, the A.-G. Reederei Norden-Frisia, until 1966.*

Schlepper VALEREUX *(Bau-Nr. 383) für die französische Marine auf dem Papenburger Sielkanal, 1929. Der Schlepper wurde im Rahmen der Reparationszahlungen geliefert.*

Tug VALEREUX *(ship no. 383) for the French navy on the Papenburg Sielkanal, 1929. The tug was delivered within the framework of reparation payments to France.*

Letzte Anstricharbeiten werden hier an dem für Ostende gebauten Feuerschiff WESTHINDER *vorgenommen. Das Hafenbecken im Hintergrund ist das sogenannte Eisenbahndock in Papenburg.*

Final paintwork is being completed here on the lightship WESTHINDER *which was built for Ostende. The harbour basin in the background is the so-called railway dock in Papenburg.*

Tankkahn Fanto XVII *(Bau-Nr. 382) am Ausrüstungskai der Werft, 1929.*

Fuel boat Fanto XVII *(ship no. 382) at the shipyard's fitting-out quay, 1929.*

Motorschlepper Hüntel *(Bau-Nr. 381) für das Wasserbauamt in Meppen.*

Motor tug Huentel *(ship no. 381) for the water-supply authority in Meppen.*

Motorschlepper Mülheim *(Bau-Nr. 385) des Wasserbauamtes Duisburg, 1930.*

Motor tug Muelheim *(ship no. 385) for the water-supply authority in Duisburg, 1930.*

Für ein französisches Unternehmen baute Jos. L. Meyer 1930 den Asphaltkahn Petrophalt *(Bau-Nr. 389) im Rahmen der Reparationsleistungen.*

In 1930, Jos. L. Meyer built the asphalt boat Petrophalt *(ship no. 389) for a French company within the framework of reparation payments to France.*

Noch unter den Flaggen der Werft und des Motorenherstellers fährt hier der Kanalschlepper M 307 (Bau-Nr. 387) auf dem Papenburger Hafenkanal.

Canal tug M 307 (ship no. 387) is seen here on the Papenburg harbour canal, still sailing under the flags of the shipyard and the engine manufacturer.

Die wirtschaftlichen Krisen dieser Jahrzehnte spiegeln sich aber nicht nur in den Löhnen, sondern auch in den Beschäftigungszahlen des Betriebs. Einschneidende Folgen hatte vor allem die Weltwirtschaftskrise von 1929–1932.

Die übersetzte Branche des deutschen Schiffbaus litt noch mehr als andere Wirtschaftszweige unter der Weltwirtschaftskrise. 1931 und 1932 erhielt die Werft keinen einzigen Neubauauftrag. 83% der Emder Tonnage lagen damals auf, die Frachtraten hatten katastrophal niedrige Sätze erreicht. In dieser Notlage versuchte Franz Joseph Meyer alles, um wenigstens den Stamm seiner Arbeiter zu beschäftigen. Er wich auf andere Produkte aus. So baute die Werft für die Heseper Torfwerke eine Reihe von Torfbaggern und Maschinen für die Torfverarbeitung. Nur die Gießerei konnte in diesen Jahren ausreichend beschäftigt werden. Langsam erst klang nach 1932 die Krise ab. Aufatmend begrüßte man nach 1933 die ersten Neubauaufträge, wenn man sie auch noch zu Preisen hatte hereinnehmen müssen, die keinen Gewinn ermöglichen.

So blieb in den dreißiger Jahren zu wenig Kapital für die Erweiterung und Modernisierung der Werftanlagen. Es wurden weiter die bisherigen Produktionsstätten benutzt. Die schwierige Zeit der Wirtschaftskrise konnte mit Hilfe des Schwagers Heinrich Bueren überwunden werden. Doch in der Mitte der dreißiger Jahre führten der staatlich gelenkte

The economic crises of these decades are reflected not only in the wages but also in the employment statistics of the company. In particular the world economic crisis from 1929 – 1932 had far-reaching effects.

The over-staffed branch of the German shipbuilding industry suffered even more than other economic sectors from the world economic crisis. In 1931 and 1932, not one single order was placed with the yard to build a new ship. 83% of the total Ems shipping capacity was laid up, cargo rates had reached catastrophically low levels. In this desperate situation, Franz Joseph Meyer tried whatever he could to occupy at least the main bulk of his workforce. He switched to alternative products. The yard built a series of peat drags for the Hesep peat works, together with machines for processing peat. The foundry was the only division which found sufficient work in these years. It was not until after 1932 that the crisis slowly began to ease. In 1933, the first orders for new ships were greated with sighs of relief, although they had been obtained at prices which would bring no profits.

And as a consequence, there was not enough capital available in the 1930s to expand and modernize the machinery and plant in the shipyard. Franz Joseph Meyer had to persevere using the existing production sites. The difficult years of the economic crisis had been mastered with assistance from

Die ADMIRAL *(Bau-Nr. 380) war ein Lotsendampfer für die Kieler Förde, 1928.*

The ADMIRAL *(ship no. 380) was a pilot steamer for the Kieler Foerde, 1928.*

Die Heinz-Otto *(Bau-Nr. 399) war ein hübscher kleiner See-/Binnen-Frachter für einen Harener Kapitän, 1935.*

The Heinz-Otto *(ship no. 399) was a cute little seaworthy inland freighter for a Haren captain, 1935.*

Wiederaufbau der deutschen Wirtschaft sowie die Aufrüstung zu einer neuen Blüte im Schiffbau. Leider mußte die Meyer Werft gerade in den Jahren 1936/37 durch interne Auseinandersetzungen um die Auszahlung der Mitbesitzer Rückschläge hinnehmen. Aber danach konnten neue Aufträge hereingenommen werden; alte Geschäftsbeziehungen wurden wieder angeknüpft. Die Neubauten brachten befriedigende Preise, und auch die Nachfrage aus dem Ausland nahm wieder zu. In diese Phase einer guten Geschäftsentwicklung brach 1939 der Zweite Weltkrieg herein, zerschlug alle mühsam wieder aufgebauten Verbindungen und machte alle langfristigen Pläne und Vorhaben zunichte. Im Bauprogramm setzte Franz Joseph Meyer zunächst die Arbeit seines Vaters, den Kleinschiffbau, fort. In seiner Schiffbauliste finden wir Schlepper, Prähme, Barkassen und Kähne. Auch eine Reihe von Lotsenschiffen hat er für die deutsche Nordseeküste gebaut. Die schon von seinem Vater angeknüpfte Beziehung zur Reederei Norden-Frisia

Franz Joseph's brother-in-law Heinrich Bueren. But by the middle of the 1930s, the recovery of the German economy, strictly controlled by the state, and the policies of rearmament, led to a new boom for the shipbuilding industry. Unfortunately, the Meyer yard suffered setbacks from internal disputes right in the middle of the boom in 1936/37 centered on paying off the company's co-owners. But subsequently new orders were won and old business contacts revived. The new ships were built to satisfactory prices and demand from foreign quarters also increased. The Second World War broke out in 1939 in the middle of this positive phase of business development, and shattered all tediously restored connections, destroying all long-term plans and projects.

As far as the range of ships produced in the yard is concerned, Franz Joseph Meyer initially pursued the same line as his father, i.e. small vessels. In the list of ships built, we find praams, launches and barges. He also built a serie of pilot ships for

Das schmucke Bereisungsschiff Ems *(Bau-Nr. 396) hätte sicher auch als Passagierschiff Anklang gefunden, 1934. Das Schiff fährt heute noch für das Wasser- und Schiffahrtsamt Emden.*

The smart inspection ship Ems *(ship no. 396) could have been a success as a passenger ship in 1934, and is still in service today for the Wasser- und Schiffahrtsamt Emden.*

Die Seehund *(Bau-Nr. 406) war als Einsatzfahrzeug für Taucher ausgerüstet, 1936.*

The Seehund *(ship no. 406) was fitted out as a divers' vessel in 1936.*

in Norden, die den Verkehr zu den Nordseeinseln Juist und Norderney betreibt, wurde weiter ausgebaut. In besonderer Erinnerung ist wohl allen Reisenden nach Norderney die Frisia I. Unter den schmucken Motorschiffen am Kai fiel der alte Dampfer immer auf. Kam er aber von den Inseln, sah man schon von weitem seine schwarze Rauchwolke. Er verlieh der Reise noch ein wenig Seefahrtsromantik, mußte aber 1966 leider moderneren Schiffen weichen.

Fischdampfer, im Krieg auch U-Boot-Jäger, ergänzten das ursprüngliche Bauprogramm. Franz Joseph setzte die Arbeit seines Vaters auch im Bau von Spezialschiffen für die verschiedensten Sonderaufgaben fort und hat wie dieser zahlreiche Regierungsaufträge ausgeführt. Unter den Feuerschiffen, die auf der Meyer Werft entstanden, ist eines durch seine merkwürdig lange Bauzeit in Erinnerung. Es war das Feuerschiff Elbe I. Seit 1939 lag es auf Stapel, konnte unter den Einschränkungen

the German North Sea coast. The connections already established by his father to the shipping company Norden-Frisia in Norden, who were responsible for the ferry connections to the North Sea islands Juist and Norderney, were developed further. Many ferry passengers to Norderney will have fond memories of the Frisia I. The old steamship stood out most conspicuously in contrast to the smart modern motorized vessels. But its black clouds of smoke could be seen way off when it was approaching the harbour. Frisia I still added a touch of romantic sea-faring traditions to the short ferry crossings. Unfortunately, the steamer has had to be replaced by more modern vessels in 1966.

The original program was extended to include steam fishing boats, and anti-submarine vessels. Franz Joseph also continued the work started by his father with respect to the construction of special ships for the most varied special tasks, and

Die Spiekeroog II *trug diesen Namen erst seit 1958. Ursprünglich hatte das Schiff* Baltrum II *geheißen und war 1935 unter der Bau-Nr. 401 an die Baltrum-Linie geliefert worden.*
Foto: J. F. Horst Koenig, Slg. Arnold Kludas.

The Spiekeroog II *has only been named as such since 1958. Originally, the ship was named* Baltrum II, *and had been delivered in 1935 under ship no. 401 to the Baltrum Linie.*
Photograph: J. F. Horst Koenig, Collection Arnold Kludas.

Die Frisia X *(Bau-Nr. 403) war das erste Motorschiff der Werft für die A.-G. Reederei Norden-Frisia. Das Schiff passiert hier gerade die Landestelle der Emsfähre bei dem Gut Halte, 1935.*

The Frisia X *(ship no. 403), was the first motorship built by the shipyard for the A.-G. Reederei Norden-Frisia. The ship is seen here just passing the landing stage for the Ems ferries by the Halte estate, 1935.*

107

des Krieges erst 1942 fertiggestellt werden, kam dann aber nicht mehr zum Einsatz. Es blieb vielmehr im Turmkanal liegen. In den letzten Kriegswochen wurde es von der Werft versenkt. 1945 hob man es wieder, reparierte es, so daß es 1948 endlich abgeliefert werden konnte. Somit dürfte es das Schiff mit der längsten Bauzeit gewesen sein.

Das Schicksal des Feuerschiffes ELBE I hat unsere Erzählung bis in die Jahre des Zweiten Weltkriegs geführt. Als die deutschen Truppen 1939 in Polen einmarschierten, endete für die Werft die Zeit der privaten unternehmerischen Verfügung und Führung. Der Betrieb wurde weitgehend durch Rüstungsaufträge in Beschlag genommen. Zahlreiche Facharbeiter waren eingezogen und mußten durch angelernte oder ungelernte Kräfte ersetzt werden. Unter dem Personalmangel litt natürlich die Leistungsfähigkeit des Betriebes. Dazu traten die Engpässe bei der Materialbeschaffung. Die Arbeitsunterbrechungen durch die häufigen Fliegeralarme setzten die Produktionsleistung weiter herab. In dem Maße, wie seit 1942/43 der Luftraum über Deutschland von den alliierten Bombern und Jagdflugzeugen beherrscht wurde, waren die Betriebe schutzlos ihren Angriffen ausgeliefert. Am Ende des Krieges waren fast alle deutschen Seeschiffswerften zerstört oder schwer beschädigt. Lange Zeit blieb die Meyer Werft von feindlichen Bombern unbehelligt. Erst in den letzten Wochen des Krieges, als sich britische und kanadische Truppen bereits der Stadt Papenburg näherten,

obtained numerous orders for the government. Among the lightships built in the Meyer shipyard, there is one particular one which stands out because of the remarkably long time it took to complete its construction! This was the lightship ELBE I. It had laid on blocks since 1939 but could not be completed until 1942 because of the restrictions imposed by the war. Even so, it still could not take up its intended task. Instead it lay moored in the Turmkanal. In the last weeks of the war, the yard workers sank it. In 1945, it was raised back to the surface, repaired, and finally delivered in 1948. It probably counts as the ship with the longest construction period.

The fate of the lightship ELBE I has brought our narration into the years of the Second World War. When the German troops marched into Poland in 1939, the days of private management and administration of the company were over. The shipyards were taken over for the production of arms contracts. Many skilled workers were called up and had to be replaced by semi-skilled or unskilled workers. The lack of workers naturally affected the performance of the company. This was aggravated by bottlenecks in acquisition of material. Production performance was further deteriorated by the frequent interruptions caused by air raid alarms. Shipbuilding companies had to face the attacks of the Allied bombers and fighter aircraft practically without protection, in view of the way in which they ruled the skies over Germany as from 1942/

Im Jahre 1938 baute Jos. L. Meyer zwei Wasserprähme (Bau-Nr. 415/416) für die Kriegsmarine. Aus dem Prahm mit der Bezeichnung WW 3 entstand nach dem Zweiten Weltkrieg durch Umbau das Küstenmotorschiff FRANZISKA JOERK. *Foto: Schiffsfotos Jansen.*

In 1938, Jos. L. Meyer built two water praams (ship nos. 415/416) for the navy. The praam with the designation WW 3 was converted after the Second World War to become the coastal motor ship FRANZISKA JOERK. *Photograph: Schiffsfotos Jansen.*

Stapellauf des Lotsendampfers EMDEN *(Bau-Nr. 408), 1936.*
Foto: Joh. Ehrlich.

The launching of the pilot steamer EMDEN *(ship no. 408), 1936.*
Photograph: Joh. Ehrlich.

Lotsendampfer EMDEN, *längsseits der kleine Schlepper* PAPENBURG I.

Pilot steamer EMDEN, *with the small tug* PAPENBURG I *alongside.*

wurde zur Unterstützung der Bodentruppen ein Tieffliegerangriff auf die Werft geflogen. Mit zahlreichen Brandbomben setzten die Flieger die Gebäude in Brand. Am Abend dieses Tages glich die Werft einem Trümmerhaufen. Das Werk zweier Generationen lag zerstört am Boden.

Die Unternehmensleitung setzte sich mit allen Kräften ein, das Unternehmen aus dieser Katastrophe zu retten. Kaum waren die alliierten Truppen in die Stadt eingezogen, begann man mit einer notdürftigen Instandsetzung. Als erstes wurde das Büro, dessen Dachstuhl abgebrannt war, notdürftig wieder hergerichtet. Die Büroarbeiten konnten aus der Kaffeekantine bald wieder hierhin verlegt werden. Schlimmer noch sah es in der Maschinenfabrik aus. Die Tischlerei, die darüber lag, war abgebrannt, Werkzeugmaschinen und Werkzeuge waren heruntergestürzt. Nun klaubte man sie mühsam aus dem Schutt und richtete nach und nach die Maschinen wieder her. Aber erst 1948 konnte der Betrieb in der Maschinenfabrik wieder aufgenommen werden. An eine Wiederaufnahme des Schiffbaus war zunächst nicht zu denken. Die Eisenbahnbrücke war gesprengt worden, und ihre Trümmer sperrten den Zugang zur Werft.

Erst langsam kehrten die alten Betriebsangehörigen aus den Kriegsgefangenenlagern zurück, wurden aber, kaum in den Betrieb zurückgekehrt, wie-

1943. By the end of the war, nearly all German shipbuilding yards for sea-going vessels were destroyed or severly damaged. The Meyer yard had remained unnoticed for a long time. It was not until the last weeks of the war, when British and Canadian troops were already advancing on the town of Papenburg, that low-flying aircraft attacked the yard to support the ground troops. The aircraft set fire to the buildings with several fire bombs. On the evening of this day, the yard resembled a heap of rubble. The work of two generations lay destroyed on the ground.

The management set to rescuing the company from this catastrophe with all its might. The Allied troops had scarcely moved into town, before essential repairs were already being attended to. The roof truss of the office building had been completely burnt down, so that makeshift repairs were necessary before ist was possible to move the office work back from the coffee cantine into the original location. But the machine works were in a worse state. The joiners' workshop located above the machine works, had burnt out completely. Tooling machines and tools had fallen down. They were laboriously retrieved from the rubble and the machines were gradually rebuilt. But it was not until after 1948 that production in the machine works could recommence. Recommencement of ship-

Arbeiten an dem Rumpf des für niederländische Rechnung gebauten Motortankers INGEBORG *(Bau-Nr. 407), 1936.*

Work in progress on the hull for the motor tanker INGEBORG *(ship no. 407), built in 1936 for Dutch account.*

Wieder einmal Stapellauf: Mit einigen kräftigen Hieben werden die Haltetrossen gekappt, und der Lotsendampfer EMDEN *gleitet auf den Schlitten quer ins Wasser. Foto: Slg. Ulf-Karl Wulkotte.*

And here's another launching ceremony: with a few powerful strokes, the retaining ropes are cut through and the pilot steamer EMDEN *glides sideways into the water on the runners. Photograph: collection Ulf-Karl Wulkotte.*

Die Heckräder der Robert Lenthall. *Im Hintergrund der zum Einbau bereitstehende Dampfkessel, 1939.*

The rear wheels of the Robert Lenthall. *The steam boiler can be seen in the background, waiting to be installed.*

Der Heckraddampfer Robert Lenthall *(Bau-Nr. 417) wurde 1939 zusammen mit zwei Schwesterschiffen für den Einsatz auf dem Niger gebaut. Wie früher die* Graf Goetzen, *wurden auch diese Schiffe nach dem Probezusammenbau für den Transport nach Übersee wieder zerlegt. Sie dienten als Frachtschiffe und Schubschlepper.*

The rear paddle steamer Robert Lenthall *(ship no. 417) was built in 1939 together with two sister ships to serve on the river Niger. As in the earlier example of the* Graf Goetzen, *these ships were also dismantled for transport overseas after trial assembly. This vessel served as a cargo ship and pushing tug.*

Steuerrad mit Rudermaschine und Maschinentelegraph der ROBERT LENTHALL.
Steering wheel with steering gear and machine telegraph for the ROBERT LENTHALL.

Sogar ein Maschinenprobelauf wurde durchgeführt, bevor man den Dampfer wieder in seine Einzelteile zerlegte.
Even a trial run of the machine was performed before the steamer was dismantled into its individual components.

Küstenmotorschiff Jutta *(Bau-Nr. 420), 1939.*
Coastal motor ship Jutta *(ship no. 420), 1939.*

der herausgeholt und zu Straßenbau- und Eisenbahnarbeiten eingesetzt. Drückende Not herrschte überall. Das Geld besaß keinen Wert, und der „Schwarze Markt" blühte.

Die meisten Deutschen hungerten. Die Industrieproduktion und die gesamte Wirtschaft hatten einen Tiefstand erreicht. Kaum einer in Deutschland glaubte damals an einen raschen Wiederaufstieg, wie er sich dann in den Jahren nach 1949 im deutschen „Wirtschaftswunder" vollziehen sollte.

Im Juni 1945 regelten Amerikaner und Russen, Engländer und Franzosen im Potsdamer Abkommen die Zukunft der Besiegten. Deutschland wurde in Besatzungszonen eingeteilt. Die deutschen Industrieanlagen sollten durch Abtransport ganzer Werke verkleinert werden. Zu den Bestimmungen des Potsdamer Abkommens gehörte auch das Verbot, Seeschiffe zu besitzen oder zu bauen, die mehr als 1500 BRT groß oder länger als 100 Fuß waren. Die Werft wurde durch diese Bestimmungen insofern getroffen, als ein Neubau, die Frisia XV, der noch im Turmkanal lag, eineinhalb Meter länger als erlaubt war. Man plante deshalb, das Schiff zu zerlegen und auf die Länge von 33,5 m zu verkürzen, als diese Bestimmung noch rechtzeitig aufgehoben wurde. Diese Einschränkungen schienen damals nicht so schwerwiegend wie die drohende Gefahr, in das Demontageprogramm einbezogen zu werden. Kaum war der Kontrollrat aus den vier Oberbefehlshabern zusammengetre-

building was inconceivable. The railway bridge had been blown up and its remains blocked the access to the shipyard.

One by one the former employees returned from prisoner of war camps, but as soon as they had returned to work, they were taken out again and put to work to restore the road and rail networks. There was poverty und deprivation everywhere. Money had no value, and the "black market" was booming.

Most Germans were starving. Industrial production and the economy as a whole had reached an all-time low. Scarcely anyone in Germany can have believed in those days in the possibility of a rapid recovery such as Germany then experienced after 1949 in the German "economic miracle".

In June 1945, the future of the vanquished nation was determined by the Americans and Russians, British and French in the Potsdam Agreement. Germany was divided into zones of occupation. Germany's industrial installations were reduced to an absolute minimum by dismantling whole factories. The Potsdam Agreement also included the ban on owning or building ships with a capacity over 1500 gross registered tons or longer than 100 foot. The Meyer yard was hit by this restriction in particular because a new ship, the Frisia XV, was still lying moored in the Turmkanal and measured one and a half meters longer than was allowed. Plans were therefore made to dismantle the ship

Unter den Namen
KARL JUNGE *und* WILHELM
BRENNER *lieferte Jos. L. Meyer 1939 zwei schwimmende Kraftwerksanlagen nach Wilhelmshaven.*

In 1939, Jos. L. Meyer delivered two floating power stations to Wilhelmshaven, under the names KARL JUNGE *and* WILHELM BRENNER.

Um Devisen zu beschaffen, wurde in den dreißiger Jahren der Exportschiffbau forciert, was sich auch an der Bauliste der Meyer Werft ablesen läßt. Hier liegen zwei Heringslogger für Polen auf dem Stapel, 1939.

In the 1930s, shipbuilding for exports was promoted in order to obtain currency reserves, and this development is also reflected in the order books at the Meyer shipyard. This illustration shows two hering luggers for Poland on the slipway, 1939.

ten, gab er eine Reihe von Industrieanlagen zum Abmontieren frei. Die Werft wurde aber von diesen Maßnahmen nicht betroffen. Allerdings wurden die Wiederaufbauarbeiten dadurch stark behindert, daß eines Tages britische Soldaten auf der Werft die Generatoren abbauten, so daß der Betrieb ein Jahr lang mit einem kleinen Hilfsaggregat seinen Strom erzeugen mußte.

1946 hatte der alliierte Kontrollrat den deutschen Werften den Bau von 400 Fischdampfern bewilligt, deren Größe 400 BRT nicht überschreiten durfte. Da man wußte, daß diese Größen an sich unrentabel seien, hatte man nur 34 davon auf Stapel gelegt – eines davon auf der Meyer Werft. Mit der Wiederherstellung des Feuerschiffs ELBE I, der Fertigstellung der FRISIA XV und dem Bau von zwei Fischdampfern lief das Nachkriegsprogramm der Werft an. Die schwierigste Zeit war glücklich überstanden.

and shorten it to a length of 33.5 meters, but before these were implemented, the restriction was lifted. But in these difficult times the restrictions were less grave for the company than the threat of being included in the dismantling program. Almost as soon as the Allied Control Council consisting of the four Commanders-in-chief had met, a series of orders was given to dismantle certain industrial installations. The Meyer yard was however not included in these measures. One incident did however occur which seriously hindered recovery work on the yard: one day British soldiers appeared to dismantle the yard's generators, so that for a whole year the shipbuilding works had to generate electricity with a small emergency set.

In 1946, the Allied Control Council had given the German shipyards permission to build 400 steam-driven fishing boats with a maximum capacity of 400 gross registered tons. But as it was obvious

Heringslogger KORAB I *(Bau-Nr. 421) für polnische Rechnung.*
Hering lugger KORAB I *(ship no. 421) for Polish account.*

Aufstellen der Spanten für den Rumpf des Torpedo-Bergungsfahrzeuges Kamerun *(Bau-Nr. 425) im Mai 1939.*

Erection of the ribs for the hull of the torpedo salvage vessel Kamerun *(ship no. 425) in May 1939.*

Einer der vier 1940–42 gebauten U-Jäger (Bau-Nr. 426/427/438/439). Die Schiffe waren ursprünglich als Fischdampfer konzipiert worden.

One of the four anti-submarine ships built between 1940 and 1942 (ship nos. 426/427/438/439). The ships had been originally designed as fishing steamers.

Einsetzen eines Kessels in einen Fischdampfer, 1940. Foto: Joh. Ehrlich.

Installation of a boiler in a fishing steamer, 1940. Photograph: Joh. Ehrlich.

Nach Kriegsende war die Emsbrücke bei Leer zerstört. Bis zu ihrem Wiederaufbau im Jahre 1950 kam daher noch einmal eine alte Drahtseilfähre in Betrieb, die Jos. L. Meyer 1925 gebaut hatte. Da die alte Maschinenanlage nicht reaktiviert werden konnte, bugsierte ein längsseits liegender Schlepper die Fähre über den Strom.

At the end of the war, the bridge over the river Ems at Leer had been destroyed. So until it was rebuilt in 1950, an old cable ferry built by Jos. L. Meyer in 1925 was put back into service. As the old machinery could not be reactivated, the ferry was towed over the river by a tug moored alongside.

An dem Feuerschiff Elbe I *waren bei Kriegsausbruch die Arbeiten eingestellt worden, gegen Kriegsende wurde das Schiff sogar im Hafenkanal versenkt. Wieder gehoben, wurde es auf Anforderung der Alliierten schließlich doch fertiggestellt und 1948 abgeliefert. Somit dürfte die* Elbe I *das Schiff mit der längsten Bauzeit (neun Jahre) gewesen sein.*

Work on the lightship Elbe I *had ceased when the war broke out, and the ship was even sunk in the main canal towards the end of the war. Once it had been raised back to the surface, it was then finally completed by order of the Allies, and delivered in 1948. In this way, the* Elbe I *is probably the ship with the longest construction period, which amounted to nine years.*

Unter den vielfachen Einschränkungen der Nachkriegszeit war auch der Bau von Prähmen zunächst wieder eine willkommene Beschäftigung für die Werft.

In the post-war period, many restrictions were imposed on the shipbuilding industry, so that the construction of praams was initially a welcome occupation for the shipyard.

Dieser Prahm wurde 1949 abgeliefert.
This praam was delivered in 1949.

Einer der ersten Stapelläufe der Nachkriegszeit war der des Fischdampfers Carsten Janssen *(Bau-Nr. 446) im Jahre 1948.*

One of the first ships to be launched in the post-war period was the fishing steamer Carsten Janssen (ship no. 446) in 1948.

Die Carsten Janssen *mit Bremerhavener Fischereikennung und der Kontrollnummer der Alliierten. Im Hintergrund der U-Bootsjäger KUJ 18 (Bau-Nr. 445), der 1950 als Fischdampfer* Buxta *abgeliefert wurde.*

The Carsten Janssen with the Bremerhaven fishing emblem and the control number issued by the Allies. The anti-submarine ship KUJ 18 (ship no. 446), which was delivered as the fishing steamer Buxta in 1950, can be seen in the background.

Die drei Bilder aus einem privaten Fotoalbum zeigen Mitarbeiter der Werft im Jahre 1947. Wenn man auch, wie bei der Polonaise mit dem „Henkelmann" unter dem Arm, Fröhlichkeit und Optimismus demonstrierte, so darf dies doch nicht über die Notlage der damaligen Zeit hinwegtäuschen. An Stelle von Arbeitskleidung trug man zunächst einmal alte Wehrmachtsuniformen auf und freute sich, schon einen primitiven Ofen im sogenannten Aufenthaltsraum stehen zu haben.
Foto: Slg. Appeldoorn.

These three pictures from a private photograph album show shipyard workers in 1947. Although they showed merriment and optimism, dancing a polonaise with their lunch boxes tocked under their arms, this should not distract from the desperate situation which prevailed at that time. Old army uniforms were worn at first, instead of working clothes, and the workers were glad that there was a primitive stove in the so-called recreation room.
Photograph: collection Appeldoorn.

Auch die Frisia XV *(Bau-Nr. 434) war bereits während des Krieges in Bau gewesen. 1949 konnte die Reederei die Inselfähre übernehmen. Foto: J. F. Horst Koenig, Slg. Arnold Kludas.*

Construction work on the Frisia XV *(ship no. 434) had already been in progress during the war. The island ferry was handed over to the shipping company in 1949. Photograph: J. F. Horst Koenig, collection Arnold Kludas.*

Das Emswachtschiff *(Bau-Nr. 447) wurde 1950 an das Hauptzollamt Emden geliefert.*

The Emswachtschiff *(ship no. 447) was delivered to the central customs office in Emden in 1950.*

1949 beseitigte das Washingtoner Abkommen die Einschränkungen, die der Kontrollrat dem deutschen Schiffbau drei Jahre zuvor auferlegt hatte. Die Bundesrepublik durfte Schiffe bis zu 7000 BRT bauen, schon zwei Jahre später fiel auch diese Schranke.

Franz Joseph Meyer hatte die Werft in den schwersten Jahren ihrer Geschichte durch alle Wirrnisse geführt. Seine letzten Jahre waren erfüllt von den Aufgaben des Wiederaufbaus. Er beseitigte Kriegsschäden und versuchte die Belegschaft zu halten. Den Wiederaufstieg des Unternehmens konnte er nicht mehr miterleben.

In seinem persönlichen Leben folgte er dem Vorbild seines Vaters. Er arbeitete ebenfalls in der Industrie- und Handelskammer Ostfriesland und Papenburg mit. Nach 49jähriger Mitgliedschaft wur-

that these dimensions would be unprofitable, only 34 had been actually ordered, one of which from the Meyer yard. The post-war program of the yard thus commenced with the restoration of the lightship Elbe I, completion of the Frisia XV and the construction of two steam-driven fishing boats. The worst was over.

In 1949, the Washington Agreement lifted the restrictions imposed on the German shipbuilding industry by the Allied Control Council three years previously. West Germany was allowed to build ships up to 7 000 gross registered tons; and within another two years, this restriction was also lifted.

Franz Joseph Meyer had led the yard through all the sheer and utter confusion of the hardest years of its history. His last years were filled with the tasks involved in recovery and reconstruction. He

Mit vier kleinen Küstenmotorschiffen für Harener Kapitäne begann 1950 wieder der Neubau von Frachtschiffen bei Jos. L. Meyer. Die Rolf, *hier bereits mit vergrößerten Aufbauten, hatte die Bau-Nr. 451.*

In 1950, the Jos. L. Meyer shipyard began to build new ships again, with an order for four small coastal motor ships for Haren captains. The Rolf, *seen here with enlarged superstructure, was ship no. 451.*

Mitarbeiter der Blechschlosserei im Jahre 1949.
Foto: Slg. Appeldoorn.

Workers from the panel beating shop, 1949.
Photograph: collection Appeldoorn.

de er zum Ehrenmitglied gewählt. Zugleich war er Mitglied und zeitweise auch Vorsitzender der Handels- und Schiffahrtsdeputation in Papenburg und Mitglied des Bezirksausschusses in Osnabrück. In den Jahren des Dritten Reiches hatte er sich politisch sehr zurückgehalten. Er stand der NSDAP und ihren Herrschaftsmethoden mit tiefer Skepsis gegenüber und trat auch nicht der Partei bei. Nach dem Umschwung von 1945 beteiligte er sich an dem Aufbau einer demokratischen Lebensordnung in Deutschland. Obwohl er öffentliches Auftreten scheute, kandidierte er für den Kreistag und wurde am 14. 10. 1946 gewählt. Bis zu seinem Tode im Jahre 1951 hat er hier gewirkt. Er betätigte sich vor allem im Wirtschaftsausschuß. Hier konnte er aus seiner Kenntnis der Papenburger Wirtschaft gerade in den schwierigen Jahren des Wiederaufbaus für seine Vaterstadt wirken.

So schließt sich auch hier der Kreis eines eng mit dem Unternehmen verbundenen Lebens. Am 4. April 1951 starb Franz Joseph Meyer, der in den schwersten Jahren den Betrieb geführt hatte.

repaired and replaced the damage of the war years and tried to keep his workforce together. But he did not live to see the full recovery of his company.

In his private life, he followed the example set by his father. He was actively involved in the Chamber of Industry and Commerce for Ostfriesland and Papenburg. After being a member for 49 years, he was elected to be honourary member. At the same time, he was also member and at times chairman of the Deputation for commerce and shipping in Papenburg and a member of the district committee in Osnabrueck. Throughout the Third Reich, he showed political restraint: he was exceedingly sceptical with regard to the NSDAP and their methods of ruling, and did not become a member of the party. After the turn-about in 1945, he became actively involved in assisting the reconstruction of democracy in Germany. Although he shied away from public appearances, he became candidate for the district parliament and was elected on 14/10/1946. He was involved in this body until his death in 1951. He was active in particular in the committee for economic affairs. His knowledge of business and commerce in Papenburg meant that particularly in the difficult years of recovery and reconstruction, he was able to make a vital contribution for his home town.

And this is where the circle drawn by a life so closely linked with the company closes. Franz Joseph Meyer, who had led the company through the hardest years, died on 4th April 1951.

Küstenmotorschiff Peterzwei *(Bau-Nr. 453) bereit zum Stapellauf, 1952.*

Coastal motor ship Peterzwei *(ship no. 453) ready to be launched, 1952.*

Neue Wege
1951 – 1974

New Ways
1951 – 1974

Joseph Franz Meyer.

Godfried Meyer.

Nach dem Tode von Franz Joseph Meyer wurde die Firma in eine Kommanditgesellschaft umgewandelt, an der neben Joseph Franz Meyer auch die Witwe von Franz Joseph Meyer beteiligt war. Nach deren Tod trat der jüngere Bruder Godfried Meyer als Kommanditist ein. Die Geschäftsführung lag in den Händen von Joseph Franz Meyer. Joseph Franz Meyer war 1908 geboren. Er hatte nach seinem Schulbesuch in Papenburg an der Technischen Hochschule in Berlin Schiffbau studiert. Nach seiner Diplomprüfung war er schon 1936 in die väterliche Werft eingetreten und 1941 Mitgesellschafter der Firma geworden. Sein Bruder Godfried, der 1910 geboren war, hatte an der Technischen Hochschule in Darmstadt studiert und war nach seinem Examen in Berlin tätig gewesen. Nach dem Krieg begann seine Tätigkeit auf der Werft. Er wurde Kommanditist und in der Geschäftsleitung tätig.

After the death of Franz Joseph Meyer, the company was transformed into a limited partnership company, with Joseph Franz Meyer and the widow of Franz Joseph Meyer participating as limited partners. After Franz Joseph Meyer's widow died, the younger brother Godfried Meyer became limited partner. Joseph Franz Meyer was managing director.
Joseph Franz Meyer was born in 1908. On completing his formal school education in Papenburg, he studied shipbuilding at the Technische Hochschule in Berlin. After graduating, he started work in his father's shipyard and became co-partner in the company in 1941. His brother Godfried, born in 1910, had studied at the Technische Hochschule in Darmstadt, and after graduating, worked in Berlin. After the war, he joined the family shipyard, became a limited partner and was involved in management activities.

Bis in die 60er Jahre war die Werft auch am Bau von Seezeichen beteiligt. Diese Produktion, die schon vor dem Ersten Weltkrieg aufgenommen worden war, half die Beschäftigungslücken zu überbrücken.

Until well into the 1960s, the shipyard was also involved in building navigation guides. This line of production, which had already begun before the First World War, helped to bridge the gaps in the shipyard's order books.

Küstenmotorschiff PETEREINS *(Bau-Nr. 452) am Ausrüstungskai, während das Schwesterschiff noch auf dem Helgen liegt.*

Coastal motor ship PETEREINS *(ship no. 452) at the fitting-out quay, while its sister ship still lies on the building slip.*

Der Motorlogger JUSTIZRAT KLASEN *(Bau-Nr. 456), 1951, war einer von fünf Loggern für die Leeraner Heringsfischerei, die in den Jahren 1951–56 nach gleichen Plänen gebaut wurden.*

Motor lugger JUSTIZRAT KLASEN *(ship no. 456), 1951. This is one of five luggers for the hering fishing business in Leer. All five ships were built according to the same plans between 1951 and 1956.*

Aufstellen und Montage der Spanten für das Passagiermotorschiff WESTFALEN *(Bau-Nr. 457), 1951. Seit Mitte der 50er Jahre wurde immer mehr geschweißt und die Spantenbauweise durch die Sektionsbauweise abgelöst.*

Erection and assembly of the frames of the passenger ship WESTFALEN *(ship no. 457), 1951. By the middle of the 1950s, more and more welding was being done and the frame method of constructing ships was gradually replaced by the sectional method.*

Die Beplattung des Vorschiffes ist in vollem Gange. Die Platten sind mit Montageschrauben an den Spanten gehaltert. Jetzt werden die Nietlöcher ausgerieben. Dann kann das Vernieten beginnen.

Plating of the ship's hull is in full progress. The plates are retained on the frames with assembly screws. The rivet holes are now being rubbed out in preparation for riveting.

Infolge der günstigen Konjunktur (Koreakrise) konnten die deutschen Reedereien ziemlich schnell daran gehen, die durch den Krieg gerissenen Lükken in ihrem Schiffsbestand wieder aufzufüllen. 1953 erbauten die bundesdeutschen Werften 720 000 BRT Schiffsraum, eine Tonnagezahl, die nur durch die Rekordleistung des Jahres 1922 — allerdings im gesamten Reichsgebiet — übertroffen worden war. Der Bau der bestellten Schiffe verzögerte sich in diesen Jahren immer noch durch die ungenügende Zuteilung von Schiffsblechen aus deutschen Walzwerken. Die Bleche wurden nach einem Schlüssel verteilt, der sich an der Zahl der Neubauten in den vergangenen Jahren orientierte und die geänderte Auftragslage nicht genügend berücksichtigte. Nach dem Abklingen der Koreakrise blieben die Frachtraten auf den Weltmeeren weiterhin hoch. Die deutschen Werften blieben gut beschäftigt.

As a result of the favourable economic situation (prompted by the Korean crisis), the German shipping companies were soon in a position to refill the gaps caused by the war in their fleets of ships. In 1953, the West German shipyards built a total of 720 000 gross registered tons, a tonnage which was only surpassed by the record tonnage of 1922, which had been achieved in the entire pre-war German territories. Construction of the ordered ships was still delayed in these years by insufficient allocation of sheet metal for ships from the German rolling mills. The sheet metal was allocated according to the number of new ships which had been built in previous years, without taking sufficient account of the drastically altered situation in the order books of the shipyards. After the Korean crisis had abated, freight charges on the oceans remained high, and the German shipyards remained busy.

Schweißarbeiten am Achtersteven.
Welding work on the stern post.

Der Rumpf der WESTFALEN wurde noch genietet und die Nähte wurden anschließend verstemmt. Doch allmählich setzte sich das Schweißverfahren im Schiffbau vollständig durch, und das Dröhnen der Niethämmer verstummte.

The hull of the WESTFALEN was still riveted and the seams were then caulked. But gradually the welding method took over completely in the shipbuilding industry, and the droning noise of the rivet hammers ceased.

Die Nieten auf den Nietfeuern zu erhitzen, war Aufgabe für ungelernte junge Arbeiter. Nachdem die Außenhaut des Rumpfes fertiggestellt ist, beginnt das Malen des Unterwasserschiffes.

Unskilled young workers were responsible for heating the rivets over the rivet fire. Once the outer plating of the hull is finished, the submerged part of the ship is then painted.

Arbeiten auf dem künftigen Hauptdeck der Westfalen. *Dieses Schiff erhielt kein durchgehendes eisernes Deck, sondern nur schmale eiserne Längsschienen zum Aussteifen der Unterzüge. Darauf wurden die Holzplanken in Längsrichtung verlegt.*

Work in progress on the future main deck of the Westfalen. *This ship was not fitted with a continuous iron deck; instead, narrow iron longitudinal rails were installed to brace the binding girders. The wooden beams were then laid longitudinally on this structure.*

Die Scheuerleiste wird gehobelt.
Planing the rub rail.

Der Rumpf kann aufschwimmen, die Flaggenstöcke für den Stapellauf werden aufgestellt.
The hull can be floated, the ensign staffs are being erected ready for launching.

Die Zimmerleute stellen das Podest für die Taufe des Schiffes auf. Noch ist der Name am Rumpf durch ein Tuch verdeckt.

The carpenters erect the platform for the christening ceremony. A cloth still conceals the ship's name on the hull.

Die Taufpatin, Frau Dr. Naunin, und der Werftchef, Herr Joseph Franz Meyer, haben ihre Reden gehalten. Das Schiff kann vom Stapel laufen.

The ship's sponsor, Mrs. Naunin, and the director of the shipyard, Joseph Franz Meyer, have made their speeches. The ship can be launched.

Vom Querhelgen rutscht das Schiff ins Wasser. Starke Taue verhindern, daß die Westfalen *an das gegenüberliegende Ufer treibt.*

The ship slides from the crosswise building slip into the water. Thick ropes prevent the Westfalen *from drifting over to the opposite bank of the canal.*

Die Westfalen *auf der Übergabefahrt nach Borkum.*
The Westfalen *on its delivery journey to Borkum.*

Die Hermann Litmeyer *(Bau-Nr. 455), ein Küstenmotorschiff im typischen Look der 50er Jahre. Die Werft befand sich damals in einer Auftragsflaute; erst nach dem Stapellauf konnte der Anschlußauftrag auf ein Schwesterschiff für die Reederei Ivers & Arlt gezeichnet werden.*
Foto: Rudie Kleyn.

The Hermann Litmeyer *(ship no. 455), a coastal motor ship in the typical style of the 1950s. The shipyard was going through a slack period. The subsequent contract for a sister ship for the Reederei Ivers & Arlt could not be signed until after the* Hermann Litmeyer *had been launched.*
Photograph: Rudie Kleyn.

1956 wurde der Suezkanal gesperrt, und alle Transporte nach Europa, vor allem die Öltransporte, mußten die längere Strecke ums Kap der Guten Hoffnung nehmen. Auch diese Verlängerung der Fahrtzeit erhöhte den Bedarf an Schiffsraum, so daß die gute Baukonjunktur bis etwa 1960 anhielt. Im Verlauf der 50er Jahre hatte man eine so große Anzahl von Schiffsneubauten abgeliefert, daß in den sechziger Jahren nicht mehr alle Schiffe der Welthandelsflotte eingesetzt werden konnten. Dementsprechend gingen die Aufträge an die Werften, die in den Jahren der Hochkonjunktur ihre Kapazitäten stark ausgeweitet hatten, zurück. Die Meyer Werft hatte in den 50er Jahren eine sehr gute Beschäftigungslage, ihre Baukapazität war voll genutzt. Die bestimmenden Merkmale des modernen deutschen Schiffbaus wurden die Vergrößerung der Transportgefäße in der Frachtschiffahrt, die Erhöhung der Geschwindigkeit und die Automatisierung der Maschinen und des Bordbetriebes. Weiter war kennzeichnend, daß neue Schiffstypen auf den Weltmeeren erschienen: die Autofähre, das Containerschiff, der Flüssiggastanker. Diese Entwicklung läßt sich an dem Bauprogramm der Meyer Werft gut verfolgen. Der Übergang zum mittleren Motorfrachtschiff begann im Jahre 1952 mit dem Bau der Blockland. Mit die-

In 1956, the Suez canal was closed and all goods destined for Europe, in particular oil, were forced to take the longer route round the Cape of Good Hope. This extension of the freight routes also increased the demand for greater freight capacities, so that the favourable economic situation for the German shipbuilding industry persisted until 1960. During the 1950s, the quantity of new ships which had been constructed was so great that during the 1960s, there were already ships in the merchant fleets of the world which were idle. This resulted in a decline of orders to the shipyards, which had considerably increased their capacities during the boom years.
During the 1950s, the Meyer shipyard was very busy and its capacity for building ships was fully exploited. Modern German shipbuilding was characterized by the increase in the size of the various types of cargo ships, the increase in speed, and the automation of machinery and operations on board. New types of ships made their appearance on the seas: car ferries, container ships, liquid gas tankers. This development can be easily traced in the production program at the Meyer shipyard. The transition to medium-sized motorized freighters began in 1952 with the construction of the Blockland. In the move to build larger ships, Joseph Franz

ser Kapazitätserweiterung hatte sich die unternehmerische Initiative von Joseph Franz Meyer gegenüber seinem vorsichtig abwartenden Vater durchgesetzt, der immer Bedenken gegen größere Einheiten gehegt hatte. Seit 1951 baute die Werft Schiffe mit 1000 BRT und mehr. Nach und nach stiegen die Schiffgrößen auf 4 000, 5 000, 6 000 BRT. Die Tabelle gibt einen Überblick:

		tdw	BRT
1952	Blockland	1 250	832
1953	Elisabeth Hendrik Fisser	1 800	1 342
	Ferdinandstor	2 800	1 365
1954	Francisca Sartori	3 210	2 151
1959	Clio	4 940	3 169
1962	Fiepko ten Doornkaat	5 015	3 168
1966	Thessalia	6 070	4 250
1969	Marianne	6 750	5 069

Die Geschwindigkeit der Motorfrachtschiffe wurde in dem gleichen Zeitraum ebenfalls gesteigert: die Blockland erreichte bei einer Motorleistung von 1 250 PS 13 Knoten. Zwei Jahre später wurde Heinrich Lorenz abgeliefert, deren Motoren von 2 500 PS dem Schiff bereits eine Geschwindigkeit von 14,7 Knoten verliehen, das 1969 gebaute Fährschiff Vikingfjord lief mit 13 400 PS mehr als 22 Knoten.

Meyer showed greater entrepreneurial initiative than his cautiously waiting father, who had always harboured reservations about building larger units. Since 1951, the Jos. L. Meyer shipyard built ships with 1000 gross registered tons and more. The size of the ships gradually increased to about 4 000, 5 000, 6 000 gross registered tons. The following table summarizes this development:

		tdw	GRT
1952	Blockland	1 250	832
1953	Elisabeth Hendrik Fisser	1 800	1 342
	Ferdinandstor	2 800	1 365
1954	Francisca Sartori	3 210	2 151
1959	Clio	4 940	3 169
1962	Fiepko ten Doornkaat	5 015	3 168
1966	Thessalia	6 070	4 250
1969	Marianne	6 750	5 069

The speed of the motorized freighters increased in the same period of time: the Blockland reached a speed of 13 knots with an engine output of 1 250 HP. Two years later, the Heinrich Lorenz was ready for delivery, with engines of 2 500 HP enabling the ship to travel at speeds of 14.7 knots; and the Vikingfjord, built in 1969, ran at speeds of more than 22 knots with an engine output of 13 400 HP.

Anfang der 50er Jahre buchte die Werft auch wieder Exportaufträge, schwerpunktmäßig damals für Großbritannien. Hier die Helmsdale (Bau-Nr. 473), einer von drei für englische Rechnung gebauten Frachtern, 1956.

At the beginning of the 1950s, the shipyard was able to book orders for export again, with the emphasis in those days on Great Britain. Here is the Helmsdale (ship no. 473), one of three freighters built for English account, 1956.

HORST ARLT
*(Bau-Nr. 458), 1951,
für die Reederei
Ivers & Arlt.*

HORST ARLT
*(ship no. 458), 1951,
for the shipping company
Ivers & Arlt.*

Motorfrachter HEINRICH
LORENZ *(Bau-Nr. 466) auf
dem Stapel, 1954. Dieses Schiff
war das erste mit elektrischen
Schlupfkupplungen zwischen
den Hauptmotoren und dem
Getriebe. Aquarell im Besitz
der Werft.*

Motorized freighter HEINRICH
LORENZ *(ship no. 466) on the
slipway, 1954. This was the
first ship with an electrical
induction coupling between
the main engines and the set
of gears. Water painting in
the possession of the shipyard.*

Nach dem Zweiten Weltkrieg wurden in den traditionellen Standorten Leer, Emden, Vegesack und Glückstadt noch einmal große Loggerflotten aufgebaut. Hier der Leeraner Logger Rudolph Wendt *(Bau-Nr. 469), 1955.*

After the Second World War, great fleets of luggers were once more built up in the traditional locations of Leer, Emden, Vegesack and Glueckstadt. Here the lugger Rudolph Wendt *(ship no. 469) for Leer, 1955.*

In den 50er und 60er Jahren baute Jos. L. Meyer eine Reihe von Frachtern mit mittschiffs angeordneter Brücke und achtern arbeitender Maschine. Die Ferdinandstor *(Bau-Nr. 461) kam 1953 in Fahrt. Foto: Rolf Meinecke.*

In the 1950s and 1960s, Jos. L. Meyer built a series of freighters with the bridge positioned in the middle and the machine working astern. The Ferdinandstor *(ship no. 461) took to the sea in 1953. Photograph: Rolf Meinecke.*

Stapellauf der Francisca Sartori *(Bau-Nr. 462) am 31. Juli 1954. Da die Taufflasche erst beim zweiten Versuch zerschellte, war es für abergläubische Schiffbauer klar, daß dieses Schiff viel Pech haben würde. So blieb denn auch schon beim Stapellauf das Vorschiff zunächst auf dem Helgen hängen. Dabei wurde ein großer Teil der Querhelling zerstört. Der Schiffskörper blieb dagegen unversehrt. Spundwand und Helling mußten in großer Eile erneuert werden.*

The launching of the Francisca Sartori *(ship no. 462) on 31st July 1954. The fact that the bottle with which the ship was to be christened did not break until the second attempt was enough to convince superstitious shipbuilders that this ship would be pursued by ill-fortune. Even during launching, the forecastle got caught on the building slip. In doing so, it caused great damage to the crosswise building slip, although the body of the ship remained unharmed. The sheet piling and building slip had to be replaced immediately.*

Die Abmessungen der Francisca Sartori, *hier auf der Elbe, orientierten sich an den Kapazitäten der Schleusen zu den Großen Seen. Das Schiff hatte einen diesel-elektrischen Antrieb. Schon auf der Jungfernfahrt nach den Großen Seen lief die* Francisca Sartori *bei Neufundland auf ein Felsenriff und riß sich einen großen Teil des Bodens auf. Kurz nach der Reparatur hatte das Schiff auf einer weiteren Transatlantikreise wieder Pech und erlitt schwere Sturmschäden. Foto: Rolf Meinecke.*

The dimensions of the Francisca Sartori, *pictured here on the river Elbe, were based on the capacities of the locks to the Great Lakes. The ship was driven by a diesel-electrical system. While still on its maiden voyage to the Great Lakes, the ship ran aground on a rocky reef and tore a large hole in the ship's bottom. Shortly after it had been repaired, the ship had more bad luck on another transatlantic journey and suffered severe storm damage. Photograph: Rolf Meinecke.*

Das Kombischiff Mauritius *(Bau-Nr. 468) bei der ersten Ankunft in seinem Heimathafen Port Louis, 1955. Dieses Schiff ist für den Transport von Stückgütern aller Art genauso geeignet wie für die Beförderung von Passagieren in Kabinen und auf den Zwischendecks sowie für Viehtransporte. Die* Mauritius *ist heute noch im Dienst.*

The combi-ship Mauritius *(ship no. 468) on arriving in its home port, Port Louis, 1955. This ship is designed to take general cargo, with passengers in the cabins, and can even accommodate cattle on the intermediate deck. The ship is still in service today.*

Nach der Kiellegung für das Kombischiff Mauritius *der Colonial Steamship Company in Port Louis.*

After laying the keel for the combi-ship Mauritius *for the Colonial Steamship Company in Port Louis.*

Frachtschiff Kurt Arlt *(Bau-Nr. 464) im Englischen Kanal, 1954. Foto: Skyfotos.*

Freighter Kurt Arlt *(ship no. 464) in the English Channel, 1954. Photograph: Skyfotos.*

Das australische Frachtmotorschiff Macedon *(Bau-Nr. 484) nach der Probefahrt im Emder Hafen, 1957. Es war eine neue Anforderung an die Werft, bei der Konstruktion die australischen Vorschriften zu erfüllen.*

The Australian motorized freighter Macedon *(ship no. 484) in the port of Emden after its trial voyage, 1957. It was new for the shipyard to have to construct a ship according to Australian specifications.*

Der Frachter Kesarya *(Bau-Nr. 487) wurde im Rahmen der Wiedergutmachungsleistungen 1957 zusammen mit zwei Schwesterschiffen für Israel gebaut. Im Vordergrund der Schlepper* Klaus Heinrich *der alten Papenburger Reederei Schulte & Bruns.*

The freighter Kesarya *(ship no. 487) was built in 1958 together with two sister ships for Israel within the framework of reparations to Israel. In the foreground: the tug* Klaus Heinrich *of the old Papenburg shipping company Schulte & Bruns.*

Schubschlepper PT 3 *(Bau-Nr. 475) für Rangun, 1956. Der Bau dieses und zweier weiterer Schubschlepper in Deutschland war Beispiel auch für die Entwicklung der Schubschleppschiffahrt auf dem Rhein.*

Pushing tug PT 3 *(ship no. 475) for Rangun, 1956. The construction of this and two further pushing tugs in Germany also set the example for putting pushing tugs into service on the river Rhine.*

Für die Passagier- und Frachtbeförderung auf dem Irawadi im heutigen Birma entstanden 1957 drei Binnenschiffe. Da der Tiefgang bei nur 91 cm lag, wurden die Schiffe in Anknüpfung an alte Erfahrungen mit einem Heckradantrieb ausgerüstet.

In 1957, three inland ships were built to transport passengers and cargo on the river Irawadi in Burma. As the draft was only 91 cm, the ships were fitted with rear paddle drive, a design which had proved successful in the past.

Die zunehmende Spezialisierung im Schiffbau stellte die Werft vor immer neue Aufgaben. In ihrem Bauprogramm fand sich aber auch eine Fortsetzung bereits früher gebauter Schiffstypen, wie die Lotsenschiffe und die Fahrgastschiffe für die Frisiareederei und die Baltrumlinie. Und auch die bereits früher entwickelten Spezialschiffe mit extrem niedrigem Tiefgang wurden in Neubauten von Heckraddampfern weiterentwickelt. Solche Spezialschiffe wurden z. B. für Burma gebaut und kamen auf dem Irawadi und seinen Nebenflüssen zum Einsatz.

Zu den neuentwickelten Typen gehörte der Schubschlepper. Mittlerweile ist der Schubschlepper ein gängiger Schiffstyp auf allen großen Wasserstraßen geworden. Die beiden wichtigsten Typen des neuen Bauprogramms waren die Autofähre und der Flüssiggastanker.

The shipyard was confronted with an increasing variety of tasks in view of increasing specialization in the shipbuilding industry. The production program still contained ships which had been built in earlier years, such as pilot ships, the passenger ships for the Norden-Frisia shipping company and the Baltrum Line. And early specialized developments of ships with very slight draughts were developed further in new constructions of rear paddlesteamers. Such special ships were built for example for Burma, and sailed on the Irawadi river and its tributories.

One of the newly developed types of ship was the pushing tug, which in the meantime has become a common sight on all greater waterways of the world. The two most important types of ship in the new production program were car ferries and liquid gas tankers.

Verladung der PADONMAR *(Bau-Nr. 478) auf einen Schwergutfrachter zum Transport nach Birma.*

Loading the PADONMAR *(ship no. 478) on a heavy goods freighter for the transport to Burma.*

Die WARISANO *(Bau-Nr. 501) war das dritte von fünf Schwesterschiffen, die bei Jos. L. Meyer zwischen August 1959 und November 1960 für Indonesien vom Stapel liefen. Die* MAURITIUS *(Bau-Nr. 468) war das Vorbild für diese Serie gewesen.*

The WARISANO *(ship no. 501) was the third of five sister ships which were launched by Jos. L. Meyer for Indonesia between August 1959 and November 1960. This series was modelled on the* MAURITIUS.

Die WAKOLO *(Bau-Nr. 502) auf dem Weg nach Indonesien.*

The WAKOLO *(ship no. 502) on the way to Indonesia.*

Das für den Irak gebaute Lotsenschiff Al-Rasheed *(Bau-Nr. 520), 1964. Es diente gleichzeitig als Jacht für den irakischen Präsidenten.*

The pilot ship Al-Rasheed *(ship no. 520), built 1964 for Iraq; the ship served at the same time as the President of Iraq's yacht.*

Epsc Zubeida *(Bau Nr. 526), eines von vier Kombischiffen für Ostpakistan (heute Bangladesch), 1965: ein weiteres Beispiel für den weltweiten Export der Meyer Werft.*

Epsc Zubeida *(ship no. 526), one of four combi-ships for East-Pakistan, which is Bangladesh today, in 1965. One further example of the worldwide export orders received by the Meyer shipyard.*

*Die Werft im Jahre 1958:
Am Ausrüstungskai liegt die israelische* Kesarya, *auf dem Helgen der Rumpf des Frachtschiffes* Clio *(Bau-Nr. 491).*

*The shipyard in 1958:
The Israeli ship* Kesarya *is moored at the fitting-out quay, the hull of the freighter* Clio *(ship no. 491) is on the building slip.*

Stapellauf des Lotsenschiffes Kapitän König *(Bau-Nr. 517) am 16. Januar 1963. Um den Stapellauf trotz außergewöhnlicher Kälte durchführen zu können, wurde mit Baumsägen ein entsprechend großes Loch in die 50 cm dicke Eisdecke gesägt.*

The launching of the pilot ship Kapitaen Koenig *(ship no. 517) on 16th January 1963. So that the launching ceremony could still take place inspite of the extreme cold, a suitable hole was sawn in the 50 cm thick layer of ice with tree saws.*

Stationsschiff Gotthilf Hagen *(Bau-Nr. 496) der Lotsenbrüderschaft Weser-Jade, 1959.*

Station ship Gotthilf Hagen *(ship no. 496) for the pilot cooperative Weser-Jade, 1959.*

Mit sogenannten A-Masten war die Esther Charlotte Schulte *(Bau-Nr. 506) ausgerüstet, 1961. Dieses war das erste von vielen Schiffen, die die Werft für die Hamburger Reederei Bernhard Schulte baute.*
Foto: Schiffsfoto-Zentrale Wolfgang Fuchs.

The Esther Charlotte Schulte *(ship no. 506) was fitted with so-called A-masts, 1961. This was the first of many ships which the Meyer shipyard built for the Hamburg shipping company Bernhard Schulte.*
Photograph: Schiffsfoto-Zentrale Wolfgang Fuchs.

Motorfrachter Seeadler *(Bau-Nr. 547) auf Probefahrt, 1966.*

Motorized freighter Seeadler *(ship no. 547) on its trial voyage, 1966.*

Die Baltrum III *(Bau-Nr. 489) war ein typischer Vertreter der in den 50er Jahren gebauten Seebäderschiffe.*

The Baltrum III *(ship no. 489) was a typical example of the ships for sea-resorts built in the 1950s.*

Die erste Autofähre war ein Auftrag der Frisiareederei. Sie wollte den Besuchern von Norderney die Möglichkeit bieten, ihren Wagen mitzunehmen. Nach dem Bau des ersten Typs bestellte die Reederei eine zweite, dann eine dritte für die Überfahrt nach Juist. Diese Fähre verlangte besondere Vorarbeiten, weil die Wasserverhältnisse vor der Insel nur ein Schiff mit geringem Tiefgang zulassen. Nach einer Reihe von Versuchen erst gelang es, die geeignete Schiffsform zu finden. Größere Autofähren der Meyer Werft wurden von Dänemark bestellt. Sie verbinden noch heute über den Sund Helsingborg mit Helsingör. Andere verkehrten zwischen Bornholm und Seeland. Von ihnen ist die 1965 gebaute Hammershus noch heute in dieser Fahrt beschäftigt.

The first car ferry was ordered by the Norden-Frisia shipping company, who wanted to offer visitors to Norderney the chance to take their cars with them. Once the first ferry had been completed, a second was ordered, and then a third for the ferry crossing to Juist. Special preparatory work was necessary for this latter ferry, because the depth of water around the island only allows a ship with a slight draught. After several attempts the right form for the car ferry was found. Orders for larger car ferries came to the Meyer shipyard first from Denmark. They are still used today to cross the Sund between Helsingborg and Helsingoer, while others were used between Bornholm and Seeland. The Hammershus, built in 1965, still sails on this route today.

Die Frisia III *(Bau-Nr. 500), hier vor Norderney, wurde 1960 noch in traditioneller Ausführung geliefert. Foto: J. F. Horst Koenig, Slg. Arnold Kludas.*

The Frisia III *(ship no. 500), seen here off Norderney, was still delivered in the traditional design in 1960. Photograph: J. F. Horst Koenig, collection Arnold Kludas.*

Die zwei Jahre später gebaute Frisia VIII *(Bau-Nr. 514) war bereits als Autofähre konzipiert und unterschied sich gründlich von den bis dahin üblichen Schiffen. Foto: Arnold Kludas.*

The Frisia VIII *(ship no. 514), built two years later, was already designed as a car ferry and was essentially different from the customary design of ships up until then. Photograph: Arnold Kludas.*

Nach dreimaligen Umbauten und Verlängerungen hat sich das Aussehen der Frisia VIII *grundlegend geändert.*

After being modified and extended three times, the appearance of the Frisia VIII *has fundamentally changed.*

Die Bornholmerpilen *(Bau-Nr. 516) war die erste große Autofähre der Meyer Werft, 1963.*

The Bornholmerpilen *(ship no. 516) was the first large car ferry built by the Meyer shipyard, 1963.*

Betula, Regula *und* Ursula *(Bau-Nr. 532, 563, 569) heißen die drei Autofähren, die zwischen 1968 und 1972 für die Sundroute zwischen Helsingör und Helsingborg geliefert wurden und bis heute auf dieser Strecke in Fahrt sind.*

Betula, Regula *and* Ursula *(ship no. 532, 563 and 569) are the names of the three car ferries delivered between 1968 and 1972 for service on the Sund route between Helsingoer and Helsingborg. The three ferries are still in service on this route today.*

Zwischen Kiel und Bagenkop kam die LANGELAND *(Bau-Nr. 530) 1964 in Fahrt. Heute verbindet das Schiff die englische Kanalinsel Jersey mit St. Malo.*
Foto: Schiffsfoto-Zentrale Wolfgang Fuchs.

The LANGELAND *(ship no. 530) went into service in 1964 between Kiel and Bagenkop. Today the ship connects the English Channel Island Jersey with St. Malo.*
Photograph: Schiffsfoto-Zentrale Wolfgang Fuchs.

Nicht nur Fährschiffe, auch Frachter mit RoRo-Einrichtungen liefen in Papenburg vom Stapel, so die Schwesterschiffe SALOME *und* UNDINE *(Bau-Nr. 531, 538), die die ersten typischen RoRo-Schiffe von einer deutschen Werft waren. 1966.*
Foto: Skyfotos.

Freighters with RoRo facilities were launched by the Meyer shipyard as well as car ferries, for example, SALOME *and* UNDINE *(ship no. 531, 538) which were the first typical RoRo ships from Germany. 1966.*
Photograph: Skyfotos.

Nach dem Stapellauf ziehen Werftarbeiter das Fährschiff HAMMERSHUS *(Bau-Nr. 533) an das Ufer zurück.*
Foto: Hans J. Oberg.

After launching the shipyard workers pull the HAMMERSHUS *(ship no. 533) back to the shore.*
Photograph: Hans J. Oberg.

Die Hammershus, *1965 gebaut, befährt noch heute die Route zwischen Kopenhagen und dem Bornholmer Fährhafen Rönne.*

The Hammershus, *built in 1965, is still in service today on the route between Copenhagen and Roenne, Bornholm's ferry harbour.*

Kapitänssalon der Hammershus.
Captain's saloon on board the Hammershus.

Eine Kabine 1. Klasse ...
A first class cabin ...

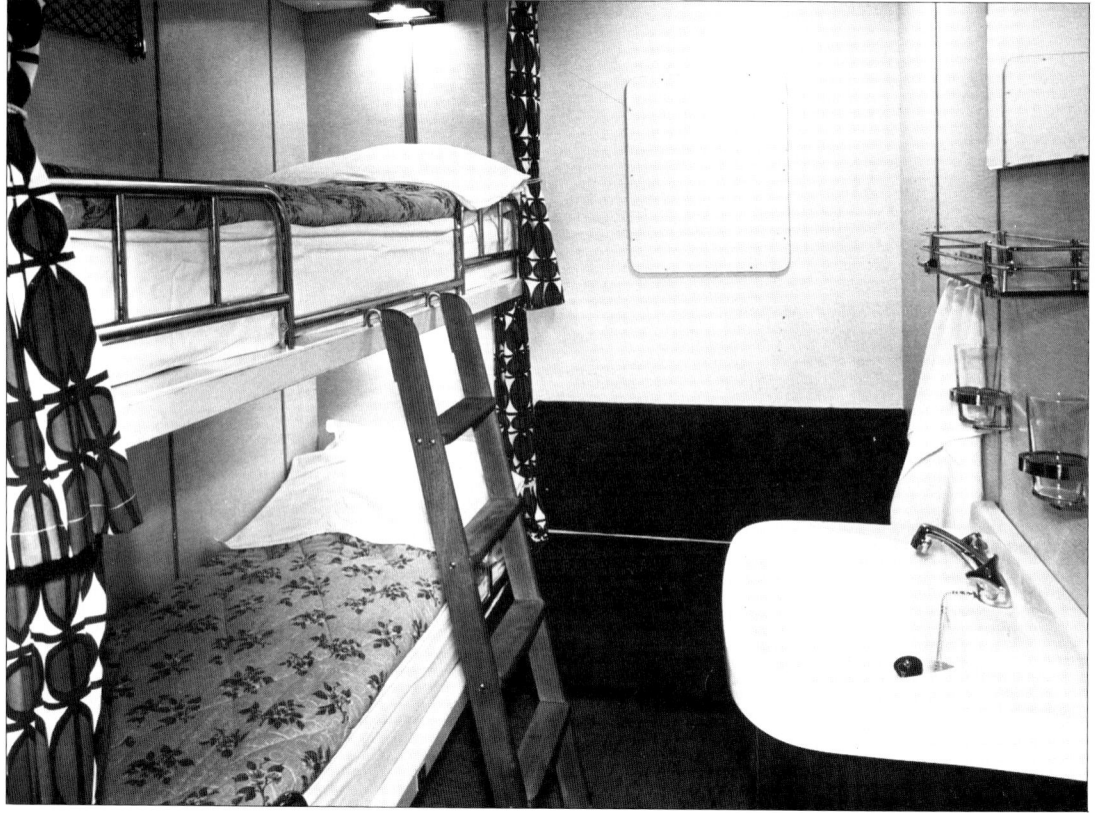

... und eine Kabine 2. Klasse auf der HAMMERSHUS.
... and a second class cabin on board the HAMMERSHUS.

Bar ...

*... und Restaurant auf der
Hammershus.
Alle Fotos auf dieser
Doppelseite: P. A. Kroehnert,
Bremerhaven.*

*... and restaurant on board
the Hammershus.
All photographs on this
double page: P. A. Kroehnert,
Bremerhaven.*

In den 50er und 60er Jahren stellte die Werft auch Decksausrüstungen für Binnenschiffe her. Zwei Werftmitarbeiter helfen hier dem Fotografen bei der Ablichtung einer Backswinde.

In the 1950s and 1960s, the shipyard also manufactured deck equipment for inland ships. Here two shipyard workers are assisting the photographer in taking a picture of a port winch.

Bild aus der Maschinenfabrik auf der alten Werft. Der Konus der Schwanzwelle wird in den Propeller für den Frachter PAPENBURG (Bau-Nr. 544) eingepaßt.

Picture showing the engineering works on the old shipyard. The cone of the tail shaft is being fitted in the propeller for the freighter PAPENBURG (ship no. 544).

Ein Stevengußrohr wird in der Gießerei der Werft aus der Form gehoben, 60er Jahre.
A post cast pipe being lifted from the mould in the shipyard's foundry in the 1960s.

Das flüssige Eisen wird von dem großen Tiegel in einen transportierbaren Tiegel gegossen.
The molten iron is being poured from the large crucible into a portable crucible.

Eine weitere erfolgreiche Konstruktion der Meyer Werft war der Flüssiggastanker, der zum Transport von Butan und Propangas dient. Er wurde in Zusammenarbeit mit der Kosangas AG Kopenhagen entwickelt. Die Entwicklung des Flüssiggastransports veranlaßte die Geschäftsleitung, mit Herrn Schierack 1963 die Liquid Gas Anlagen Union GmbH (LGA) zu gründen, die ihren Sitz in Bonn-Bad Godesberg hatte. Die Werft verkaufte 1971 ihre Anteile an dieser Gesellschaft. Heute ist die LGA eine international anerkannte Ingenieurgesellschaft und gehört zum Salzgitter-Konzern.

In den frühen fünfziger Jahren übernahm die Meyer Werft die Produktion der Firma Mühlstedt, einer Kompressorenfabrik. Aus dem übernommenen Kompressorentyp wurde 1968 ein dreistufiger Kompressor entwickelt, der unter der Bezeichnung JLM Kompressor vertrieben wurde.

Mehr und mehr kennzeichnete der hohe Anteil des Auslandsgeschäfts die Geschäftsentwicklung. Zur Zeit des Gründers hatte das Auslandsgeschäft noch keine bedeutende Rolle gespielt. Die überwiegende Mehrzahl der Aufträge kam damals aus Deutschland oder war für die deutschen Kolonien bestimmt. In den schweren Jahren der deutschen Wirtschaftskrise hatte sich der Nachfolger verstärkt um Auslandsaufträge bemüht. Unter den 112 Schiffen, die in der Zeit seiner Unternehmensführung gebaut worden waren, waren immerhin 14 von ausländischen Reedern bestellt worden. Unter der neuen Geschäftsleitung von Joseph Franz Meyer erhöhte sich die Zahl der Auslandsaufträge stark. Der erste größere Auftrag war die im Jahre 1955 für Port Louis gebaute MAURITIUS. Reedereien in Newcastle, in Rangoon, in Kopenhagen, in Djakarta, in Norwegen und in Pakistan finden sich unter den nächsten Bestellern. Von der Israel-Mission in Köln erhielt das Unternehmen drei Bauaufträge im Rahmen der deutschen Wiedergutmachungsleistungen an Israel.

Another successful construction of the Meyer shipyard was the liquid gas tanker for the transport of butane and propane gas. These ships were developed in cooperation with the Kosangas AG, Copenhagen. The developments in the transport of liquid gas led the management of the Meyer shipyard together with Mr. Schierack, to found the Liquid Gas Anlagen Union GmbH (LGA) in 1963, which had its headquarters in Bonn-Bad Godesberg. In 1971 the shipyard sold its shares in this company. Today the LGA is an engineering company of international standing and belongs to the Salzgitter-Konzern.

In the early 1950s, the Meyer shipyard took over the production lines of a compressor factory, the company Muehlstedt. The original compressor type underwent further development to produce a three-stage compressor in 1968, which was marketed and sold then under the name JLM compressor. The export share played an increasing role in the company's development. At the time of the company's founder, exports had no significance. The vast majority of orders came from Germany or were for German colonies. In the difficult years of the German economic crisis, the shipyard endeavoured to win more orders for export. 14 of the 112 ships built under Franz Joseph Meyer's management had been ordered by foreign shipping companies.

The number of orders for export increased drastically under the new management of Joseph Franz Meyer. The first larger order, the MAURITIUS, built in 1955, was placed by the Colonial Steam Ship Corporation in Port Louis. Shipping companies in Newcastle, Rangoon, Copenhagen, Jakarta, Norway and Pakistan featured among subsequent customers at the shipyard. And the Israel-Mission in Cologne ordered three ships to be built within the framework of German compensation and reparations to Israel.

In den 50er Jahren nahm die Werft den Bau von Kompressoren anstelle der eingestellten Dampfmaschinenproduktion auf. Hier zwei HD 60 W-Aggregate und ein HD 90 W-Aggregat.

In the 1950s, the shipyard began manufacturing compressors instead of the ceased production of steam engines. Here: two HD 60 W units and one HD 90 W unit.

1961 begann eine langjährige Zusammenarbeit zwischen der Werft und der Kopenhagener Firma Kosangas, in deren Verlauf die Werft eine Reihe von Gastankern für dänische Rechnung baute: So auch die Hanne Tholstrup *(Bau-Nr. 510), vor deren Bug sich hier anläßlich des Stapellaufes die Taufpatin und Werftchef Joseph Franz Meyer fotografieren lassen, 1962.*

1961 saw the beginning of long-lasting cooperation between the shipyard and the Kosangas company, Copenhagen, which resulted in the shipyard building a series of gas tankers for Danish account. One such gas tanker was the Hanne Tholstrup *(ship no. 510), seen here with its sponsor and with shipyard director Joseph Franz Meyer in front of its bows on the occasion of its launching ceremony, 1962.*

Blick in den Laderaum des Gastankers Kirsten Tholstrup *(Bau-Nr. 497) vor dem Einbau der auch von der Werft erstellten Gastanks. Das Schiff war der erste Gastanker der Papenburger Schiffbauer und kam 1961 in Fahrt.*

View of the hold of gas tanker Kirsten Tholstrup *(ship no. 497) before installation of the gas tanks, which were also produced by the shipyard. This ship was the first gas tanker of the Papenburg shipbuilding industry, and entered service in 1961.*

Die ebenfalls für Dänemark gelieferte Mary Else Tholstrup *(Bau-Nr. 535), hier noch unter deutscher Flagge auf Probefahrt, 1965. Deutlich ist bei dieser Aufnahme der Kugeltank im Vorschiff zu sehen.*

The Mary Else Tholstrup *(ship no. 535), also supplied to Denmark, is seen here on its trial voyage under German flag, 1965. A spherical tank can be clearly seen in the forecastle.*

Die Größe der abgelieferten Gastanker nahm, wie die 1967 gebaute Nicole *(Bau-Nr. 551) zeigt, ständig zu. Foto: Kurt Wengel.*

The size of the gas tanks was steadily increasing, as shown here by the Nicole *(ship no. 551), built in 1967. Photograph: Kurt Wengel.*

Die ständig wachsenden Schiffseinheiten verlangten eine Vergrößerung des Betriebsgeländes und der Werftanlagen. Der kleine Stichkanal, der zur alten Ölmühle führte, wurde zugeworfen. Dadurch erhielt die Werft eine durchgehende, verlängerte Wasserfront. 1960 verkaufte die Stadt Papenburg ein Nachbargrundstück am Deverweg an die Werft und auch den vor den Hellingen liegenden Turmkanal. Auch die Betriebsanlagen wurden in den folgenden Jahren erweitert. Die beiden wichtigsten Vergrößerungen waren die Errichtung eines Trokkendocks und der Bau einer neuen großen Schiffbauhalle. 1960 erwarb die Werft das am Gegenufer des Turmkanals liegende Gelände der Firma Deilmann. Im folgenden Jahr tat man den ersten Spatenstich für das Dock. Es erhielt eine Länge von 90 m, eine Breite von 16 m und eine Tiefe von 5 m. Nach zweijähriger Bauzeit konnte das Trokkendock in Betrieb genommen werden.

Das Lotsenschiff KAPITÄN KÖNIG wurde als erstes Schiff in das Trockendock gezogen. Zu dem Neubaubetrieb war damit ein Schiffsreparaturbetrieb getreten.

Die Errichtung einer großen Schiffbauhalle machte dem Unternehmen den Übergang zum Sektionsbau möglich. Ein größerer Teil der Bauarbeiten konnte nun wetterunabhängig durchgeführt werden. Nur der Zusammenbau mußte noch im Freien erfolgen. 1966 wurde ein Kran von 60 t Tragkraft installiert, um den Transport der Sektionen zu übernehmen.

The constantly growing ship units made it necessary to extend the company's grounds and the shipyard installations. The small side canal to the old oil mill, was filled in. In this way, the shipyard acquired a continuous, extended water front. In 1960, the town of Papenburg sold a neighbouring plot of land on the Deverweg to the shipyard, together with the Turmkanal in front of the slipways. In the subsequent years, the shipyard installations were also expanded. The two most important expansions were the installation of a dry dock and the construction of a new large shipbuilding shed. In 1960 the shipyard acquired the land located on the other side of the Turmkanal, which had belonged to the Deilmann company. In the following year, the first sod was turned for the new dock, which was 90 m long, 16 m wide and 5 m deep. The dry dock was commissioned after a two-year construction period.

The pilot ship KAPITAEN KOENIG was the first ship to be pulled into the dry dock. The shipyard had extended its sphere of activities to include extensive ships' repairs.

The erection of a large shipbuilding shed made it possible for the company to undergo the transition to sectional construction. A large part of the construction work on a ship could now be completed independent of the weather. Only final assembly had to be performed outside. In 1966, a crane with a lifting capacity of 60 tons was installed for the transport of the sections.

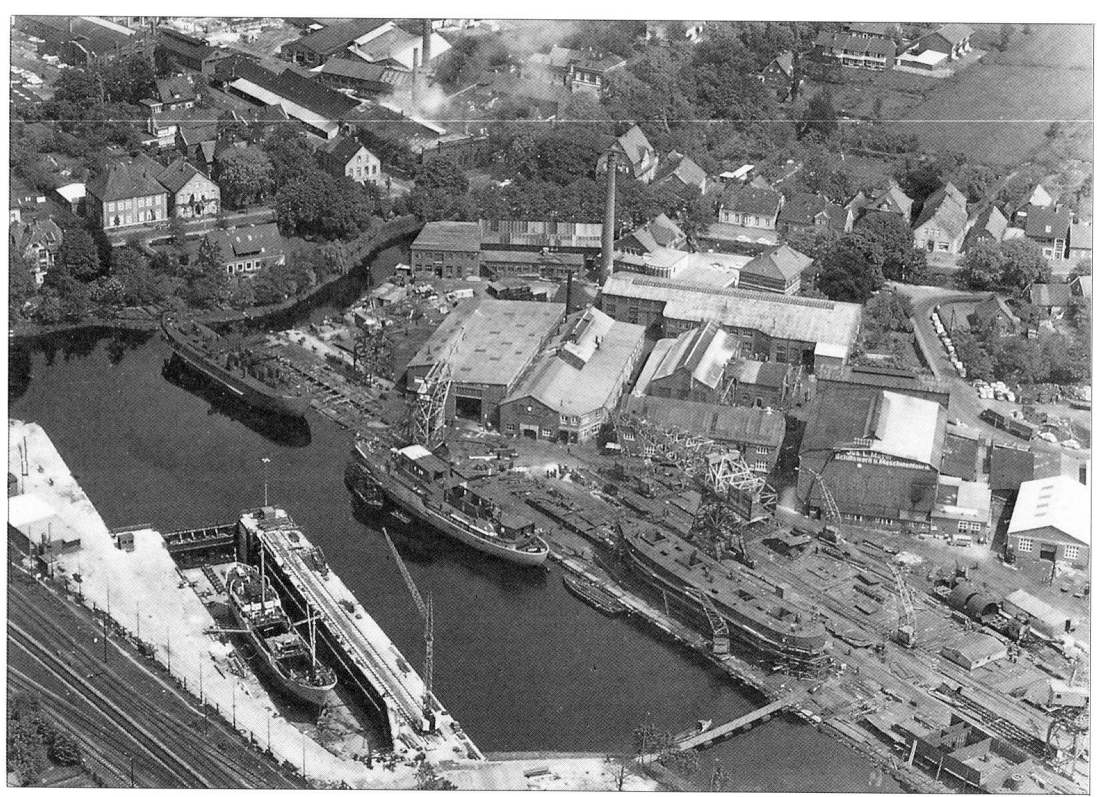

Die Werft im Jahre 1964: Unten links ist das 1961/63 eingerichtete Trockendock zu erkennen.

The shipyard in 1964: The dry dock erected in 1961/63 can be seen at the bottom on the left.

*Schiffsverlängerung im Trockendock.
Foto: Hans J. Oberg.*

*Extending a ship in the dry dock.
Photograph: Hans J. Oberg.*

Beseitigung von Kollisionsschäden an dem kleinen Küstenmotorschiff BERNHARD SCHEPERS, *ca. 1965.*

Repairing collision damage on the small coastal motor ship BERNHARD SCHEPERS, *about 1965.*

Neben den allmählich dominierenden Gastankern und Passagierschiffen liefen in den 60er Jahren auch noch Trockenfrachter vom Stapel: Marianne *(Bau-Nr. 552), 1969.*

In addition to the gradually dominating gas tankers and passenger ships, dry-cargo freighters were still being launched in the 1960s: Marianne *(ship no. 552), 1969.*

Gastanker Libra *(Bau-Nr. 543), 1968.*

Gas tanker Libra *(ship no. 543), 1968.*

Die Autofähre Frisia I *(Bau-Nr. 561), 1970.*

Car ferry Frisia I *(ship no. 561), 1970.*

Die für den Cuxhaven-Norwegen-Dienst gebaute Vikingfjord *(Bau-Nr. 545) fährt heute als* Agadir *zwischen Südfrankreich und Marokko, nachdem sie lange Zeit zuvor als* Prince Hamlet *im Englanddienst von Hamburg aus eingesetzt worden war.*

The Vikingfjord *(ship no. 545) was built to serve on the route between Cuxhaven and Norway; after many years of service as the* Prince Hamlet *between Hamburg and England, it now sails as the* Agadir *between the South of France and Marocco.*

Die 1970 gebaute Apollo *(Bau-Nr. 560) war das erste Schiff einer erfolgreichen Serie von 9 Fähren. Sie wurde zusammen mit dem Schwesterschiff* Diana *(Bau-Nr. 566) von der Rederi A/B Slite, Stockholm, bestellt und von dem Reederei-Konsortium Viking-Line im Verkehr zwischen Schweden und Finnland eingesetzt.* Viking *1, 3, 4 und 5 (Bau-Nr. 562, 565, 570 und 573) für die Rederi A/B Sally, Mariehamn, waren weitere Schiffe dieser Serie, die ebenfalls in der Viking-Line zum Einsatz kamen. Die hier gezeigte* Viking 5 *ist eine verlängerte und vergrößerte Version des Typschiffes* Apollo.

The Apollo *(ship no. 560), built in 1970, was the first in a successful series of 9 ferries. Together with its sister ship* Diana *(ship no. 566), it was ordered by the Rederi AB Slite, Stockholm, and put into service on the Viking-Line routes between Sweden and Finland. Further ships in this series, but for the Rederi AB Sally, Mariehamm, were the* Viking *1, 3, 4 and 5 (ship nos. 562, 565, 570 and 573) which also went into service for the Viking-Line. The* Viking 5 *shown here is an extended and enlarged version of the prototype vessel* Apollo.

Zwischen 1973 und 1975 lieferte die Werft drei weitere Fähren des „Viking"-Typs, dieses Mal an die mexikanische Regierung. Die Coromuel, Puerto Vallarta *und* Azteca *(Bau-Nr. 568, 571 und 575) erhielten allerdings eine dem Fahrtgebiet entsprechend abgewandelte Ausrüstung.*

Between 1973 and 1975, the shipyard delivered three ferries of the "Viking" type to the Mexican government: the Coromuel, Puerto Vallarta *and* Azteca *(ship no. 568, 571 and 575), with suitable modifications to cater for the region in which they would serve.*

Die Beschäftigtenzahl hatte in den letzten Jahren stark zugenommen. Bei der Übernahme des Betriebs durch Joseph Franz Meyer hatte sie bei 277 Beschäftigten gelegen. 1955 stieg die Zahl der Arbeitnehmer und Angestellten zum ersten Mal in der langen Geschichte des Unternehmens auf 500 an, seit diesem Jahr nahm sie kontinuierlich zu. Im Jahre 1966 lag sie bei 900, 1974 waren bereits etwa 1200 Menschen auf der Werft beschäftigt.

Entsprechend der allgemeinen Lohnentwicklung stieg der Lohn der Arbeitnehmer auf der Werft: Nach der Währungsreform betrug der Ecklohn für den Facharbeiter nur 98 Pfg, 1974 lag er bei über 5 DM. In mancherlei Hinsicht unterschied sich die Belegschaft des Unternehmens von anderen Belegschaften. Relativ viele Arbeitnehmer bauten sich in Papenburg oder in der näheren Umgebung ein eigenes Haus. 1967 wohnte die Hälfte der Arbeiter im Eigenheim. Den Bau oder Kauf eines eigenen Hauses hatte das Unternehmen vielfach durch Darlehen und Kredite gefördert. Viele Arbeiter betrieben wie ihre Väter eine kleine Landwirtschaft nebenbei, einige bauten noch ihren Torf selbst ab. Diese Arbeiten, die früher Frauen und Kindern überlassen bleiben mußten, konnten die Arbeiter selbst in der Freizeit übernehmen. Auf der Werft wurde die Fünftagewoche eingeführt.

The number of employees in the shipyard had rapidly increased over this period. When Joseph Franz Meyer took over management of the company, there were 277 employees; in 1955, the number of workers and office staff surpassed the 500 mark for the first time in the long history of the company with a continually increasing tendency. In 1966 there were 900 employees, and even 1200 by 1974.

In line with general wage developments, the wages earned by a worker in the shipyard also increased. After the currency reform, the basic wage for a skilled worker was only 98 pfennigs per hour. In 1974, the hourly wage amounted to more than 5 DM. In some respects, the workers at the Meyer shipyard differed from employees in other companies. A relatively large number of workers built their own houses in Papenburg or its immediate surroundings. In 1967, half of the workers lived in their own homes. The company had promoted building or purchasing of homes for the workers with loans and credits. As their fathers before them, many workers still kept a small farm on the side, others still worked the peat. Such tasks, which had been left to the women and children in earlier times, were now pursued by the workers themselves in their free time. The weekly working hours

Auch auf dem Gebiet des Kompressorenbaus ging der Trend zu immer leistungsfähigeren und technisch aufwendigeren Systemen. Hier ein dreistufiger 2-Zyl.-Hochdruckkompressor, wassergekühlt, von 88 m³/h Ansaugleistung aus dem Jahre 1972. Alle drei Stufen waren in einem Zylinder untergebracht. Statt eines Gußgehäuses wurde eine Schweißkonstruktion verwendet.

In the field of compressor engineering too, the tendency was towards more and more powerful and technically sophisticated systems. Here is a three-stage 2-cylinder, water-cooled high-pressure compressor, suction capacity 88 m³/h, built in 1972. All three stages were accommodated in one cylinder. A welded construction was used instead of the cast housing.

Die Dimensionen der Ostsee-Fährschiffe wuchsen rasch, hier die Stella Scarlett *(Bau-Nr. 574), 1974. Foto: Schiffsfotos Jansen.*

The dimensions of the ferries for the Baltic Sea grew rapidly, here the Stella Scarlett *(ship no. 574), 1974. Photograph: Schiffsfotos Jansen.*

Das Frachtmotorschiff Papenburg *(Bau-Nr. 544) wurde mit einem Stülcken-Schwergutbaum ausgerüstet, 1966. Der Eigner, Herr A. Ahlers, war Reeder und Textilfabrikant und unterhielt in Papenburg eine Kleiderfabrik als Zweigwerk.*

The motorized freighter Papenburg *(ship no. 544) was fitted with a Stuelcken heavy goods jib, 1966. Mr. A. Ahlers, ship owner and textile manufacturer, had a subsidiary in Papenburg, a clothes factory.*

Zu Beginn der 70er Jahre begann das Bauprogramm der Werft den bis dahin gewohnten Rahmen zu sprengen. Im Werfthafen herrschte oft drangvolle Enge.

At the beginning of the 1970s, the shipyard's construction program started to burst out of the previously customary framework. It was often a tight squeeze in the shipyard's narrow harbour.

Die wöchentliche Arbeitszeit lag jetzt bei 42 Stunden. Die Höhe des Lohnes, die Dauer der Arbeitszeit und die Länge des Urlaubs wurden von der Tarifkommission für die Werften in Ostfriesland ausgehandelt, wobei die Industriegewerkschaft Metall zum Interessenvertreter der Arbeitnehmer wurde. Innerhalb der Werft vertrat der Betriebsrat die Belange der Arbeitnehmer. Auch dieser Betriebsrat konnte auf eine lange Tradition zurückblicken. Die erste Sitzung eines Betriebsrates hatte bereits am 10. Juli 1924 stattgefunden. Aber die Nationalsozialisten hatten dann 1933 alle demokratisch gewählten Arbeitervertretungen beseitigt und Arbeitgeber und Arbeitnehmer in der Zwangsvereinigung der Deutschen Arbeitsfront zusammengefaßt. 1945 war sofort ein neuer Betriebsrat ins Leben gerufen worden. Er suchte die Arbeitsbedingungen für die Belegschaft zu verbessern, Mißstände in Verhandlungen mit der Betriebsleitung zu beseitigen. Auch die Unterstützungskasse, aus der die Arbeitnehmer u.a. bei einem Krankenhausaufenthalt ein Tagegeld von 3,- DM pro Tag erhielten, wurde von ihm verwaltet. Die Zusammenarbeit zwischen Betriebsrat und Geschäftsleitung war stets vertrauensvoll und harmonisch.

Fünf Generationen von Schiffbauern hatten die Meyer Werft von 1795 bis in die 70er Jahre geführt — in guten und schweren Jahren. Aus den Trümmern, die der Zweite Weltkrieg hinterlassen hatte, hatte sie einen neuen Höhepunkt erreicht.

now amounted to 42 hours. The wage level, the length of the working week and the length of annual leave were negotiated by the Tarifkommission (collective agreement commission) for the shipyards in Ostfriesland, with the Industriegewerkschaft Metall (metal-workers' trades union) representing the interests of the employees. Within the shipyard itself, the Betriebsrat (works' council) represented the workers' interests. This Betriebsrat also looked back on a long history. The first Betriebsrat meeting had taken place way back on 10th July 1924. But the National Socialists had disposed of all elected workers' representatives, and forced employers and workers to combine in the Deutsche Arbeitsfront (German labour front). In 1945, a new Betriebsrat was created immediately, and attempted to improve the working conditions for the employees and to eliminate unacceptable conditions in negotiations with the management. The Betriebsrat was also responsible for administering the workers' support fund, which provided workers with a daily sum of DM 3.00 per day during periods in hospital etc. Cooperation between the Betriebsrat and management was always harmonious and based on mutual trust and confidence.

Five generations of shipbuilders had led the Jos. L. Meyer shipyard from 1795 to the 1970s — in good and in bad times. From the ruins left by the Second World War, the shipyard had reached a new peak.

Neue Dimensionen
1974 – 1988

New Dimensions
1974 – 1988

Die in den 50er und 60er Jahren maßgeblich von Joseph-Franz Meyer und Godfried Meyer eingeleitete Neuorientierung der Werft zum Bau größerer und technisch aufwendiger Schiffe, wie zum Beispiel Gastanker sowie Auto- und Passagierfähren, wurde in dem Zeitraum von 1974 bis 1988 mit einer auch von Fachleuten kaum für möglich gehaltenen Dynamik fortgesetzt.

Maßgeblich für diese in der deutschen Werftenlandschaft beispiellose Unternehmensentwicklung waren Joseph-Franz Meyer und sein Sohn Bernard. Der Bruder Joseph-Franz Meyers, Godfried Meyer, schied 1977 nach langjähriger gemeinsamer Geschäftsführung als Prokurist und 1982 auch als Kommanditist aus dem Betrieb aus. Er verstarb am 4. Januar 1984.

The re-orientation of the Meyer shipyard in the 1950s and 1960s initiated principally by Joseph-Franz Meyer and Godfried Meyer, to concentrate on the construction of larger and technically more complicated ships such as gas tankers and car and passenger ferries, was pursued in the period from 1974–1988 with a momentum which even insiders and specialists scarcely believed possible.

This dynamic development of the company, which is without equal in the German shipbuilding industry, is due to a great extent to Joseph-Franz Meyer and his son Bernard. Godfried Meyer, Joseph-Franz Meyer's brother, resigned as procurator in 1977 and in 1982 also ceased being a limited partner in the company; he subsequently died on 4th January 1984.

Einer der Gründe für den Erfolg der neuen Werft lag in der guten Zusammenarbeit zwischen den Generationen: Joseph-Franz Meyer und sein Sohn Bernard vor Zeichnungen der Werftanlage.

One of the reasons for the success of the new shipyard was the good spirit of cooperation which prevailed between the generations: Joseph-Franz Meyer and his son Bernard in front of drawings of the shipyard.

Im Jahre 1982 wurde das Unternehmen in eine GmbH & Co. KG umgewandelt. Die Geschäftsleitung teilten sich von diesem Zeitpunkt an Joseph-Franz Meyer und sein Sohn Bernard. Ihnen zur Seite stehen heute drei Prokuristen.

Anläßlich seines 80. Geburtstages scheidet Joseph-Franz Meyer im Januar 1988 aus der Geschäftsführung aus, der nunmehr allein sein 1948 geborener Sohn Bernard vorsteht. Wie seine Vorfahren hat natürlich auch Bernard Meyer Schiffbau studiert.

An der auf der Meyer Werft traditionell guten Zusammenarbeit zwischen Geschäftsführung und Belegschaft hat sich auch in der jüngsten Phase der Werftgeschichte nichts geändert. Mit Stolz kann man darauf verweisen, daß der kürzlich in den Ruhestand getretene Mitarbeiter Hako Haken während seiner 35jährigen Betriebszugehörigkeit 28 Jahre den Vorsitz des Betriebsrates innehatte. Diese ungewöhnliche Kontinuität weist auf eine vertrauensvolle Zusammenarbeit zwischen Mitarbeitern und Geschäftsleitung hin.

Bereits seit Anfang der 70er Jahre bestanden Pläne

In 1982, the company was transformed into a GmbH & Co KG (limited liability partnership & Co). From this point on, Joseph-Franz Meyer and his son Bernard shared the management, and are assisted today by three procurators.

On the occasion of his 80th birthday in January 1988, Joseph-Franz Meyer resigned from the management of his company, which is now managed solely by his son Bernard, born 1948. As his ancestors, Bernard Meyer has of course also studied shipbuilding.

The traditionally good relations and cooperation between management and workforce still remain unchanged in the most recent phase of the shipyard's history. When Mr. Hako Haken retired after 35 years of service with the company, the management were proud to acknowledge his achievements including 28 years as chairman of the Betriebsrat (work's council). This unusual continuity is just one indication of the relationship of mutual trust and cooperation which prevails between management and workforce.

Zusammenkunft von Betriebsrat und Personalleiter anläßlich des 25jährigen Jubiläums von Hako Haken (sitzend, Dritter von rechts), der insgesamt 28 Jahre lang dem Betriebsrat vorstand.

Meeting of the work's council and the personal manager on the 25th jubilee of Mr. Hako Haken (sitting down, third from the right), who chaired the work's council for a total of 28 years.

Bei der Planung der neuen Werft im Jahre 1974 wurde weit in die Zukunft gedacht: Dieser Plan zeigt, wie man sich damals die Werft in den 90er Jahren vorstellte. Der Querstapellauf sollte durch eine Schiffshebeanlage ersetzt werden.

The future was very much in mind during planning of the new shipyard in 1974. This plan shows how the planners anticipated the shipyard to be in the 1990s. The system of launching ships sideways was to be replaced by a ship's hoist.

für eine tiefgreifende Umstrukturierung der Werft, um die Produktivität zu steigern und größere Schiffe bauen zu können. Hierzu wäre der Kauf zusätzlichen Geländes in der Innenstadt sowie eine Vergrößerung der Eisenbahnbrücke über den Turmkanal, die damals nur eine Durchfahrtsbreite von 18 m bot, nötig gewesen. Beides gestaltete sich jedoch schwierig. Als dann im März 1974 ein Auftrag über sechs 12.000 m³ große Gastanker für die sowjetische Latvian Shipping Company aus Riga gebucht werden konnte, mußte eine schnelle Lösung gefunden werden.

In dieser Situation fiel die Entscheidung, in einem großen finanziellen Kraftakt das Problem an der Wurzel zu packen und die Werft umzusiedeln. Mit dem Großauftrag im Rücken konnten die notwendigen Mittel für die geplante Investition beschafft werden. Verhandlungen mit der Stadt und dem Kreis führten rasch zum Angebot eines passenden Geländes: noch innerhalb des tidefreien Hafengebietes, aber unmittelbar hinter der Seeschleuse zur Ems.

Plans for extensive re-structuring of the shipyard already existed back at the beginning of the 1970s, with the aim of increasing productivity and in order to make it possible to build larger ships. To realize these plans, it would be necessary to acquire more land in the town centre and to have the railway bridge over the Turmkanal enlarged, which had a passage of only 18 meters. But difficulties were encountered on both sides. In March 1974, the company was able to book an order for six gas tankers 12.000 cubic meters in size for the soviet Latvian Shipping Company in Riga, so that a rapid solution now had to be found.

In this situation, the decision was made to grasp the problem by the roots, and to move the shipyard in one large financial undertaking. With the big order as back-up support, the company was able to obtain the necessary means for the planned investments. Negotiations with the town and district authorities soon led to the offer of suitable land: still within the non-tidal harbour area, but immediately behind the sea-lock to the Ems.

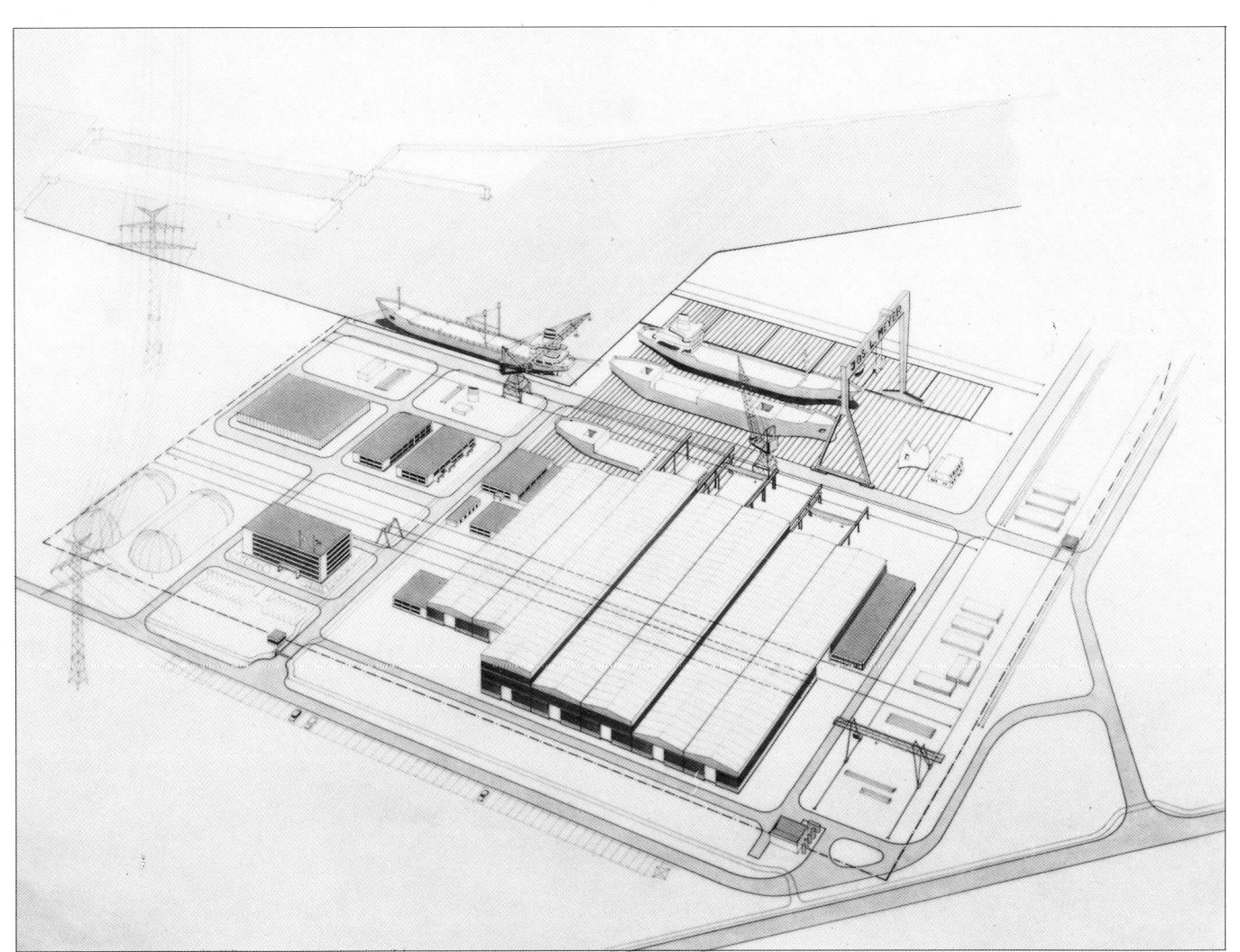

*Die alte Werft in ihrer letzten Ausbaustufe.
Im Vordergrund die Schiffbauhalle für die Vorfertigung
von Großsektionen, der große Neubau ist das Fährschiff
STELLA SCARLETT. Gut zu erkennen ist auch die schmale
Eisenbahnklappbrücke, die letztendlich den Anstoß zur
Umsiedlung der Werft gab.*

*The old shipyard in its final expansion stage.
The shipbuilding shed for the prefabrication of large
sections can be seen in the foreground; the large ship
under construction is the ferry STELLA SCARLETT.
The narrow railway bascule bridge, which gave the
final impulse to move the shipyard, can also be
clearly seen.*

Nach eingehenden Planungsarbeiten begannen bereits im Juni 1974 die Erdarbeiten für die neue Werft. Am 22. Januar 1975 wurde für den ersten Gastanker der Sechserserie auf den neuen Hellingen der Kiel gelegt, neun Monate später lief das Schiff vom Stapel und wurde im Dezember des gleichen Jahres fertiggestellt. Der gleichzeitige Schritt zum Bau deutlich größerer Schiffe einerseits und zu einer neuen Betriebsstätte andererseits war geglückt.

Bei der Anlage der neuen Werft wurde besonders Wert darauf gelegt, möglichst große Sektionen in den Hallen zu bauen, um die Unbilden der Witterung auszuschließen. Daher erhielt die Helling zwei Kräne von je 120 t Tragfähigkeit. Auch die Hallen haben Kräne mit ähnlich großer Hubkraft.

After detailed planning work, the first excavation work for the new shipyard began in June 1974. On January 22nd 1975, the keel for the first of the series of six gas tankers was laid on the new slipways, nine months later the ship was launched and completed in December of the same year. The simultaneous step towards the construction of larger ships on the one hand and to the establishment of a new shipbuilding site on the other had succeeded. The design of the new shipyard placed particular emphasis on building sections as large as possible in the sheds to avoid the rigours of the weather. For this purpose, the slipway has two cranes with a lifting capacity of 120 tons each. The sheds are also equipped with cranes with similar lifting capacities. The slipway was also equipped with a cross-

Der neue Betrieb in der ersten Baustufe: Im Vordergrund das Plattenlager und die Schiffbauhallen. Auf den Helgen liegen zwei der für die Sowjetunion bestimmten Gastanker. Für ausreichende Reserveflächen für den zukünftigen Ausbau war gesorgt, 1976.

First construction stage of the new shipyard: the plating stores and the shipbuilding sheds are in the foreground. Two gas tankers destined for the Soviet Union are located on the building slips. Plenty of spare space had been left for future expansion, 1976.

Die YURMALA *(Bau-Nr. 576), der erste der an die Sowjetunion gelieferten Gastanker und das erste Schiff von der neuen Werft, 1976.*

The YURMALA *(ship no. 576), the first of the gas tankers supplied to the Soviet Union and the first ship from the new yard, 1976.*

Ferner wurde auf der Helling ein Querverschiebesystem für Schiffe bis zu 20.000 t Eigengewicht angelegt. Somit konnte auf einer optimal ausgenutzten Hellingfläche an mehreren Schiffen gleichzeitig gearbeitet werden. Außerdem wurden in der ersten Baustufe auf der neuen Werft zwei Gebäude mit Büros und Sozialräumen sowie der Ausrüstungskai erstellt. 1979 folgte als zweite Baustufe dann das Verwaltungsgebäude.

Schließlich richtete die Werft ab 1982 an der neuen Betriebsstätte als dritte Baustufe ein Trockendock für Reparaturen und Umbauten ein. Auf der alten Werft hatte ein Dock von 90 m Länge und 16 m Breite zur Verfügung gestanden; das neue Dock weist hingegen Abmessungen von 240 m in der Länge und 35 m in der Breite auf. Tore an beiden Seiten und ein in der Mitte angeordnetes bewegliches Schott erlauben das gleichzeitige Dokken von zwei kleineren Schiffen, die unabhängig voneinander aus- und einschwimmen können. Im

wise shifting system for ships up to 20.000 tons netweight. In this way, maximum exploitation of one slipway area means that work is carried out on several ships at the same time. The first building phase of the new shipyard also included two buildings with offices and social facilities together with the fitting-out quay. The second building phase followed in 1979 with the administration building. Finally, as from 1982, the shipyard started construction of the third building phase which consisted of a dry dock for repairs and alterations. The dry dock in the old shipyard had measured 90 meters long and 16 meters wide; the new dry dock in contrast measures 240 meters long and 35 meters wide. Gates on both sides and a movable bulkhead arranged in the middle make it possible to dock two smaller ships at the same time, and for either ship to be floated in or out independent of the other. In extrem cases, it would even be possible for two smaller vessels to lie next to each

Extremfall können bei der großen Breite von 35 m sogar zwei kleinere Fahrzeuge nebeneinander liegen. Auch die Krankapazitäten – an beiden Seiten des Docks wurden je zwei 60-t-Kräne installiert – erlauben die simultane Arbeit an mehreren Schiffen. Gemeinsam eingesetzt, können die vier Kräne Großsektionen bis zu 240 t bewegen. Die Pumpenleistung ist so groß, daß Schiffe in nur einer Stunde trockenfallen können. Als erstes Schiff lief im Oktober 1983 der Neubau KAMBUNA nach dem Stapellauf für Anstricharbeiten in das neue Trockendock ein.

other, in view of the generous width of 35 m. The crane capacities – two 60 ton cranes were installed on both sides of the dock – also enable simultaneous work on several ships. When used together, the four cranes can move large sections up to 240 tons. The pumping capacity is so great that ships can be raised to dry in only one hour. The first ship to enter the new dry dock was the newly built ship KAMBUNA in October 1983, which entered the dry dock after its launch for painting.

This investment phase also included the extension of the shipbuilding sheds together with the con-

Hochbetrieb im Reparaturbereich der Werft: Zwei Frachter, eine Fähre und ein Tanker werden repariert bzw. umgebaut und verlängert.

"All systems go" in the repair section of the shipyard: two freighters, one ferry and one tanker are being repaired, converted and extended.

In diese Investitionsphase fiel ebenfalls die Erweiterung der Schiffbauhallen sowie der Bau eines computergesteuerten Zentralmagazins, einer ebenfalls weitgehend automatisierten Rohrwerkstatt und eines Ausrüstungsgebäudes.

Auf der alten Werft waren nun lediglich noch für kurze Zeit die Ausbildungswerkstätten sowie der Kompressorenbau angesiedelt. Im Jahre 1986 ging die Geschichte der Meyer Werft auf dem traditionellen Werftgelände zu Ende. Das Grundstück wurde an die Stadt veräußert.

Doch der Abschluß der Umsiedlung bedeutete für die neue Betriebsstätte noch nicht das Ende des Ausbaus. Schon Anfang der 80er Jahre entstand der Plan, auch den Neubaubetrieb von den Querhelgen in ein Baudock zu verlagern, das zudem überdacht werden sollte. Die damit verbundenen neuerlichen hohen Investitionen verlangten aber zunächst noch eine Bedenkzeit. Schließlich gaben die Schwierigkeiten, die Feuchtigkeit, Eis und Schnee im Winter 1985/86 beim Innenausbau des Kreuzfahrtschiffes HOMERIC bereitet hatten, aber doch den Ausschlag zugunsten der Errichtung eines überdachten Baudocks. Im Mai 1986 ergingen die Aufträge an die Baufirmen. Noch vor Beendigung der Arbeiten am 30. April 1987 setzte der neue 600-t-Kran die erste Großsektion des Kreuzfahrtschiffes CROWN ODYSSEY auf den Pallungen

struction of a computer-aided central store, a similarly extensively computer-aided piping workshop and a fitting-out building.

The old shipyard accommodated for just a short period the apprentices' training workshops and the compressor engineering shops. In 1986, the history of the Meyer shipyard on the traditional, historical premises came to an end. The land was sold to the town.

But the fact that the company had now completely moved to the new site did not also mean the end of expansion and alteration. Plans were already being made at the beginning of the 1980s to move construction work on new ships from the crosswise building slips to a building dock which was to have a roof over it as well. But the considerable investments which were here once again required forced the company to think the matter over first. Finally, the difficulties encountered by damp, ice and snow in the winter of 1985/1986 during completion of the interior of the cruise ship HOMERIC eventually resulted in the decision to construct a new covered building dock. Contracts were finalized with the building companies in May 1986. Before the construction work was actually completed, on 30th April 1987 the new 600 ton crane lowered the first large section of the cruise ship CROWN ODYSSEY onto the floats of what must be

Schiffbau in Eis und Schnee, wie hier im Winter 1985/86, gehören seit der Errichtung des überdachten Baudocks weitgehend der Vergangenheit an.

Since the erection of the covered building dock, shipbuilding in ice and snow as here in the winter of 1985/86 is basically a thing of the past.

In der zweiten Baustufe kam 1979 das viergeschossige Verwaltungsgebäude auf der neuen Werft hinzu. Die Aufnahme entstand im Frühsommer 1980: Die Ausrüstung der Fähre Viking Sally schreitet voran, auf dem Helgen liegt der Rumpf des RoRo-Carriers Ambassador.

The second construction stage saw the addition of the four-storey administration building to the new shipyard. This shot was taken in the early summer of 1980: good progress is being made on fitting out the ferry Viking Sally; the hull of the RoRo carrier Ambassador can be seen on the building slip.

Errichtung des überdachten Baudocks im Winter 1986/87.

Erection of the covered building dock, winter 1986/87.

Noch während der Fertigstellung des überdachten Baudocks wächst der erste Neubau in der Halle heran. Der neue 600-t-Kran setzt eine Großsektion auf der CROWN ODYSSEY (Bau-Nr. 616) ab.

While work is still in progress to complete the covered building dock, the first ship to be built here is already taking shape in the shed: the new 600 ton crane lowers a large section onto the CROWN ODYSSEY (ship no. 616).

5 000 Gäste nehmen an der Einweihungsfeier des neuen Baudocks am 1. November 1987 teil und beobachten, wie das Dock erstmalig geflutet wird und die CROWN ODYSSEY aufschwimmt.

5 000 guests attended the inauguration ceremony of the new building dock on 1st November 1987; the guests were able to watch the dock flooded for the first time and saw the CROWN ODYSSEY being floated.

des wohl größten überdachten Baudocks der Welt ab. Seine Länge beträgt 258 m, die Breite 39 m. Die umgebende Halle ist 270 m lang, 101,50 m breit und 60 m hoch. Da die zuarbeitenden Werkstätten in die Halle integriert wurden bzw. unmittelbar an die Halle anschließen, konnte die Forderung nach „kurzen Wegen" optimal erfüllt werden. Am 1. November 1987 wurde das Baudock anläßlich einer Einweihungsfeier in Anwesenheit von über 5.000 Gästen erstmalig geflutet. Alle Anstrengungen wären allerdings vergeblich gewesen, wenn nicht gleichzeitig auch die Zu- und Abfahrtswege zwischen der Werft und der Nordsee ausgebaut worden wären. Schon die Überführung des ersten Gastankers für die Sowjetunion im Jahre 1975 hatte eine Erweiterung der Papenburger Seeschleuse erforderlich gemacht. Diese war 1962 auf eine Breite von 18 m angelegt worden und erhielt 1975 eine Durchfahrtsbreite von 26 m. Sowohl die Meyer Werft als auch die Sürken Werft hatten die Stadt bei diesem Bauvorhaben finanziell unterstützt. Doch die ständig expandierende Produktion der Meyer Werft ließ die Seeschleuse bald erneut als zu klein erscheinen. Besonders die Ostseefähren wuchsen binnen weniger Jahre von mittelgroßen Schiffen mit einer Tonnage von etwa 5.000 BRT zu sogenannten Jumbo-Fähren von heute bis zu 60.000 BRT. Schon scheiterte ein Auftrag des langjährigen Kunden Viking Line an der fehlenden Möglichkeit der Meyer Werft, Schiffe von mehr als 26 m Breite abzuliefern. Bernard Meyer hatte allerdings bereits bei der Errichtung des neuen Werftbetriebes eine mögliche neue Schleuse neben der alten ins Kalkül gezogen und den Ausrüstungskai an entsprechend günstiger Stelle anlegen lassen. 1982 kam nun eine von der Meyer Werft in Auftrag gegebene Studie zu dem Schluß, daß die kostengünstigste Lösung der Probleme in der Errichtung einer Dockschleuse neben der alten Seeschleuse läge. Wieder orientierte sich die Stadt an der selbst gesteckten Verpflichtung, gute Voraussetzungen für die auf ihrem Gebiet angesiedelten Industriebetriebe zu schaffen. Mit finanziellen Zuschüssen der Meyer Werft in Höhe von mehreren Millionen Mark vergab sie den Auftrag zum Bau der Schleuse, deren nach unten klappende Tore die Sürken Werft baute. Die neue Dockschleuse erlaubt Schiffen mit maximal 7 m Tiefgang und 38 m Breite den Zugang zur Ems. Bei einem Pegelstand von 80 cm über NN hat die Ems das Niveau des Wasserstandes im Papenburger Hafen erreicht, kann also die doppeltorige Dockschleuse geöffnet werden. Erster Nutznießer der neuen Anlage war der im Juni 1985 abgelieferte 30 m breite LPG-Tanker Donau.

War es zunächst mit dem Ausbau der Seeschleuse und später der Errichtung der Dockschleuse gelungen, den Zugang zur Ems dem Bauprogramm der Meyer Werft anzupassen, so galt es nun noch, den

the world's largest covered building dock. It measures 258 meters long and 39 meters wide. The shed surrounding the dock measures 270 meters long, 101.50 meters wide and 60 meters high. All workshops supplying accessories have been integrated in the shed or join directly onto the shed, thus providing an optimum solution to the requirement of "short distances".

On 1st November 1987, the building dock was flooded for the first time on the occasion of an initiating ceremony in the presence of more than 5,000 guests. But all these efforts would have been in vain, if the access routes between the shipyard and the North Sea had not been improved as well. Back in 1975, it had already been necessary to widen the Papenburg sea-lock for the initial ferry voyage of the first gas tanker for the Soviet Union. In 1962, the sea-lock had been constructed with a width of 18 meters, and was widened in 1975 to 26 meters. Both the Meyer shipyard and the Suerken shipyard had provided the town with financial support for the project. But the sea-lock soon appeared to be too narrow again, in view of the constantly expanding production of the Meyer shipyard. In particular, car ferries for the Baltic Sea grew within a few years from medium-sized ships with a tonnage of approx. 5,000 GRT to the so-called „Jumbo"-ferries of today with up to 60,000 GRT. The shipyard had already lost a contract from its long-standing customer the Viking Line because of the inability of the Jos. L. Meyer shipyard to supply ships measuring more than 26 meters wide.

However, when designing and building the new shipyard, Bernard Meyer had already taken the possibility of a new lock next to the old sea-lock into account and had the fitting-out quay constructed in an appropriately favourable location. In 1982, a study commissioned by the Meyer shipyard arrived at the conclusion that the most economical solution to the problems could be found in the construction of a tide lock next to the old sea-lock. Once again, the town of Papenburg lived up to its own self-set obligations of creating favourable conditions for the industrial concerns established in its bounds. With financial subsidies from the Meyer shipyard amounting to several million DM, the town finalized the contract to build the lock, with the gates opening downwards built by the Suerken shipyard. The new tide lock gives ships with a maximum draught of 7 meters and a width of 38 meters access to the Ems. When the level of water in the Ems reaches 80 cms above mean sea level, the water in the river is at the same level as that in the Papenburg harbour, so that the double-gated harbour lock can be opened. The first ship to take advantage of the new lock system was the 30 m wide LPG tanker Donau, delivered in June 1985.

Die HOMERIC *(Bau-Nr. 610) verläßt Papenburg im Mai 1986. Das Bild zeigt sie hier beim Passieren der Dockschleuse, links im Bild das Reparaturdock mit der Kanalfähre* ST. CHRISTOFFER. *Am Ausrüstungskai liegt die* LAWIT.
Luftfoto freigegeben: Bez.-Reg. Weser-Ems, Nr. 94/2/1-12.

HOMERIC *(ship no. 610) leaving Papenburg in May 1986. The picture shows her passing the tide lock. On the left: the repair dock with the Channel ferry* ST. CHRISTOFFER.
The LAWIT *is moored at the fitting-out quai.*
Aerial photograph released by the Weser-Ems district government, no. 94/2/1-12.

Fluß selbst für die Probe- und Ablieferungsfahrten der großen Schiffe passierbar zu machen.

Im vorigen Jahrhundert hatte die Ems von Papenburg bis zur Mündung eine Wassertiefe von etwa 3,5 m aufgewiesen und war 1884 durch Ausbaggerung auf 4,5 m vertieft worden. In den letzten Jahren hat die Ems nun durch verschiedene Strombaumaßnahmen eine durchschnittliche Tiefe von 6 m erhalten. Ein weiteres Anliegen der Wasserbauer war die Begradigung des Flusses. Schon in den 20cr Jahren hatte man die Ems durch zwei Durchstiche in Höhe des Pottdeiches und bei Coldam leichter passierbar gemacht. Jetzt wurde durch die Begradigung der Stapelmoorer und der Weekeborger Bucht auch die Ablieferung von Schiffen bis über 200 m Länge und 30 m Breite ermöglicht. Genauso wie es bei der Umsiedlung und Erweiterung der Werftanlagen eine außerordentlich gute Zusammenarbeit mit Stadt und Kreis gegeben hatte, traf die Werft auch bei den Strombaumaßnahmen für die Ems beim Wasser- und Schiffahrtsamt

Now that the widening of the sea-lock and the construction of the tide lock had adapted access to the river Ems to suit the construction program of the Meyer shipyard, it became important that the river Ems itself was made passable for trial and delivery voyages of the larger ships on their way to the North Sea.

In the past century, the river Ems had a depth from Papenburg to the estuary of approximately 3.5 meters, and had been deepened by dredging work in 1884 to 4.5 meters. Over previous years, various measures to improve the flow of the river had resulted in an average depth of 6 meters. Another preoccupation of the water-way construction experts was to straighten the river. Back in the 1920s, the Ems had been made passable by two cutoffs at the level of Pottdeich and near Coldam. The current work on straightening the Stapelmoorer Bucht and the Weekeborger Bucht has made it possible for the shipyard to deliver vessels measuring more than 200 meters long and 30 meters wide.

Die neue Werft im Jahre 1987: Das Baudock ist nun auch fast fertiggestellt, zwischen dem Verwaltungsgebäude und dem Reparaturdock erstrecken sich Ausrüstungswerkstätten und das Zentralmagazin. Im Vordergrund verläßt der für Brasilien gebaute Gastanker Gurupi *gerade die Seeschleuse im Schlepp des Werftschleppers* Antje. *Rechts unten ist die Dockschleuse zu sehen.*
Luftfoto freigegeben: Bez.-Reg. Weser-Ems, Nr. 99/707/38.

The new shipyard in 1987. The building dock is now nearly completed. Fitting-out workshops and the central stores are located between the administration building and the repair dock. The gas tanker Gurupi *built for Brazil, can be seen in the foreground leaving the sea lock, towed by the shipyard's tug* Antje. *The harbour lock can be seen at the bottom on the right. Aerial photograph released by the Weser-Ems district government, no. 99/707/38.*

Emden sowie bei der Direktion Aurich auf hilfsbereite Unterstützung. Sicherlich war es förderlich, daß der Ausbau der Ems auch ein Anliegen der Städte Leer und Papenburg war. Immerhin können heute selbst größere Küstenmotorschiffe bei jeder Tide den Papenburger Hafen mit Ladung anlaufen. Weitere Hindernisse für die Neubauten der Meyer Werft auf dem Weg zum Meer bilden die beiden Brücken über die Ems bei Weener und Leer. Besonders die Eisenbahnbrücke bei Weener hat als Ärgernis für die Papenburger Werften und Hafenwirtschaft eine lange Tradition. Bei ihrer Errichtung im Jahre 1876 machte sie die Gründung einer Schleppdampfreederei erforderlich, da Segelschiffe die knappe Durchfahrtsöffnung von 24,70 m, die beim Hochklappen des zu öffnenden Brückensegments entsteht, nicht ohne Manövrierhilfe zu passieren vermochten. Mit der endgültigen Ablösung der Segelschiffe durch maschinengetriebene Fahrzeuge war das Problem zunächst vom Tisch. Doch spätestens am Ende der 70er Jahre stieß die Meyer Werft mit ihren Neubauten an die Grenzen der

Just as it had been vital to nurture good relations and cooperation with the town and district authorities when the shipyard moved sites and expanded, the shipyard now also encountered helpful support for measures to improve the flow of the river from the Wasser- and Schiffahrtsamt Emden (Water Board and Shipping Authority in Emden) and from the Direktion Aurich (Water Board administration in Aurich). The improvement of the Ems was also in the interests of the towns of Leer and Papenburg, which helped the matter somewhat. When all said and done, today even larger coastal freighters can reach Papenburg harbour fully laden at any state of the tide.

Further hindrances encountered by newly built ships on the way from the Meyer shipyard to the sea are the bridges over the Ems at Weener and at Leer. In particular the railway bridge at Weener has a long history of causing problems for the Papenburg shipbuilders and for the harbour trade. When it was built in 1876, the bridge made it necessary to set-up a tug-boat shipping company,

Nur noch mit Schlagseite vermochte sich die VIKING SALLY *1980 durch die Eisenbahnbrücke bei Weener zu drängen. Foto: dpa.*

The VIKING SALLY *could only pass the railway bridge at Weener at a list, 1980. Photograph: dpa.*

Bei der Rückkehr der HOMERIC *von der ersten Probefahrt zwischen Weihnachten und Neujahr 1985 kam es zu einer Karambolage mit der Jann-Berghaus-Brücke in Leer.*

The HOMERIC *collided with the Jann-Berghaus bridge in Leer on returning from its first trial voyage Christmas and New Year 1985.*

Durchfahrtsbreite. Um auch den letzten Zentimeter auszunutzen, ließ man die neuen Jumbo-Fähren, wie zum Beispiel die VIKING SALLY, die Brücke mit Schlagseite passieren, da sonst die linke Brückennock den hochgeklappten Teil berührt hätte. Als sich jedoch die Ablieferung noch größerer Schiffe wie der HOMERIC und DONAU anbahnte und es sich zudem zeigte, daß die tiefste Rinne der Ems nicht mehr unter dem zu öffnenden Seitenteil der Klappbrücke durchführte, sondern sich unter die Mitte der Brücke verlagert hatte, sann man nach einer neuen Möglichkeit. Eine Beseitigung der Brücke kam trotz der relativ geringen Zugfrequenz nicht in Betracht. Die Lösung wurde schließlich darin gefunden, daß man den festen Teil in der Mitte der Brücke demontierbar machte, indem man die Nieten gegen Verschraubungen austauschte. In einer technisch aufwendigen Operation kann nun die Verschraubung gelöst und das Brückenteil durch einen Schwimmkran herausgehoben werden. Am langwierigsten gestalten sich die Gleisverlegearbeiten, doch muß die Brücke insgesamt für nicht mehr als eineinhalb bis zwei Tage gesperrt werden. Immerhin steht auf diese Weise eine 40 m breite Durchfahrt zur Verfügung, doch sind bereits neue Lösungen im Gespräch.

Als letztes Nadelöhr ist dann schließlich noch die Jann-Berghaus-Brücke in Leer zu nennen. Sie bietet zwar mit 31 m Durchfahrtsbreite auf dem Papier kein Problem, doch gab es beispielsweise bei der Ablieferung der 29 m breiten HOMERIC in der Praxis doch Schwierigkeiten. So ist man bei der Meyer Werft nicht gerade traurig darüber, daß sich

because when the opening segments of the bridge were raised, sailing ships were unable to pass through the resulting opening of 24.70 meters without maneuvering assistance. Once sailing ships had finally been replaced on the high seas by motorized vessels, the problem was no longer relevant for a time. But by the end of the 1970s, the Meyer shipyard reached the limits of the bridge's opening with its newly-built ships. In order to use every last centimeter, the new "Jumbo" ferries, such as the VIKING SALLY, passed the bridge at a list to avoid contact with the left wing of the bridge. But in anticipation of delivery voyages for even larger ships such as the HOMERIC and DONAU, and in view of the fact that the deepest channel of the Ems no longer flowed under the sides of the drawbridge but under the middle of the bridge, new solutions were sought. In spite of the relatively seldom frequency of trains over the bridge, ist was not possible for the bridge to be removed. The solution was finally found in making it possible to disassemble the permanent construction in the middle of the bridge, by replacing rivets with bolted joints. In a technically complicated operation, the bolted joints can now be loosened and the section of the bridge hoisted by a floating crane. Track replacement work lasts longest, but the bridge is only closed for a total of one-and-a-half to two days. And after all, this results in an opening measuring 40 meters wide, but new and better solutions are already being sought.

The last bottle-neck is finally the Jann-Berghaus bridge in Leer. On paper, its opening of 31 meters

Gastanker Donau *auf der Ems in Höhe der Eisenbahnbrücke bei Weener, Juni 1985. Ein Schwimmkran hat den mittleren Teil der Brücke herausgehoben, so daß der Tanker trotz seiner Breite von 30 m passieren kann.*
Luftfoto freigegeben: Bez.-Reg. Weser-Ems, Nr. 249/17.

Gas tanker Donau *on the Ems at the Weener railway bridge, June 1985. A floating crane has raised the central part of the bridge so that inspite of its width of 30 m, the tanker can still sail past.*
Aerial photograph released by the Weser-Ems district government no. 249/17.

die 1950 wiedererrichtete Drehbrücke als baugefährdet erwiesen hat und im Jahre 1988 die Arbeiten an einer neuen Flußüberquerung mit breiterer Durchfahrtsmöglichkeit beginnen.

Die Beispiele zeigen, mit welchen Schwierigkeiten eine weit im Binnenland gelegene Seeschiffswerft zu kämpfen hat, daß solche Schwierigkeiten aber bei einer guten Zusammenarbeit zwischen allen Interessenvertretern zu meistern sind. In jüngster Zeit hat sich dies auch bei den Planungen für einen Emstunnel gezeigt, bei denen die Werft auf die Gewährleistung einer ausreichenden Fahrwassertiefe drängen mußte, was Konsequenzen für den unterirdischen Verlauf des Tunnels hatte.

Wie schon zu Anfang des Kapitels erwähnt, wurden die Grundlagen für das heutige Bauprogramm der Meyer Werft bereits in den 60er Jahren gelegt. Schon damals begann sich das Unternehmen in zunehmendem Maße den „highly sophisticated vessels", also technisch besonders aufwendigen Schiffstypen, zuzuwenden. Ein Blick auf die Ablieferungsliste der Werft zeigt, daß sich dieser Trend seit dem Beginn der Betriebsumsiedlung im Jahre 1974 noch verstärkt hat. Bis einschließlich der 1988 im Bau befindlichen Passagierschiffe CROWN ODYSSEY und TIDAR wurden seit 1974 einundvierzig Schiffe abgeliefert. Von diesen waren

causes no problems, but difficulties have already been encountered in practice on the delivery voyages of the 29 m wide HOMERIC. So people at the Meyer shipyard are not at all sad that the swing bridge, which was rebuilt in 1950, has been declared to be an endangered construction, and that construction on a new bridge over the river with a greater opening is commencing in 1988.

The examples show the difficulties encountered by a shipyard located well into the hinterland, but that such difficulties can be overcome on the basis of good relations and cooperation between all interested parties. In recent times, this has also played a role in plans for a tunnel under the Ems. The Meyer shipyard has had to urge for guarantees of a sufficient channel depth, which of course has consequences on the underground routing of the tunnel.

As already mentioned at the beginning of the chapter, the foundations for today's production program were already laid in the 1960s, when the company began to turn to the construction of "highly sophisticated vessels". One look at the delivery list of the shipyard shows that this trend has been reinforced since the company began to move premises in 1974. Including the two passenger ships CROWN ODYSSEY and TIDAR being built

1979 baute Jos. L. Meyer noch einmal zwei kleine Frachter, die RHEINTAL *und die* GERMANN *(Bau-Nr. 593/594).*

In 1979, Jos. L. Meyer built two more small freighters, the RHEINTAL *and the* GERMANN *(ship nos. 593/594).*

zweiundzwanzig Einheiten LPG-Tanker. An zweiter Stelle folgten die insgesamt neun Passagierschiffe sowie weitere drei Auto- und Passagierfähren. Die restlichen Neubauten waren eher Exoten im Ablieferungsprogramm der Werft: vier zwischen 1978 und 1981 gebaute RoRo-Carrier, zwei Rhein-See-Schiffe aus dem Jahre 1979 sowie ein von den Auszubildenden der Werft gebauter Schlepper für eigene Rechnung im Jahre 1983.

Zwei der RoRo-Carrier wurden für amerikanische Rechnung und den Einsatz unter US-Flagge gebaut, wobei die besonderen Vorschriften der United States Coast Guard (USCG) erfüllt werden mußten. Dieses ist insofern bemerkenswert, als nur selten Aufträge für amerikanische Schiffe ins Ausland vergeben werden.

in 1988, forty-one ships have been delivered, of which twenty-two were LPG tankers, followed by a total of nine passenger ships and three car and passenger ferries. The other new ships were more exotic examples of the shipyard's production program: four RoRo carriers built between 1978 and 1981; two Rhein-sea ships built in 1979, together with a tug built by the shipyard's own apprentices for their own account in 1983.

Two of the RoRo carriers were built for American account and to sail under the US flag, for which purpose the special regulations of the United States Coast Guard (USCG) had to be fulfilled. This is particulary remarkable in view of the fact that commissions to build American ships are rarely placed abroad.

In der Grobblechschlosserei.
In the heavy plate beating work shop.

Zwischen 1978 und 1981 baute die Werft vier RoRo-Carrier. Die Ambassador *(Bau-Nr. 596) und die* Diplomat *(Bau-Nr. 597), heute* Senator, *waren für die Karibik bestimmt und fuhren unter amerikanischer Flagge.*

Between 1978 and 1980 the shipyard built four RoRo carriers. The Ambassador *(ship no. 597) and* Diplomat *(ship no. 597), today called the* Senator, *were destined for the Caribbean and sail under American flag.*

Hinsichtlich des Baus von Gastankern, die ihre Ladung sowohl gekühlt als auch unter Druck fahren können, kann die Werft Jos. L. Meyer sich heute mit Fug und Recht als international führendes Unternehmen bezeichnen. Achtzehn Prozent der weltweiten Gesamttonnage auf diesem Sektor stammen von den Helgen des Papenburger Unternehmens.

Die Geschichte der Gastanker begann erst einige Jahre nach dem Zweiten Weltkrieg mit Umbauten konventioneller Frachter für den Gastransport. Im Jahre 1961 baute die Meyer Werft die KIRSTEN THOLSTRUP als ihren ersten Gastanker. Seither beherrschen diese hochwertigen Schiffe die Bauliste, wobei sich die Werft auf den Bau sogenannter LPG-Tanker, die zum Transport chemischer Gase geeignet sind, spezialisiert hat. Die Schiffe sind dafür eingerichtet, ihre Ladung „semigekühlt" bei einer Temperatur von −48 °C und unter Druck (etwa zwischen 5 und 9 atü) zu fahren, so daß die Gase in flüssigem Zustand transportiert werden, um den Frachtraum optimal auszunutzen. Wegen

As far as the construction of gas tankers is concerned, with the possibility of transporting the gas both cooled and under pressure, the Meyer shipyard is justified today in calling itself a leading international concern. Eighteen percent of total tonnage world-wide in this sector come from the building slips of the Papenburg company.

The history of gas tanker construction began just a few years after the end of the Second World War with conversions of conventional freighters for the transport of gas. In 1961, the Meyer shipyard built the KIRSTEN THOLSTRUP, its first gas tanker. Since then, these highly sophisticated ships dominate the list of vessels built in the yard, with the company spezializing in the construction of so-called LPG tankers, which are suitable for the transport of chemical gases. The ships are fitted to transport their load "semi-refrigerated" at a temperature of −48 degrees C and under pressure (between 5 and 9 atmospheric pressure), so that the gases are transported in liquid condition in order to achieve optimum use of the hold. On account of the exten-

CORAL ISIS *(Bau-Nr. 582), ein LPG-Tanker von gut 5 500 cbm Fassungsvermögen, 1976.*

CORAL ISIS *(ship no. 582), an LPG tanker, a good 5 500 cbm, 1976.*

Der 15 000 cbm-Gastanker Tycho-Brahe *(Bau-Nr. 600) auf dem Helgen, im Hintergrund die* Gaz Nordsee. *Beide Tanker waren für die Hamburger Reederei Detjen bestimmt, 1982.*

The 15.000 cbm gas tanker Tycho Brahe *(ship no. 600) on the building slip, the* Gaz Nordsee *in the background. Both tankers were destined for the Hamburg shipping company Detjen, 1982.*

Gastanker Hermann Schulte *(Bau-Nr. 591) für die Hamburger Reederei Bernhard Schulte.*

Gas tanker Hermann Schulte *(ship no. 591) for the Hamburg shipping company Bernhard Schulte.*

ihrer umfangreichen technischen Einrichtung bis hin zu den Kühl- und Rückverflüssigungsanlagen, den isolierten Tanks und besonders aufwendigen Sicherheitseinrichtungen ist der Bau von Gastankern arbeitsintensiv und aufwendig, mithin vom Auftragsvolumen her besonders lukrativ für eine Werft, die alle Arbeiten in diesem Zusammenhang selbst ausführt. Da bei Gastankern nicht der reine Stahlbau, sondern die komplizierte technische Ausrüstung im Vordergrund steht, ist die Zahl der Werften, die Gastanker zu bauen in der Lage sind, bis heute nicht so stark angewachsen wie in den übrigen Bereichen des Frachtschiffbaus. Der Trend zum größeren Schiff ist auch im Bereich der Gastanker festzustellen. „A milestone in the history of LPG-Carriers" konnte die Werft ihren bisher größten Neubau dieser Art nennen: die mit Tanks von über 30.000 m^3 Fassungsvermögen ausgestattete Donau. Das 1985 an die Reederei Friedrich A. Detjen in Hamburg abgelieferte Schiff ist der weltgrößte LPG-Tanker, der seine Ladung semigekühlt transportieren kann. Da die Donau mit ihrer Konstruktion und ihren Sicherheitseinrichtungen besonders hohe Anforderungen erfüllt, darf sie als erster Gastanker dieser Größe auch den Nord-Ostsee-Kanal passieren.

Um höchste Wirtschaftlichkeit zu erreichen, erhielt das Schiff eine sogenannte Vater-und-Sohn-

sive technical equipment necessary for the cooling and re-liquefying plant, the insulated tanks, and particulary sophisticated safety appliances, the construction of such gas tankers is labour-intensive, complicated and costly, and consequently in view of the volume of orders, particulary lucrative for a shipyard which is in a position to perform all work involved in this context itself. As the emphasis in the construction of gas tankers lies first and foremost not in the actual steel construction of the ship but in the complicated technical equipment, the number of shipyards capable of building gas tankers has not risen so dramatically as in other spheres of the shipbuilding industry. The trend towards larger ships is also apparent in the sector of gas tankers. "A milestone in the history of LPG carriers" was achieved by the shipyard with the hitherto largest newly built ship of this type: the Donau, fitted with tanks with a capacity of more than 30.000 cubic meters. The ship, which was delivered in 1985 to the shipping company Friedrich A. Detjen in Hamburg, is the world's largest LPG tanker which can transport its load semi-refrigerated. As the design of the Donau and its safety appliances fulfills particularly high requirements, it is the first gas tanker of this size which has been allowed to pass through the Kiel canal.

In order to achieve maximum economy of opera-

Die Donau *(Bau-Nr. 602) ist mit ihren 30 000 cbm Laderauminhalt bisher der größte und zugleich auch technisch aufwendigste LPG-Tanker der Meyer Werft.*

The Donau *(ship no. 602), with 30.000 cbm, is both the largest and technically most sophisticated LPG tanker built to date by the Meyer shipyard, 1985.*

Das in den Augen des Technikers wohlgeordnete Leitungsgewirr an Deck eines Gastankers, hier auf der nach Brasilien gelieferten GRAJAU *(Bau-Nr. 604), 1987.*

The confusion of pipes on the deck of a gas tanker, which only make sense to the technician, here on the GRAJAU *(ship no. 604), supplied to Brazil, 1987.*

Hauptmotorenanlage. Es handelt sich dabei um zwei Hauptmotoren von unterschiedlicher Leistung, die je nach gewünschter Fahrgeschwindigkeit bzw. entsprechend den jeweiligen Anforderungen der Aggregate zur Stromerzeugung zusammen oder einzeln in Betrieb genommen werden können. Ebenfalls zur Erzielung bester Wirtschaftlichkeit erhielt der Tanker einen Rechner zur Bestimmung optimaler Ladungs- und Fahrzustände. Entsprechend ihrem Führungsanspruch konnte die Meyer Werft in den Jahren seit 1974 aus aller Welt Aufträge für Gastanker hereinnehmen: aus der Bundesrepublik, der Sowjetunion, aus Algerien, Brasilien und Indonesien. Seit der Aufnahme der Produktion im Jahre 1961 sind insgesamt neununddreißig Gastanker bei Jos. L. Meyer in Papenburg vom Stapel gelaufen.

tion, the ship has been fitted with a so-called father-and-son main engine system. This system consists of two main engines of differing outputs, which can be operated either together or individually, depending on the requirements of the various power generating sets. The tanker has also been fitted with a computer to determine optimum loading and sailing conditions, again to achieve maximum economy of operation.

In accordance with its leading market position, the Meyer shipyard has been able to book orders for gas tankers from all over the world since 1974; from West Germany, the Soviet Union, Algeria, Brazil and Indonesia. Since production of this series began in 1961, a total of thirty nine gas tankers have been launched by the Jos. L. Meyer shipyard in Papenburg.

Automatischer Schneidbrenner für Schiffbauplatten.

Automatic flame cutter for ship' plates.

Elektrohandschweißer bei der Arbeit. Die Werft ist allerdings dafür bekannt, schon frühzeitig neue Schweißmethoden wie das Schutzgasschweißen, Einseitenschweißen und Orbitalschweißen eingeführt zu haben.

An electrical manual welder at work. The shipyard has however the reputation of being an early instigator of new welding methods, such as shielded arc welding, single-sided welding and orbital welding.

Rohrleitungsmontage an Deck des Gastankers Grajau.
Mounting the piping on deck of the gas tanker Grajau.

Formen eines Schiffsblechs in der 750-t-Presse.
Moulding a ship's plate in the 750 t press.

Stapellauf der Diana II (Bau-Nr. 592), 1979. Sie war das siebte Schiff für die Viking Line auf der Route zwischen Finnland und Schweden.

The launching of the Diana II (ship no. 592), 1979. This was the seventh ship for the Viking Line on the route between Finland and Sweden.

Der zweitgrößte Sektor, in dem sich die Werft betätigt, ist der Fähr- bzw. Passagierschiffsbau. Nach ersten Gehversuchen der Werft im Bau von Autofähren mit Fahrgasteinrichtungen ab 1963 hatte das schwedisch-finnische Reedereikonsortium Viking Line zwischen 1969 und 1974 bei Jos. L. Meyer einen Großauftrag über den Bau von sechs Hochseefähren plaziert. Die gut 4.000 bis 5.000 BRT großen Schiffe waren, von Abweichungen in einigen Bereichen der Aufbauten und der Ausrüstung abgesehen, Schwesterschiffe und insofern ein außergewöhnlicher Serienauftrag. Es war ein glücklicher Umstand für die Werft, daß sie auf der Grundlage dieser Neubauten zwischen 1973 und 1975 drei weitere Fähren des gleichen Typs, wenn auch mit — dem Fahrtgebiet entsprechend — abgewandelter Ausstattung an eine mexikanische Reederei liefern konnte.

1978 bestellte dann wieder einmal die Reederei Norden-Frisia in Norderney eine Autofähre für den Dienst zwischen der Insel und Norddeich. Es sollte an dieser Stelle nicht unerwähnt bleiben, daß die Norderneyer Reederei einschließlich ihrer Vorgängergesellschaften zwischen 1888 und 1978 insgesamt fünfzehn Schiffe bei Jos. L. Meyer bauen ließ und mit zusätzlichen Fährschiffsverlängerungen in den Folgejahren der beständigste Kunde der Werft ist.

Auch die Viking Line orderte 1979 und 1980 zwei weitere Autofähren mit Passagiereinrichtungen.

The second largest sector in which the shipyard participates is the construction of ferries and passenger ships. After initial experiments in building car ferries with passenger facilities as from 1963, the Viking Line, a Swedish-Finnish consortium of shipping companies, had placed a large order with the Jos. L. Meyer shipyard between 1969 and 1974 to build six high-sea ferries. The vessels which were between 4,000 and 5,000 GRT, were basically sister ships with the exception of deviations in certain areas of the superstructure and the interior fittings, so that this was indeed a most unusual series contract. And it was lucky for the company that on the basis of these new ferries, the shipyard was able to deliver three further ferries between 1973 and 1975 for a Mexican shipping company, with equipment and fittings adjusted to correspond to the different climatic conditions of the area in which the ferry would be sailing.

In 1978, the Norden-Frisia shipping company in Norderney once again placed an order for a car ferry to serve on the route between the island and Norddeich. At this point it should be mentioned that the Norderney shipping company, including all its predecessor companies, have ordered a total of fifteen ships from the Jos. L. Meyer shipyard between 1888 and 1978, so that together with additional ferry extensions in subsequent years, this shipping company is the shipyard's steadiest customer.

Die Viking Sally *(Bau-Nr. 590) war mit ihren 15 567 BRT das größte Schiff, das die Werft bis 1980 abgeliefert hatte.*

The Viking Sally *(ship no. 590) with its 15 567 GRT was the largest ship to be delivered by the shipyard up to 1980.*

Die 11.700 BRT große Diana II und die 15.600 BRT große Viking Sally machten hinsichtlich ihrer Dimensionen wie auch ihrer Ausstattung deutlich, in welch rasantem Tempo die Fährschiffahrt auf der Ostsee expandierte. Die Fähren können ohne Übertreibung als Trendsetter für die immer größer werdenden Jumbo-Fähren in diesem Fahrtgebiet bezeichnet werden.

Trotz des großen Bedarfs an zusätzlichem Schiffsraum in diesem Bereich waren Aufträge über Fährschiffsbauten dennoch nur unter schwierigen Bedingungen zu buchen, da die wachsenden fernöstlichen Schiffbauaktivitäten den Frachtschiffsneubau mehr und mehr aus Europa abzogen und in den ursprünglichen Schiffbauzentren für freie Kapazitäten sorgten. Die Folge waren, in unterschiedlichem Maße, staatliche Subventionen für den Schiffbau, die wiederum den Wettbewerb verzerrten. So mußte sich auch die Meyer Werft beispielsweise im Falle der Viking Sally gegen scharfe Konkurrenz durchsetzen und außer einem günstigen Preis eine kurze Lieferzeit sowie einen beson-

The Viking Line also ordered a further two car ferries with passenger facilities in 1979 and 1980. Both the dimensions and the equipment and fittings of the Diana II, 11,700 GRT, and the Viking Sally, 15,600 GRT, were illustrave of the rapid speed with which ferry shipping on the Baltic Sea was expanding. Without exaggeration, the ferries can be described as trendsetters for the constantly growing Jumbo ferries in this region.

In spite of the growing need for greater shipping capacity in this sphere, orders for building new ferries could only be booked under very difficult conditions, as the growth of shipbuilding activities in the Far East has attracted an increasing number of orders for new freight ships away from Europe, resulting in idle capacities in the former centers of the shipbuilding industry. The consequence was, in varying degrees, state subsidies for the shipbuilding industry, which in turn distorted competition. In the case of the Viking Sally, the Meyer shipyard too had to persevere in the face of fierce competition and offer not only a favourable price

Passagierkabine an Bord der Viking Sally, *die auf der Route zwischen Stockholm und Helsinki in Fahrt kam.*

A passenger cabin on board the Viking Sally, *which went into service on the route between Stockholm and Helsinki.*

Die Ostseefähren sind schon lange nicht mehr nur Schiffe, die möglichst schnelle Verbindungen zwischen zwei Häfen schaffen. Sie sollen u. a. auch der Erholung dienen, bieten Räume für Tagungen auf See etc. Dementsprechend groß ist der gebotene Komfort. Hier das Schwimmbad der Viking Sally.

The Baltic Sea ferries are no longer simply ships which make the quickest possible connection between two ports. These days, they should give the passenger a chance to take a break and relax, and the range of recreation facilities offered includes among others, rooms for conferences at sea etc. The comfort on board is of an appropriately high quality. Here is the swimming pool on board the Viking Sally.

Eines der Restaurants auf der Viking Sally.
One of the restaurants on board the Viking Sally.

Das A-la-Carte-Restaurant auf der Viking Sally.
The A-la-Carte restaurant on board the Viking Sally.

ders interessanten Entwurf bieten und viel Flexibilität gegenüber den Wünschen des Reeders zeigen. Schließlich, auch das ist heute üblich, mußte noch das Land Niedersachsen um eine Landesbürgschaft für die Finanzierung des Projektes angegangen werden. Die guten Erfahrungen, die die Viking Line in den Jahren zuvor mit den Papenburger Schiffbauern gemacht hatte, wurden auch bei dem neuerlichen Auftrag bestätigt: Nach einer Rekordbauzeit von neun Monaten konnte der Eigner das Schiff entgegennehmen. Mit über 155 m Länge und 24,20 m Breite war die VIKING SALLY der bis dahin größte Neubau der Werft. Sie bietet 2.000 Passagieren Platz, von denen 1186 Unterkunft in Kabinen finden. Die 24.000 PS leistenden Motoren garantieren nicht nur eine Geschwindigkeit von über 21 Knoten, sondern bieten auch genug Kraft für die Eisfahrt in der Ostsee. 460 Personenwagen finden an Bord Platz.

Über die Lieferung der großen und technisch immer aufwendigeren Hochseefähren fand die Werft ab 1983 auch Zugang zum Bau von Passagierschiffen und schließlich Kreuzlinern. Am Anfang dieser Entwicklung standen zwei indonesische Aufträge über insgesamt vier Passagierschiffe. Für die Zutei-

but also a short delivery time together with a particulary interesting design and plenty of flexibility to take all the shipping company's wishes into account. Finally, as is common practice today, the state of Lower Saxony had to be approached for a state guarantee for the financial side of the project. The positive experiences which the Viking Line had had with the Papenburg shipbuilders in the earlier years, were confirmed once again with the latest order: After a record construction time of only nine months, the ship's owner could receive his new ferry. Measuring 155 meters long and 24.20 meters wide, the VIKING SALLY was up to now the largest ship which has been built in the Meyer shipyard. It can accomodate 2.000 passengers with cabins for 1.186 passengers. The engines with a total output of 24,000 HP not only guarantee speeds of over 21 knots, but also provide sufficient power for sailing through the ice on the Baltic Sea. The ferry can accomodate 460 private cars.

Via the construction of large and technically increasingly sophisticated high-sea ferries, since 1983 the shipyard also found access to the market for passenger ships and finally cruise ships. Two Indonesian orders for a total of four passenger ships

Am 18. Februar 1984, einem klaren Wintertag, lief die RINJANI *(Bau-Nr. 611) als drittes Schiff der Viererserie für Indonesien vom Stapel.*

The third ship of a series of four passenger ships for Indonesia, the RINJANI *(ship no. 611), was launched on 18th February 1984, a clear winter's day.*

Die beiden ebenfalls für Indonesien gebauten Schwesterschiffe KELIMUTU *und* LAWIT *(Bau-Nr. 614, 615) liefen gemeinsam am 19. April 1986 vom Stapel.*

The two ships also built for Indonesia, KELIMUTU *and* LAWIT *(ship nos. 614/615), were launched together on 19th April 1980.*

lung dieser außergewöhnlichen Bestellung war nicht nur die heutige Leistungsfähigkeit der Werft ausschlaggebend gewesen, sondern auch die Tradition ihrer Beziehungen zu dem Inselstaat. Denn bereits zwischen 1959 und 1961 hatte ja Jos. L. Meyer fünf Kombischiffe nach Indonesien geliefert, die sich dort in jahrzehntelangem Einsatz sehr zufriedenstellend bewährt hatten. Im Rahmen dieses Auftrages hatte die Werft auch 27 Indonesier zu Schiffbauern ausgebildet und damit einen anerkannten Beitrag zur Etablierung einer heimischen Werftindustrie geliefert.

Die vier Passagierschiffe, die nun für Indonesien gebaut werden sollten, waren als Schwesterschiffe mit identischen Abmessungen konzipiert. Nach nur einjähriger Bauzeit ging im Juli 1983 das Typschiff unter dem Namen KERINCI auf die Fahrt nach Indonesien, um in den dortigen Inselverkehr eingegliedert zu werden. Das knapp 14.000 BRT große Schiff stellt eine gelungene Synthese zwischen moderner Ausrüstung einerseits und besonders robuster und belastbarer Technik andererseits dar. Eine für europäische Schiffbauer sicherlich ungewohnte Arbeit war der Einbau einer Moschee an Bord der KERINCI und ihrer Schwesterschiffe.

formed the beginning of this development. Not only the capacity and capabilities of the shipyard played a role in obtaining this unusual order, but also the long well-nurtured tradition of relations between the shipyard and the island state. For back in 1959 to 1961, the Jos. L. Meyer shipyard had supplied Indonesia with five combi-ships, which had proved themselves in faithful, highly satisfactory service over the decades. Within the overall framework of this contract, the shipyard had also trained 27 Indonesians as shipbuilders and thus made a recognized contribution to establishing a shipbuilding industry in Indonesia.

The four passenger ships which were now to be built for Indonesia, were designed as sister ships with identical dimensions. After a construction period of only one year, the prototype ship KERINCI left Papenburg in July 1983 on her way to Indonesia, to be integrated on passenger services between the islands there. The ship with just 14,000 GRT embodied a successful synthesis between modern equipment on the one hand and particulary robust, heavy duty technical design on the other. An unusual task for European shipbuilders was the installation of a mosque on board the KERINCI and

Die Kerinci *(Bau-Nr. 608) war das Typschiff von vier Passagierschiffen, die zwischen Juli 1983 und Januar 1985 nach Indonesien geliefert wurden.*

The Kerinci *(ship no. 608) was the prototype for a series of four passenger ships which were supplied to Indonesia between July 1983 and January 1985.*

Selbst eine Moschee wurde auf den indonesischen Passagierlinern eingebaut. Die Aufnahme entstand an Bord der Kelimutu.

Even a mosque was installed on the Indonesian passenger liners. This photograph was taken on board the Kelimutu.

Die Viererserie der 14 000-Tonner war nur der Auftakt zu einer bis in die Gegenwart reichenden Zusammenarbeit zwischen Indonesien und der Meyer Werft. Inzwischen sind noch ein Gastanker und die beiden kleineren Passagierschiffe vom Typ Kelimutu *(Bau-Nr. 614) abgeliefert worden. Derzeit im Bau ist die* Tidar, *das fünfte Schiff vom Typ* Kerinci.

The series of four 14 000 ton ships was just the beginning of the cooperation which still continues today between Indonesia and the Meyer shipyard. In the meantime, a gas tanker and the two smaller passenger ships of the Kelimutu *type (ship no. 614) have been delivered. The fifth ship based on the prototype* Kerinci — *the* Tidar — *is presently under construction.*

Mit dem Bau der Homeric *(Bau-Nr. 610) stieß die Werft wiederum in eine neue Dimension vor.*

The shipyard entered new dimensions with the construction of the Homeric *(ship no. 610).*

Mit den aus dem Bau des Typschiffes gewonnenen Erfahrungen gelang es der Werft, die folgenden Einheiten deutlich vor den vorgesehenen Ablieferungsterminen fertigzustellen. Im Falle der Umsini wurden vier Monate eingespart. Die vier Neubauten der Meyer Werft haben den Inselverkehr Indonesiens auf eine völlig neue Grundlage gestellt. Inzwischen haben sich an den ersten Serienauftrag weitere Bestellungen aus Indonesien angeschlossen, so daß die Meyer Werft seit 1983 sechs Passagierschiffe und einen Gastanker abgeliefert hat. Das siebente Passagierschiff wird 1988 folgen.

Selbst Fachleute, die seit Jahren die Ausweitung der Kapazitäten auf der Meyer Werft beobachteten, waren erstaunt, als das Unternehmen im April 1984 bekanntgab, einen Auftrag über den Bau eines 42.000 BRT großen Kreuzfahrtschiffes erteilt bekommen zu haben. Noch bevor der Kiel zu dem bis dahin ehrgeizigsten Projekt der Werft, dem Bau des 183 m langen LPG-Tankers Donau, gelegt wurde, arbeitete man nun bereits an den Plänen für ein 204 m langes und 29 m breites Passagierschiff auf Bestellung der Home Lines, Panama. Am 28. September 1985 lief der Liner von der

her sister ships. With the experience gained during construction of the Kerinci, the shipyard was in a position to complete the subsequent vessels well before the planned delivery dates. In the case of the Umsini, four whole month were saved. The four new ships from the Meyer shipyard have provided a completely new basic for passenger services between the various islands of Indonesia. In the meantime, further orders have been received from Indonesia in succession to the first series order so that since 1983, the Meyer shipyard delivered six passenger ships and one gas tanker; the seventh passenger ship will follow in 1988.

Even inside experts who had been observing the expansion of the capacities in the Meyer shipyard over a period of years now, were amazed when the company announced in 1984 that it had received an order to build a cruise ship with 42,000 GRT. Even before the keel for the shipyards most ambitious project to date had been laid, the 183 meters long LPG tanker Donau, plans were already being made for a passenger ship measuring 204 meters long and 29 meters wide on order from the Home Lines, Panama. On 28th September 1985, the liner

Diese Aufnahme entstand wenige Tage vor dem Stapellauf der HOMERIC. *Der Bau war zu diesem Zeitpunkt schon sehr weit gediehen, unter anderem waren auch bereits die gesamte Maschinenanlage installiert und die Kabinen bis zum 5. Deck fertiggestellt.*

This photograph was taken a few days before the HOMERIC *was launched. By this time, good progress had been made: the entire engine machinery had been installed; the cabins were also ready as far as the 5th deck.*

28. September 1985: Nie zuvor ist ein Schiff von der Größe der HOMERIC *quer vom Stapel gelaufen. Das Ablaufgewicht von 16 000 t sorgte für einen beachtlichen Wasserschwall.*

28th September 1985: never before has a ship as large as the HOMERIC *been launched sideways. The displacing weight of 16.000 tons caused a considerable swell in the water.*

War schon die Ausstattung der großen Ostseefähren, wie der Viking Sally, *sehr aufwendig, so war dies doch bei weitem noch nicht mit der Gestaltung der Innenein-richtung auf der* Homeric *zu vergleichen. Hier ein Blick in das Schwimmbad des Kreuzliners, das auf dem obersten Deck des Schiffes unter einem lichtdurchfluteten Schiebedach angelegt wurde.*

Although the design of the interior fittings for the large Baltic Sea ferries, such as the Viking Sally, *was sophisticated, it could not be compared to the whole concept of the interior design for the* Homeric. *Here is a view of the cruiser's swimming pool, which was located on the top deck of the ship under a translucent sliding roof.*

Blick in eines der Bordrestaurants.

View of one of the restaurants.

*Auf dem Weg in amerikanische Gewässer:
die* HOMERIC *im Englischen Kanal.*

*Heading for American waters:
the* HOMERIC *in the English Channel.*

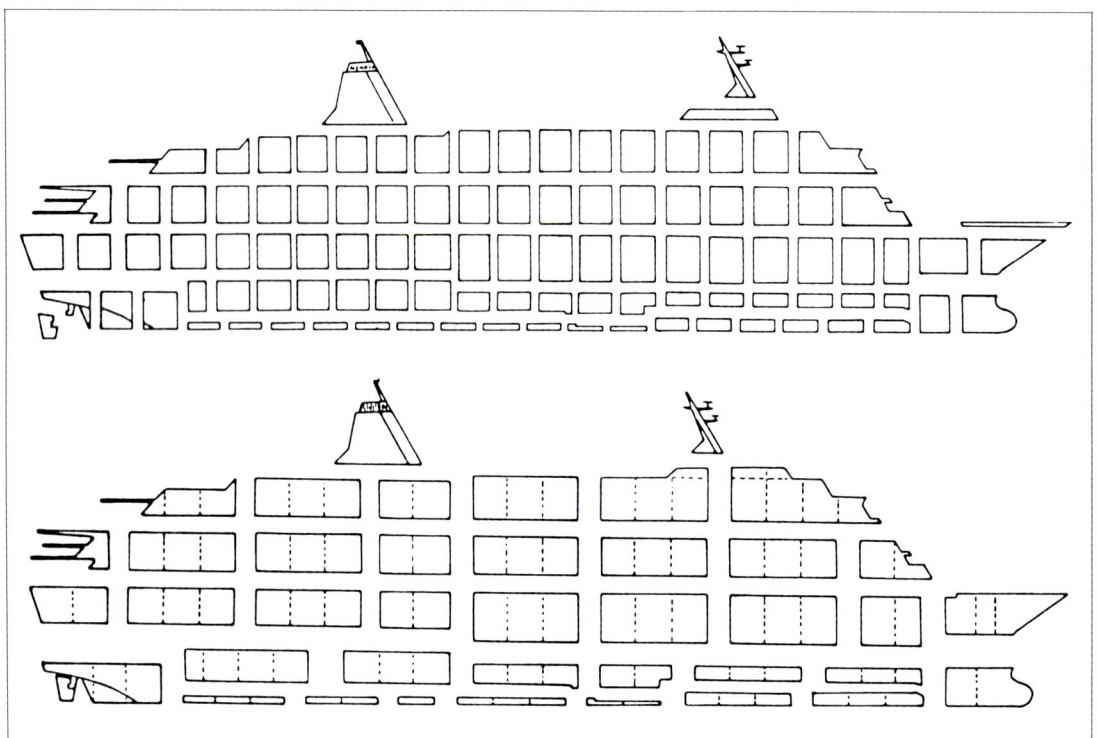

Diese beiden Skizzen verdeutlichen am Beispiel der HOMERIC, *in welchem Maße das neue Baudock mit dem 600-t-Kran den Schiffbau auf der Meyer Werft verändern wird. Das obere Bild zeigt die Hauptsektionen, aus denen die* HOMERIC *tatsächlich auf den Querhelgen zusammengebaut worden ist, das untere Bild zeigt dagegen, wieviel größer die Sektionen in dem neuen Baudock hätten sein können.*

These two sketches of the HOMERIC *serve to indicate the extent to which the new building dock with its 600 ton crane will change shipbuilding in the Meyer shipyard. The upper picture shows the main sections from which the* HOMERIC *was actually assembled on the crosswise building slips. The lower picture shows in contrast how much larger the main sections could have been in the new building dock.*

Ankunft der HOMERIC *in New York im Mai 1986.*
Arrival of the HOMERIC *in New York in May 1986.*

222

Helling. Ein Passagierschiff dieser Größe war nie zuvor quer vom Stapel gelaufen. Unzählige Menschen säumten das Ufer der Ems, als die HOMERIC am Jahreswechsel 1985/86 auf eine ausgiebige Probefahrt in die Nordsee ging und am 5. Mai 1986 endgültig ihre Bauwerft zur Ablieferung verließ. Bei Papenburg schien es, als sei die Ems vollständig von dem großen Schiff ausgefüllt. Mit der aufwendigen Ausstattung dieses Kreuzliners, in den 186 Innenkabinen, 207 Außenkabinen, 138 Luxus-Außenkabinen, 16 Mini-Suiten und 5 Suiten eingebaut wurden, bewies die Meyer Werft, daß ihr auch der Bau von Luxus-Linern übertragen werden konnte. Die HOMERIC macht heute im Sommer wöchentliche Kreuzfahrten von New York zu den Bermudas, im Winter ist sie in der Karibik eingesetzt.

Einen noch höheren Standard als die HOMERIC hat das Kreuzfahrtschiff CROWN ODYSSEY für die griechische Royal Cruise Line. Das Schiff ist mit 187 m Länge nur wenig kürzer als die HOMERIC und der erste Neubau in dem 1986/87 errichteten überdachten Baudock. Die CROWN ODYSSEY ist für weltweiten Einsatz gebaut und mit der modernsten Technik für Kreuzfahrtschiffe ausgestattet. Von der Reederei wird es als das luxuriöseste Kreuzfahrtschiff der Welt bezeichnet. Außergewöhnlich ist

left the slipway. Never before had a passenger ship of this size been launched sideways. Countless people lined the bank of the river Ems at the turn of the year 1985/1986 to watch the HOMERIC head for an extended trial voyage on the North Sea. In Papenburg, the river Ems appeared to be completely filled with the large ship. The sophisticated interior fittings of the cruise liner, with 186 inner cabins, 207 outer cabins, 138 luxury outer cabins, 16 mini-suites and 5 suites, were worthy evidence of the fact the Meyer shipyard can also be entrusted with orders to build luxury liners. Today, the HOMERIC sails on weekly cruises from New York to the Bermudas in the summer, and serves on various routes in the Carribean during the winter.

An even higher standard has been reached on the cruise ship CROWN ODYSSEY, which the Meyer shipyard is building for the Greek Royal Cruise Line. With a length of 187 meters, the ship is only slightly shorter than the HOMERIC and is the first ship to be built in the covered building dock erected in 1986/1987. The CROWN ODYSSEY has been built to sail on routes all around the world, and has been fitted with the very latest in technical equipment for a cruise ship. The shipping company refer to it as the most luxurious cruise ship in the world. The ship's drive system is also unusual:

Die CROWN ODYSSEY *(Bau-Nr. 616) ist der zweite Luxusliner der Werft und das erste Schiff, das in dem überdachten Baudock entsteht.*

The CROWN ODYSSEY *(ship no. 616) is the shipyard's second luxury liner, and the first ship to be built in the covered building dock.*

auch die Antriebsanlage des Schiffes: Mit einem neu entwickelten und patentierten Getriebe ist die CROWN ODYSSEY für hohe Geschwindigkeiten wie für Langsamfahrt gleichermaßen gut geeignet.

Ein wenig im Schatten der Neubauten stehen die zahlreichen Umbauten, die die Meyer Werft in ihrem Reparaturdock ausführte. Dabei sind die Modifizierungen oft so tiefgreifend, daß das ursprüngliche und das umgebaute Schiff optisch nur noch wenige gemeinsame Merkmale aufweisen. Als besondere Spezialität der Meyer Werft hat sich der Umbau von Tankern und Trockenfrachtern zu Viehtransportern erwiesen, insgesamt vierundzwanzig solche Aufträge wickelte die Werft zwischen 1970 und 1987 ab. Als Stammkunde bestellte die Reederei Vroon aus dem niederländischen Breskens in diesem Zeitraum insgesamt sechzehn Viehtransporter. Ähnlich wie beim Gastankerbau kann auch bei den „Livestock-Carriers" die Meyer Werft als weltweit führendes Unternehmen gelten, dessen einzigartiges Know-how auf diesem Gebiet weltweit anerkannt ist. Die Größe der Schiffe ist schwankend, der absolute Spitzenreiter ist der ehemalige Tanker AL SHUWAIKH ex ERVIKEN, dessen Dimensionen die Fahrt zur Meyer Werft gar nicht möglich machten. Durch einen Unterauftrag konnte das Schiff aber bei der A. G. „Weser" in Bremen mit Papenburger Technik und Personal umgerüstet werden. Nachdem der ursprünglich 249 m lange Tanker auf 195 m verkürzt worden war und man

a newly developed and patented gear system makes the CROWN ODYSSEY suitable both for high and for slower speeds.

The numerous conversions and alterations performed by the Meyer shipyard in the repair dock tend to be put in the shade by the more exciting new ships being built. But the modifications are often so extensive that the former ship and the converted ship often have very few features in common. One particular speciality of the Meyer shipyard has turned out to be the conversion of tankers and freighters to livestock carriers; a total of twenty-four orders of this type have been completed between 1970 and 1987. One very faithful customer has been the Vroon shipping company from the Dutch town of Breskens, who ordered a total of sixteen livestock carriers in this period. Similar to the construction of gas tankers, the Meyer shipyard is also regarded as a leading concern world-wide for the construction of livestock carriers, and its unique know-how in this sphere is acknowledged the world over. The size of ships sent for conversion fluctuates, with the former tanker AL SHUWAIKH ex ERVIKEN as absolute front runner, with such dimensions that it was impossible for the vessel to come to the Meyer shipyard in Papenburg. But on the basis of subcontracts, it was possible to complete the order at the A. G. "Weser" in Bremen, using technology, know-how and staff from the Meyer shipyard. After the tan-

Die von der Meyer Werft abgelieferten Viehtransporter sind durchweg keine Neubauten, sondern Umbauten ehemaliger Trockenfrachter und Tanker. Hier erhält die BENWALID *auf ihrem Hauptdeck Stallungen für den Schaftransport.*

The livestock carriers supplied by the Meyer shipyard are generally not new ships but have been converted from former dry freighters and tankers. Here, enclosures for sheep transport are being installed on the main deck of the BENWALID.

Die CORRIEDALE EXPRESS, *hier bei der Ablieferung auf der Hochwasser führenden Ems, war das bisher größte Schiff, das die Reederei Vroon aus Breskens zum Viehtransporter umbauen ließ.*

The CORRIEDALE EXPRESS, *here on its delivery voyage on the river Ems at high tide, was the largest ship to date which the shipping company Vroon in Breskens had been converted to a livestock carrier.*

Der größte bisher abgelieferte Viehtransporter war die AL SHUWAIKH. *Das Schiff transportiert bis zu 125 000 Schafe in 20 Tagen von Australien in den Persischen Golf.*

The largest livestock carrier delivered to date was the AL SHUWAIKH *for Kuwait. The ship can transport 125.000 sheep from Australia to the Persian Gulf in 20 days, 1981.*

225

die Tankeinrichtung auf dem Hauptdeck sowie in einem Teil des Ladetankbereiches demontiert hatte, wurde auf dem Hauptdeck ein 110 m langes, 36 m breites und 18 m hohes Deckshaus gebaut. In 14 Lagen sind darin 125.000 Schafe unterzubringen. Von rutschfesten Decks über eine vollautomatisch gesteuerte Trinkwasser- und Futterversorgung bis hin zur Frischluftzufuhr mit 20fachem Luftwechsel pro Stunde und einer Urinabflußanlage wurde alles für den schonungsvollen Transport der Tiere von der Werft konzipiert und eingebaut. Im Frühjahr 1981 konnte das Schiff als größter Schaftransporter der Welt an den Besteller abgeliefert und auf der Route zwischen Australien und Kuwait in Fahrt gebracht werden.

Eine weitere Spezialität der Werft beim Umbau von Schiffen ist die Verlängerung. Besonders auch im Bereich der Fahrgastschiffe und Autofähren ergaben sich in den vergangenen Jahren häufig solche Aufträge, da der noch immer zunehmende Auto- und Touristenverkehr wie auch steigende Komfortansprüche noch relativ junge Schiffe als zu klein oder unattraktiv erscheinen ließen. Nicht

ker was shortened from its original 249 meters to 195 meters, and the tank installations on the main deck and part of the loading tank area had been removed, a deckhouse measuring 110 meters long, 36 meters wide and 18 meters high was built on the main deck. 125,000 sheep can be accomodated here in 14 layers. The Meyer shipyard was responsible for the design and installation of the entire project with the aim of providing careful and gentle treatment and transport of the animals, including non-slip decks, fully automatic supply of drinking water and fodder, fresh air supply with the air replaced twenty times in the hour, together with a urine drainage system. In the spring of 1981, the ship was delivered to the customer as the largest sheep carrier in the world and took up service on routes between Australia and Kuwait.

A further speciality of the shipyard as far as conversion work is concerned is the extension of ships. In particular in the sphere of passenger ships and car ferries, frequent orders of this type were received in the last few years, as the constantly growing volume of cars and tourists together with increas-

Verlängerung der Inselfähre UTHLANDE: *Innerhalb kürzester Zeit sind solche Arbeiten in dem Reparaturdock der Werft möglich, da die Schiffe nach dem Durchtrennen innerhalb weniger Minuten auf Luftkissen auseinander gezogen werden.*

Extension of the island ferry UTHLANDE. *Such repair work can be performed in the shipyard's repair dock within very little time, because the ship is pulled into two halves in a matter of minutes on air cushions.*

Die Kerry Express *war einer von 16 Viehtransporter-Umbauten für die Reederei Vroon. Das Bild zeigt den Laderaum, kurz bevor die Tiere das Schiff wieder verlassen.*

The Kerry Express *was one of sixteen conversion jobs for the shipping company Vroon. This picture shows a view of the hold of the livestock carrier just before the animals leave the ship.*

selten waren es sogar ehemalige Neubauten der Meyer Werft, die nach einigen Jahren erfolgreichen Einsatzes zu Umbauten und Verlängerungen nach Papenburg zurückkehrten. Welche Möglichkeiten auf diesem Sektor gegeben sind, demonstrierte am eindrücklichsten die Autofähre Frisia VIII der Reederei Norden-Frisia. Das Schiff war im Jahre 1962 bei Jos. L. Meyer vom Stapel gelaufen und zunächst 38,54 m lang. Es war damals für die Mitnahme von maximal 1.200 Passagieren bzw. 500 beim Transport von 30 Personenwagen ausgelegt gewesen. Nach insgesamt drei Verlängerungen in den Jahren 1968, 1974 und 1986 verließ das Schiff zuletzt die Werft mit einer Länge von 63,70 m. Es faßt heute 52 Personenwagen und 1.500 Passagiere, die in dem vergrößerten Schiff besseren Komfort und geräumigere Einrichtungen geboten bekommen.

Als letzter Sektor der Schiffbauaktivitäten der Meyer Werft sei schließlich noch das Reparaturgeschäft genannt. Mit der Errichtung des unterteilbaren Trockendocks bei der neuen Werft hat sich auch dieser Unternehmenszweig ausgeweitet. Nachdem Ende 1983 der Betrieb in dem neuen Dock angelaufen war, nahm es schon im Oktober 1984 das 50. und im Mai 1986 das 100. Schiff auf. Häufig waren es mehrere Schiffe gleichzeitig, an denen Überholungsarbeiten ausgeführt wurden. Wegen der relativ langen Anfahrt nach Papenburg lag das Hauptgewicht auf umfangreicheren Reparaturen und Umbauten. Als Beispiel kann die Earl Granville gelten, die im März 1981 an die Werft zu-

ingly high standards of comfort made relatively young ships appear to be too small or unattractive. And in more than just a few cases, ships which had originally been built in the Meyer shipyard returned to Papenburg after several years of successful service for conversion and extension work. The possibilities and potentials in this sector are demonstrated with particular clarity by the case of the car ferry Frisia VIII of the Norden-Frisia shipping company. The ship had been launched from the Jos. L. Meyer shipyard in 1962, with an original length of 38.54 meters. It had been designed originally to accomodate a maximum of 1.200 passengers, or 500 passengers and 30 private cars. After a total of three extensions in 1968, 1974 and 1986, the ship last left the shipyard with a length of 63,70 meters. Today it is capable of accomodating 52 private cars and 1500 passengers with a higher degree of comfort in more spacious surroundings.

One final field of shipbuilding activities in the Meyer shipyard deserves a mention, and that is the repair business. With the erection of the dividable dry dock on the new shipyard premises, this branch of the company's activities has expanded considerably. After work had started in the new dock at the end of 1983, the fiftieth ship entered the dock in October 1984, and the hundredth in May 1986. Frequently more than one ship at a time was being repaired or overhauled in the dock. In view of the relatively long journey to Papenburg, the emphasis was on extensive repair and conversion work. For example, in March 1981, the Earl Granville re-

Der Ammoniaktanker Bussewitz *kam im April 1987 zu Reparaturarbeiten nach Papenburg. Es war der erste Auftrag aus der DDR.*

The ammonia tanker Bussewitz *came to Papenburg for repair work in April 1987. This was the shipyard's first commission from East Germany.*

rückkam, auf der sie acht Jahre zuvor als Viking 4 erbaut worden war. Die mittlerweile englische Fähre wurde bei Meyer nicht nur generalüberholt, sondern erhielt auch eine neue Hauptmotorenanlage, weitere Schlafsesselräume, eine neue Offiziersmesse und eine weitere Bugpforte als Kollisionsschott.

Bei der Vielseitigkeit der schiffbaulichen Aktivitäten ist die Werft auch unter dem Eindruck der harten Konkurrenz und in ganz Europa schwierigen Auftragslage nicht oder nur in geringem Maß den Weg der Diversifikation ihres Produktangebotes gegangen. Die unternommenen Versuche wie der Brücken- und Silobau oder auch die Beteiligung an Entwicklungsarbeiten zu einer Magnetschwebebahn zeigten der Unternehmensleitung sehr schnell, daß für solche Aufgaben bereits Spezialfirmen bestehen, die dem „Newcomer" Werft nur wenige Chancen lassen.

Lediglich der Bau von Tanks, speziell für Gastanker, wurde forciert. Sie werden nicht nur für die werfteigenen Schiffsneubauten produziert, sondern auch an andere Firmen geliefert. Der Kompressorenbau hingegen, ein Überbleibsel des früheren Maschinenbaus, wurde 1985 veräußert. So heißt das aus Erfahrung gewonnene Motto der Meyer Werft eher „Konzentration auf den Spezialschiffbau" als Diversifikation auf unbekannten Gebieten oder weniger einträglichen Sektoren wie dem rei-

turned to the shipyard, having left it eight years previously as the Viking 4. The ship which had changed hands and was now an English ferry, was not only subjected to general overhaul work, but it also received a new main engine plant, further couchette rooms, a new officers' mess and a further bow gate as collision bulkhead.

With the versatile and varied shipbuilding activities pursued in the shipyard, and inspite of severe competition and the difficulties in winning orders in the whole of Europe, the company's management has not or scarcely gone the way of diversifying the yard's products. Such attempts as bridge or silo constructions, or participation in development work on a magnetic suspended railway, soon showed the management that specialized companies already exist for such tasks who are not prepared to give the newcomer shipyard a chance. The company has persevered only in the construction of tanks specially for gas tankers. Such tanks are not only produced for new ships being built on the Meyer shipyard itself, but are also supplied to other companies. The sector of the company building compressors, a remnant of the former engineering sector, was sold in 1985. So the motto of the Meyer shipyard today is more "Concentration on the construction of special ships" rather than diversification to unknown areas or less profitable sectors such as pure steel constructions.

Schiffbaufremde Produkte werden kaum von der Meyer Werft hergestellt. Gastanks entstehen allerdings nicht nur für eigene Tankerneubauten, sondern werden als Spezialität des Unternehmens auch an andere Werften geliefert. Hier ein älteres Bild vom Stapellauf eines Tanks auf der alten Werft.

The Meyer shipyard scarcely manufactures any products which have nothing to do with shipbuilding. Gas tanks are however manufactured not only for gas tankers being built in the shipyard, but also for delivery to other shipyards as a speciality of the company. Here is an older picture showing the launching of a tank in the old shipyard.

Zeichenbrett und Computer: Die Elektronik setzt sich in allen Arbeitsbereichen der Werft durch, von der Projektabteilung bis zu den computergesteuerten Lägern.

Drawing board and computer: the age of electronics has arrived in all spheres of work in the shipyard, from the project department to the computer-aided stores.

229

nen Stahlbau.

Die Werft Jos. L. Meyer ist, auch zum Erstaunen vieler Fachleute, in den vergangenen Jahren beharrlich gegen den traurigen Strom des Kapazitätenabbaus geschwommen. Viele große und kleine Werften, oft mit langer Tradition, haben ihre Tore schließen müssen, während das Papenburger Unternehmen seine Anlagen und die Produktion erweiterte, die Belegschaft in den Bereichen der Ausrüstungs- und Einrichtungsgewerke sowie den technischen Büros aufstockte. Der Erfolg des Unternehmens liegt zu einem Teil sicherlich in seiner Flexibilität begründet, die wiederum auf seine traditionelle Struktur als Familienbetrieb zurückzuführen ist: Bei der Entscheidung über die Annahme eines Auftrages oder die Möglichkeit, dem Auftraggeber weitere Zugeständnisse einzuräumen, muß nicht erst das Votum eines Aufsichtsrates eingeholt werden — und die Ausgabenkontrolle ist

The Jos. L. Meyer shipyard has succeeded in the last few years, to the amazement of many insiders and experts, in swimming against the depressing current of reduction of production capacity. Numerous large and smaller shipyards, many of which look back on a long tradition, have had to close their gates, whereas the Meyer shipyard in Papenburg has expanded its buildings, plant and production and even increased its staff both in the fitting and equipping sectors and in the technical offices. The success of the company lies surely in part in the flexibility which again can be traced back to its traditional structure as a family concern: when decisions are to be made, whether the acceptance of a new order is concerned or the possibility of making further concessions to the customer, it is not necessary to obtain the approving vote of the board of executives first; and expenditure is subject to strict control. The shipyard has been de-

Fototermin: Die Geschäftsführung im neuen Baudock. Von links nach rechts: Johann Gerdes, Jochen Zerrahn, Joseph-Franz Meyer, Bernard Meyer, Klaus-Peter Motikat.

Lined up for the photograph: the shipyard management in the new building dock. From left to right: Johann Gerdes, Jochen Zerrahn, Joseph-Franz Meyer, Bernard Meyer, Klaus-Peter Motikat.

In der Ausbildungswerkstatt.
In the apprentices' workshop.

streng. Die rationale Einrichtung der Werft, die extrem kurzen Wege zwischen Magazinen, Werkstätten und Bau- bzw. Reparaturplätzen tun ein übriges. Doch das alles würde nicht funktionieren ohne eine überdurchschnittlich einsatzbereite Belegschaft. Ein großer Teil der Mitarbeiter hat schon auf der Werft seine Lehre gemacht. Früher übernahm das Unternehmen jeden seiner Auszubildenden nach Abschluß der Lehre; bei heute mehr als 150 „Azubis" ist dies nicht mehr möglich, denn die Meyer Werft bildet weit über ihren eigenen Bedarf aus. Viele Mitarbeiter sind schon in zweiter, dritter und vierter Generation auf der Werft tätig. Von den etwa 1.600 derzeitigen Betriebsangehörigen sind 237 schon länger als 25 Jahre bei Jos. L. Meyer beschäftigt. 15 können sogar schon auf ein vierzigjähriges, einer auf ein fünfzigjähriges Jubiläum zurückblicken. Die Mitarbeiter kommen je zur Hälfte aus dem Emsland und aus dem früher einmal vom Emsland aus argwöhnisch betrachteten Ostfriesland. Umtaufen zu lassen wie vor zweihundert Jahren die von Ostfriesland eingewanderten Vorfahren der Meyers braucht sich niemand mehr von ihnen. Die Bodenständigkeit ist in je-

signed on a rational basis, with extremely short distances between stores, workshops and building or repair docks, which is a further important factor in the company's success. But all this would not work without an extraordinarily dedicated workforce. A large proportion of the workers have been with the shipyard since completing their apprenticeships here. In earlier times, the company offered every apprentice a permanent job after completion of his training. With more than 150 apprentices today, this is no longer possible, for the Meyer shipyard trains more apprentices than it needs itself. Many workers are the second, third and fourth generation in their family who have worked in the shipyard. Of the current total of about 1,600 employees, 237 have been working for Jos. L. Meyer for more than 25 years. And 15 can even look back on a fortieth, one even on a fiftieth jubilee with the company. About half of the employees come from the Emsland, and half from Ostfriesland, which used to be regarded with suspicion by the earlier inhabitants of the Emsland. And no-one needs to be renamed, like the Meyers' ancestors who emigrated from Ostfriesland two hundred years ago.

50 Jahre auf der Meyer Werft: Bernhard Appeldorn wird von Joseph-Franz Meyer und seinem Sohn Bernard mit der goldenen Jubiläumsnadel mit Brillant ausgezeichnet. Herr Appeldorn hatte seine Laufbahn als Schlosserlehrling im Jahre 1937 begonnen und wurde als Leiter der Schiffsreparaturabteilung in den Ruhestand verabschiedet.

50 years in the Meyer shipyard: Bernhard Appeldorn is awarded the golden jubilee pin set with a diamond, by Joseph-Franz Meyer and his son Bernard. Mr. Appeldorn began as an apprentice fitter in 1937, and retired from the company as head of the ship repair department.

dem Falle groß: Immerhin sind 70 Prozent der Belegschaftsmitglieder Besitzer eines eigenen Hauses. Werkswohnungen baut die Werft daher schon lange nicht mehr.

Tradition und Fortschritt gehen auf der Werft Jos. L. Meyer in Papenburg ineinander auf wie bei kaum einer anderen Werft heute in der Bundesrepublik. Trotz seiner inzwischen beachtlichen Größe ist das Unternehmen überschaubar geblieben. Auch der Besucher, der zum ersten Mal das Werftgelände betritt, wird sich nicht in endlosen Bürogängen oder auf weiträumigen Werkstraßen verlaufen. Die Bauaufsichten aus aller Welt finden sich ebenso schnell bei Meyer zurecht wie die ostfriesischen Kapitäne, die hier ihr Schiff zur Reparatur liegen haben.

„Baut, schifft getrost, verlieret nie den Mut!" heißt es in dem alten Papenburger Heimatlied. Dabei soll es auch bleiben.

In any case, the Meyer shipyard workers are well settled here: 70 percent of the workforce own their own home. So the shipyard no longer builts its own accomodation for the workers.

Tradition and progress go hand in hand in the Jos. L. Meyer shipyard in Papenburg as in scarcely any other shipyard in West Germany today. Inspite of the considerable size which the company has acquired in the meantime, it nevertheless remains compact and well-organized so that visitors to the shipyard premises for the first time won't get lost in endless office corridors or extensive roads through the works. Building inspectors from the other end of the world can find their way here in Meyer's shipyard just as easily as the ship's captain from Ostfriesland, whose vessel is being repaired here.

As the old Papenburg folk song says: "Build your ships, sail them with confidence, and never lose heart". And that's the way it should always be.

„Wir bauen auch kleine Schiffe" — heißt ein Werbeslogan der Meyer Werft. Und der ist wörtlich zu nehmen: Auf den Papenburger Kanälen schwimmen inzwischen zahlreiche Segelschiffe traditioneller Bauart, die an den Papenburger Reedereibetrieb im 18. und 19. Jahrhundert erinnern. Die Schiffe wurden von Auszubildenden der Meyer Werft nachgebaut.

"We built small ships too" — this is an advertising slogan of the Meyer shipyard. And this slogan is meant literally. Numerous sailing ships can now be seen on the Papenburg canals, whose traditional design recalls shipping in Papenburg in the 18th and 19th centuries. These ships have been reconstructed by apprentices of the shipyard.

II

Das Bauprogramm der Meyer Werft
The Meyer yard shipbuilding program

1835–1988

Vorbemerkungen

Die Tabelle der zwischen 1835 und 1863 unter Willm Rolf Meyer und seinem ältesten Sohn Franz Wilhelm gebauten Holzschiffe wurde unverändert der 1970 herausgegebenen Werftchronik entnommen.

Auch die beiden Listen der bis 1969 (Bau-Nr. 551) abgelieferten Schiffe entstammen der früheren Festschrift, sind aber überarbeitet und vor allem um Angaben über die Auftraggeber ergänzt worden.

Erstmals veröffentlicht wird die Liste der seit 1969 (ab Bau-Nr. 552) abgelieferten Schiffe. Den technischen Daten und sonstigen Informationen in den Listen liegen die Aufzeichnungen der Werft zugrunde. Soweit nötig und möglich wurden sie durch Angaben aus den bekannten Schiffsregistern ergänzt.

Remarks

The table featuring wooden ships built between 1835 and 1863 under Willm Rolf Meyer and his eldest son Franz Wilhelm has been taken unchanged from the shipyard chronicle published in 1970.

The two lists of ships delivered up until 1969 (ship no. 551) have also been taken from the former jubilee chronicle, but have been revised and extended to include in particular the names of the customers.

The list of ships delivered since 1969 (as from ship no. 552) has been published for the first time.

The shipyard records formed the basis for the technical data and other information contained in the lists. As far as necessary and possible, this information was complemented by data from available shipping registers.

Zu Zeiten des Holzschiffbaus brachten die Werftmitarbeiter noch ihr eigenes Handwerkszeug mit zum Arbeitsplatz. Hier die Werkzeugkiste eines Schiffszimmermannes, 19. Jh.

A shipwright's tool box, 19th century. This belonged to the shipwright himself and not to the shipyard.

Liste I / List I
Hölzerne Segelschiffe 1835–1863
Wooden sailing ships 1835–1863

Nr. No.	Jahr Year	Kapitän Captain	Schiffsname Ship's name	lang long	breit wide	tief deep	Inhalt Contents
1		Ede Freericks		55'2"	13'9"	5'8"	
2		H. Rebock		83'7"	20'1"	9'7"	16153 cbf
3	1836, August	Jan Walker		86'6"	20'10"	10'4"	18621 cbf
4	vor 1842	Tankens		68'	17¼"	8½"	9482 cbf
5		W. Röttgers		68'9"	16'9"	7'8"	
6	1838, 10. Aug.	B. Tholen		89'6"	90'11½"	9'8"	
7	1840–42	Julyus		71'	17'3"	7'8"	
8	1840–42	Taaks		71'3"	16'10"	7'6"	8995 cbf
9	1839, 12. April	Struckhoff	CONATUS	95'3"	21'3"	11'1"	22257 cbf
10	1839, 20. Aug.	Joh. W. Meyer	FRANZISKUS	82'	19'8"	9'7"	15455 cbf
11	1839, Dez.	H. Schulte	JOHANNA	86'9"	21'1"	10'11"	
12	1838–40	K. Lenger	TOBINA	91'	21'1"	11'1"	21264 cbf
13	1840–42	Meinders	ANGELINA	94'	21'	11⁵⁄₁₂"	22536 cbf
14	1841, 6. April	Jan Lücken		78'8"	19'2"	8'11"	
15	1841, 20. Aug.	Behrens		72'2"	18'	8¼"	10717 cbf
16		?		71⁷⁄₁₂"	18¹⁄₁₂"	8⁵⁄₁₂"	
17	1837/38	Jac. Mudder		67'8"	16'10"	7'1½"	8116 cbf
18	1837/38	F. O. Timmen		70'11"	17'8"	7'10"	9814 cbf
19	1842–43	Betten		68'6"	17'2"	7'6"	8819 cbf
20	1842–43	Bonker		59'6"	14'2"	5'9"	4857 cbf
21	1842–43	Christoffers		75'1"	18'2"	8'8"	11821 cbf
22	1843	F. Pauls	PAULINE	64'2"	16'2"	6'11"	7175 cbf
23	1841	Rak & Antons	LISETTE	70'1"	18'1"	8'5"	10667 cbf
24		Tjark Timmen		75'2"	18'2"	8'10"	12062 cbf
25	1842, 26. April	C. Gerdes		72'	18'	8'½"	10692 cbf
26	1843, 22. Juli	Thomas Pauls jr.		63'	15⅔"	6'¾"	6680 cbf
27	1844, 18. April	Jan Thesen		56'	13⅔'	5'⁷⁄₁₂"	4292 cbf
28		Ihnken Ihnken		75⅙'	18⅙'	8⅚'	12062 cbf
29		Pauls		67'	17'	8'1"	9651 cbf
30		K. W. Meyer	MARIA	89'6"	21'2"	11'	19650 cbf
31	1846	Joseph Bodewes	ERNTE	74'1"	18'4"	9'1"	12336 cbf
32	1844–46	K. A. Arnold		73'9"	18'4"	8'4"	11267 cbf
33		Hindrick Wester		43'4"	11'7"	4'8"	2342 cbf
33a	1846	Peter Steffens					

Nr. No.	Jahr Year	Kapitän Captain	Schiffsname Ship's name	lang long	breit wide	tief deep	Inhalt Contents
34	1844–46	Hinderk Rehbock		53′8″	13′4″	5′5″	3356 cbf
35	1844–46	K. Albers		95′6″	21′2½″	11′6″	
36	1847	Folkert Taaks		72′6″	17′9″	8′1″	
37	1847	Lambert Jongebloed		92′	21′	11²⁄₃″	
38	1844–46	Heinrich Früssmers Cassens		72′	18′	8¾′	11392 cbf
39		Wessels Taaks		74′4″	18′7″	9′6″	13123 cbf
40		John. Rieke		97′5″	21′2″	11′11″	
41		Poelmann		97′10″	21′2″	12′	24850 cbf
42	1849	F. O. Timmen	ANNA	76′10″	18′7″	9′6″	13564 cbf
43		S. Weyen		73′5″	18′3″	9′1″	12158 cbf
44		K. Betten		73′4″	18′3″	9′1″	12156 cbf
45	1850	C. J. Cassens	WILHELMINE	74′2″	18′3″	9′6″	12859 cbf
46	1851, 21. März	K. de Vries		71′6″	17′	8′	9724 cbf
47	1851, 21. März	Schön		73′8″	18′4″	9′1″	12267 cbf
48		Hinderk Withorn		68′	16′	6¾′	
49	1857	B. Olthaus	BERNADINE	102′4″	22′4″	12′5½″	28472 cbf
50		W. Velt	ENGDINA	95¾′	22⅓′	12¼′	26196 cbf
51		G. Schutte		93′9″	22′1″	11′5½″	23552 cbf
52	1856	M. T. Christoffers	ANTONETTE	80′7″	18′10″	9′5″	14291 cbf
53	1854	Grothans	GRETCHEN	93′4″	22′2½″	11′9¾″	24485 cbf
54		Schmelzer		98′10″	22′4″	13′4¼″	29476 cbf
55		W. O. Wieters					
56	1863	B. Gewold		41⅓′			

cbf = Kubikfuß

Liste II / List II
Von Jos. L. Meyer gebaute Schiffe 1872–1988
Teil A: Bau-Nr. 1–451 (ca. 1872–1951)
Ships built by Jos. L. Meyer 1872–1988
Part A: Yard No. 1–451 (about 1872–1951)

Baujahr Year of delivery	Bau-Nr. Yard No.	Schiffstyp Type of ship	Name Name	Länge zw. L. Length b.p.	Breite a. Sp. Breadth m.	PS HP	Knoten Knots	Auftraggeber Owner
	1–2	Kohlenprahm		18,20	4,75			
	3	Kohlenprahm		14,10	3,92			
1874	4	Raddampfer	Triton	35,15	5,50	150		Norddeutscher Lloyd, Bremen
1875	5	Schleppdampfer	Bremen	23,53	4,86			
	6	Tonnenleger	Ems	37,66	6,98			
	7	Wasserfahrzeug	K 1	25,75	4,88			Kaiserliche Werft, Kiel
1876	8	Schleppdampfer	Primus	12,55	2,98			
1877	9	Schleppkahn		38,12	7,32			Norddeutscher Lloyd, Bremen
1878	10	Passagierdampfer	Prins Alexander der Nederlanden	40,00	5,54			Zeilmaker & Co., Harlingen
	11	Passagierdampfer	Bergum Leeuwarden	25,20	3,70			De Haan & De Vries, Leeuwarden
1880	12	Schleppkahn		45,00	6,98			Meier, Hameln
1881	13	Werftpinasse		10,26	2,89			Kaiserliche Werft, Kiel
1882	14–15	Schleppkähne		38,12	7,32			Norddeutscher Lloyd, Bremen
	16–17	Schleppkähne		44,00	7,32			D.D.G. „Hansa", Bremen
1883	18	Schleppdampfer	Hansa	24,50	5,50	200		
	19	Schleppdampfer	Papenburg	20,00	5,00	150		Papenburger Schleppdampf-rhederei, Papenburg
	20–21	Schleppkähne		44,00	7,32			Norddeutscher Lloyd, Bremen
1884	22–27	Schleppkähne		44,00	7,32			Norddeutscher Lloyd, Bremen
1885	28	Schraubendampfer	Prima	50,00	7,90	240		
	29	Schraubendampfer	Nesserland	15,00	3,20	36		Emden
	30	Kohlenprahm		30,00	7,50			Kaiserliche Werft, Wilhelmshaven
	31	Schraubendampfer	Delphin	11,50	3,00	25		

Der letzte Guß in der werfteigenen Gießerei am 30. September 1967.

Last casting in the shipyard's own foundry on 30th September 1967.

Baujahr / Year of delivery	Bau-Nr. / Yard No.	Schiffstyp / Type of ship	Name	Länge zw.L. / Length b.p.	Breite a.Sp. / Breadth m.	PS / HP	Knoten / Knots	Auftraggeber / Owner
1886	32	Raddampfer	Augusta	37,50	5,00	150		Leerer Dampfsch.-Ges., Leer
	33	Hase-Schauschiff		10,00	2,50			
1886	34	Schraubendampfer	Maus	16,00	3,00	30		
1887	35–36	Kohlenprähme		30,00	7,50			Kaiserliche Werft, Wilhelmshaven
	37–40	Schleppkähne		46,00 48,00	5,70 7,50			
	41–42	Schleppdampfer	Nord/Süd	20,00	5,00	100		
	43–44	Kohlenprähme		26,00	6,50			Wilhelmshaven
1880	45	Kohlenprahm		23,00	5,75			Wilhelmshaven
	46	Kohlenprahm		16,50	4,70			Röttgers
	47	Raddampfer	Norddeich	45,72	5,79	250		Dampfschiff-Rhed. Norden, Norden
	48–49	Kohlenprähme		23,00	5,75			Kaiserliche Werft, Wilhelmshaven
	50–51	Kohlenprähme		26,00	6,50			Wilhelmshaven
	52	Inspektions-Boot	Leda	12,00	3,00	34		
1889	53–58	Schleppkähne		38,17	7,32			Norddeutscher Lloyd, Bremen
1890	59	Hinterraddampfer	Soden	24,00	4,75	66		Reichs-Marine-Amt, Berlin
	60–61	Schleppkähne		48,00	8,50			Bremer Schleppschiffahrtsges., Bremen
	62	Zollbarkasse	Ems	16,50	3,60	60		Leer
	63	Wasserfahrzeug	K 1	33,60	6,75	240		Kaiserliche Werft, Kiel
	64	Kohlenprahm		26,00	6,50			Kaiserliche Werft, Kiel
	65–68	Schleppkähne	73/74/75/76	44,29	7,32			Norddeutscher Lloyd, Bremen
	69–70	Kohlenprähme		20,40	6,50			Norddeutscher Lloyd, Bremen
1891	71–74	Prähme	E/F/G/H	45,25	8,48			D. D. G. „Hansa", Bremen
	75–76	Prähme		40,25	7,75			Leichtergesellschaft Hamburg
	77–78	Prähme	J/K	45,25	8,48			D. D. G. „Hansa", Bremen
	79–80	Schleppkähne	Bremen 36–37	48,00	8,15			Bremer Schleppschiffahrtsgesellsch., Bremen

Baujahr / Year of delivery	Bau-Nr. / Yard No.	Schiffstyp / Type of ship	Name / Name	Länge zw.L. / Length b.p.	Breite a.Sp. / Breadth m.	PS / HP	Knoten / Knots	Auftraggeber / Owner
1891	81	Schleppdampfer	Unterweser 7	20,90	5,00	125		Schleppschiffahrts-gesellsch. „Unter-weser", Bremen
1892	82	Tonnenleger	Norden	24,20	4,75	80		Königl. Wasser-bauinspektion, Norden
	83	Kohlenprahm		26,00	6,50			Kaiserliche Werft, Wilhelmshaven
	84	Schwimmdock		37,00	7,80			Kaiserliche Werft, Wilhelmshaven
	85	Raddampfer	Norderney	48,76	5,79	250		Dampfschiff-Rhed. Norden, Norden
1893	86	Tonnenleger	Mellum	40,00	7,00	350		
	87	Schleppdampfer u. Eisbrecher	Emden	19,00	5,00	160		Königl. Wasser-bauinspektion, Emden
	88–90	Dampfklappen-prähme		45,00	7,90	130		Kaiserliche Werft, Wilhelmshaven
	91–92	Zollkreuzer	Wami/ Kingani	16,00	3,65	85,5		Auswärtiges Amt/ Kolonial-abtheilung, Berlin
1894	93	Bereisungsdampfer	Seehund	14,50	3,70	65		Königl. Wasser-bauinspektion, Glückstadt
	94–97	Leichter	Premeira/ Secunda/ Terteira/ Quarta	27,00	6,75			Hamburg-Süd, Hamburg
	98–99	Leichter	Stapuan/ Gangussa	42,06	7,93			Hamburg-Süd, Hamburg
	100	Feuerschiff	Reserve	33,50	6,80			
1895	101	Dampfbeiboot für Tonnenleger Mellum		15,00	3,30	63		
	102	Kanalfrachtdampf.	Mentje	16,00	3,50	17		
	103-105	Leichter	Quinta/ Sexta/ Septima	27,00	6,75			Hamburg-Süd, Hamburg
	106	Hinterrad-dampfer	Hessen	43,40	5,78	148		Bremer Schlepp-schiffahrtsgesell-schaft, Bremen
	107-108	Leichter	Octava/ Nona	27,00	6,75			Hamburg-Süd, Hamburg
	109	Schwimmdock		42,00	8,00			
	110	Schleppdampfer	Sirene	15,60	3,70	68		
1896	111-112	Schleppkähne		44,00	8,30			Leichtergesell-schaft, Hamburg

Baujahr Year of delivery	Bau-Nr. Yard No.	Schiffstyp Type of ship	Name Name	Länge zw. L. Length b.p.	Breite a. Sp. Breadth m.	PS HP	Knoten Knots	Auftraggeber Owner
1896	113-114	Leichter	Olga/Thea	31,00	7,75			Brügmann, Papenburg
	115-118	Schleppkähne		50,00	8,00			Norddeutscher Lloyd, Bremen
1897	119	Fährdampfer	Ditzum	15,00	5,00	50		Gemeinde Ditzum, Ditzum
	120-121	Schleppkähne		55,00	8,00			Norddeutscher Lloyd, Bremen
	122	Hinterraddampfer	Baurat Lange	36,40	6,25	180		Auswärtiges Amt/ Kolonialabtheilung, Berlin
1898	123/124	Dampfklappenprähme		42,00	8,45	134		Kaiserliche Werft, Wilhelmshaven
	125	Hafen-Dampfboot	A 2	14,00	4,00	67		Kaiserliche Werft, Wilhelmshaven
	126/127	Schleppkähne		55,00	8,47			Norddeutscher Lloyd, Bremen
	128	Wasserfahrzeug	W III	36,36	7,15	195		Kaiserliche Werft, Wilhelmshaven
	129	Hinterraddampfer	Ulanga	33,00	6,75	129		Auswärtiges Amt/ Kolonialabtheilung, Berlin
1899	130	Tonnenleger und Transportdampfer	Kaiser Wilhelm II	50,00	8,45	720		Auswärtiges Amt/ Kolonialabtheilung, Berlin
	131	Schleppdampfer	Stadt Dortmund IV	19,00	5,00	200		Westfälische Transport A.-G., Dortmund
	132/133	Frachtdampfer	Mannheim/ Duisburg	51,40	8,23	506		Dampfschiffahrts.-Ges. „Argo", Bremen
	134	Wasserprahm		26,00	5,75			Kaiserliche Werft, Wilhelmshaven
1900	135	Dampfklappenprahm	P 5	40,00	8,00	160		Königl. Wasserbauinspektion, Emden
	136	Peilbarkasse	Möve	17,00	4,00	68		Königl. Wasserbauinspektion, Emden
	137	Schleppdampfer	Justiene Wessels	21,90	5,20	206		P. W. Wessels Ww., Emden
	138	Kanal-Seekahn	WTAG 31	55,00	8,00			Westfälische Transport A.-G., Dortmund
	139	Schleppdampfer	Caurus	33,10	6,50	515		Kaiserliche Werft, Wilhelmshaven
	140	Schleppdampfer	Rhein-Ems III	19,90	5,00	200		H. A. Klasen, Papenburg

Baujahr Year of delivery	Bau-Nr. Yard No.	Schiffstyp Type of ship	Name Name	Länge zw. L. Length b.p.	Breite a. Sp. Breadth m.	PS HP	Knoten Knots	Auftraggeber Owner
1900	141-144	Kohlenprähme		26,00	6,50			Kaiserliche Werft, Wilhelmshaven
1901	145-147	Leichter	Aller/Bode/Ilse	41,15	8,23			Hamburg-Amerika Linie, Hamburg
	148-152	Dampfklappenprähme	P6 / P7 / P8 P9 / P10	40,00	8,00	180		Königl. Wasserbauinspektion, Emden
	153	Schleppdampfer	Pionier	17,40	3,90	106		Auswärtiges Amt, Berlin
	154	Schleppdampfer	Leda	19,90	5,00	205		Schleppschiff.-Ges. Dortmund-Ems, Leer
1902	155	Gouvernements-Dampfer	Herzogin Elisabeth	52,00	8,45	782		Auswärtiges Amt, Berlin
	156	Dampfspritzenboot	Alarm	15,40	4,00	80		Kaiserliche Werft, Kiel
	157	Raddampfer	Juist	42,50	5,65	205,5		Vereinigte Dampfschiff. Norden u. Norderney, Norden
1902	158	Lotsenbarkasse	Torum	17,00	4,30	103		Ems-Loots-Ges., Emden
	159	Werftpinasse	Pinasse 5	15,60	4,00	80		Kaiserliche Werft, Kiel
	160	Wasserfahrzeug	W II	36,36	7,15	198		Kaiserliche Werft, Wilhelmshaven
	161	Zweimastgaffelschoner	Johann	27,00	6,70			Rio Grande do Sul
1903	162	Feuerschiff	Aussenjade	36,00	8,20			
	163-168	Kastenschuten	Sabina/Salomé/Sara/Sibilla/Sidonia/Silvana	32,00	7,50			Hamburg-Süd, Hamburg
	169	Fährdampfer	Capella	20,00	6,00	181,3		Norddeutscher Lloyd, Bremen
	170	Schmierölfahrzeug	W 81	27,00	5,65	136,4		Kaiserliche Werft, Wilhelmshaven
	171-178	Heringslogger	Stettin/Rostock/Danzig/Memel/Vesta/Juno/Ceres/Ballas	23,75	5,80			Emder Heringsfischerei A.-G., Emden
	179	Schleppdampfer	Papenburg II	20,00	5,30	210		Papenburger Schleppdampfrhederei, Papenbg.

Der Schiffbauer Manfred Voßkuhl. Foto: © STERN/ Axel Carp.

Shipbuilder Manfred Voßkuhl. Photograph: © STERN/ Axel Carp.

Baujahr Year of delivery	Bau-Nr. Yard No.	Schiffstyp Type of ship	Name Name	Länge zw.L. Length b.p.	Breite a.Sp. Breadth m.	PS HP	Knoten Knots	Auftraggeber Owner
	180	Schleppdampfer	Reiher	20,00	5,30	201		Kaiserliche Werft, Kiel
1904	181-182	Heringslogger	Wega/Altair	24,05	6,50			Heringsfischerei „Dollart" A.-G., Emden
	183	Dampfbarkasse		8,60	2,20	20		Hamburg-Süd, Hamburg
	184	Schleppdampfer	Stadt Dortmund XI	16,00	4,20	119,6		Westfälische Transport A.-G., Dortmund
1904	185	Schleppdampfer	Rhein-Ems IV	20,00	5,30	203		A. & H. Klasen, Papenburg
	186	Heringslogger	Polarstern	24,05	6,50			Heringsfischerei „Dollart" A.-G., Emden
	187-188	Schleppdampfer	Dortmund IX–X	23,40	5,50	240		Westfälische Transport A.-G., Dortmund
	189	Dampfbeiboot	A 5	12,00	3,50	49,6		Kaiserliche Werft, Wilhelmshaven
1907	190	Schleppdampfer	Welgum	23,40	5,50	200,5		Königl. Bauamt für die Hafenerweiterung, Emden
1904	191-192	Schleppkähne	S. G. Den No. 8–9	63,20	8,08			Schleppschifffahrts-Ges. Dortmund-Ems, Leer
1905	193	Bereisungsdampfer	Westfalen	23,50	4,10	88,8		Königl. Dortmund-Ems-Kanalverw., Münster
	194	Schlepper	Syndikat	23,40	5,50	235	9,43	Rheinisch-Westf. Kohlen-Syndicat, Essen
	195-196	Dampfbarkassen		8,70	2,20	21,4		Hamburg-Süd, Hamburg
	197	Schleppdampfer	Südamerika III	20,70	5,48	350		Hamburg-Süd, Hamburg
1905	198	Kastenschute		27,00	6,30			Hamburg
1906	199	Fährdampfer	Dr. Ziegner-Gnüchtel	34,00	6,80	250		Stadt Wilhelmshaven
1905	200	Tender	Fuchs	42,10	8,80	1118		Kaiserliche Marine
	201	Schleppdampfer	Stark	21,25	5,50	256		Kaiserliche Werft, Wilhelmshaven
1906	202	Lotsenschoner	Wangeroog	25,50	6,39			Kaiserliche Werft, Wilhelmshaven
	203	Tonnenleger	Bussard	35,54	7,80	490		Königl. Wasserbau-Insp., Sonderburg

Baujahr Year of delivery	Bau-Nr. Yard No.	Schiffstyp Type of ship	Name Name	Länge zw.L. Length b.p.	Breite a.Sp. Breadth m.	PS HP	Knoten Knots	Auftraggeber Owner
	204-205	Schleppdampfer	Ciclope/Herkules	30,48	6,40	395		Hamburg-Süd, Hamburg
	206	Schleppdampfer	Atleta	22,86	5,79	275		Hamburg-Süd, Hamburg
1907	207-208	Leichter	Timbu/Toba	45,00	8,45			Hamburg-Süd, Hamburg
	209-210	Leichter	Tupi/Tombaya	40,0	8,00			Hamburg-Süd, Hamburg
	211	Dampfbarkasse		8,60	2,20	21,4		Hamburg-Süd, Hamburg
	212	Proviantprahm		30,00	7,90			Kaiserliche Werft, Wilhelmshaven
	213-214	Kohlenprahm		26,00	7,00			Kaiserliche Werft, Wilhelmshaven
	215	Hafendampfer		12,00	3,50	75,8		Kaiserliche Werft, Wilhelmshaven
	216	Dampfbarkasse	Barkasse	8,60	2,20	21,4		Hamburg-Süd, Hamburg
	217	Doppelschrauben-Dampfleichter	Doña Ida	37,00	8,00	106		Compañia Rural Bremen, Buenos Aires
	218	Dampfseilfähre		25,00	8,00			Wasserbauamt Leer
	219	Kastenschute		27,00	6,75			Hamburg-Süd, Hamburg
	220	Passagier-Raddampfer	Westfalen	57,00	7,20	755		A.-G. „Ems", Emden
	221	Doppelschrauben-dampfer	Hannover	32,00	6,25	160		Vereinigte Dampfschiff. Norden u. Norderney, Norden
	222	Schleppdampfer	Daunsfeld	29,00	6,80	513		Kaiserliche Werft, Wilhelmshaven
	223	Schleppdampfer	Passat	29,00	6,50	417		Kaiserliche Werft, Kiel
	224	Dampfbarkasse		8,60	2,20	21,4		Hamburg-Süd, Hamburg
1908	225	Truppentransporter	Fortification	28,00	6,50	260		Kaiserliche Werft, Wilhelmshaven
1908	226-227	Minenleger	C 6 / C 7	18,50	5,00	141,6		Kaiserl. Marinedepotinspektion, Wilhelmshaven
	228	Werft- u. Spritzendampfer	Pinnas VI	18,00	4,75	108		Kiel
1909	229	Schleppdampfer	Scheibenhof	13,80	3,60	77		Friedrichsort
1908	230	Schlepp- u. Bereisungsdampfer	Hertha	18,50	5,00	180		Rendsburg

Year of delivery	Yard No.	Type of ship	Name	Length b.p.	Breadth m.	HP	Knots	Owner
	231	Vermessungsboot	Peilbarkasse 4	26,80	5,20	151		Wilhelmshaven
	232	Heckraddampfer	Tomondo	21,20	5,00	43,2		Reichs-Kolonialamt, Berlin
	233	Schleppdampfer	Gerrit Wessels	20,00	5,30	212		P. W. Wessels Ww., Emden
	234-237	Minenleger	G 4 / C 8 W 5 / C 1	18,50	5,00	136,4		Kaiserliche Werft, Wilhelmshaven
1909	238	Spülerprahm		57,50	7,60			Wasserbauamt Emden
	239	Motorschlepper		13,50	3,70			Kaiserliche Werft, Wilhelmshaven
	240	Doppelschrauben-Passagierdampfer	Prinz Heinrich	37,00	7,00	310		Borkumer Kleinbahn- u. Dampfschiff., Borkum
	241	Dampfbarkasse		8,60	2,20	25		Hamburg-Süd, Hamburg
	242-244	Minenleger	C 9 / C 4 / C 2	18,50	5,00	140,9		Kaiserliche Werft, Wilhelmshaven
1910	245	Schlepp- u. Bereisungsdampfer	Schwalbe	20,00	4,00	52		Wasserbauinspektion, Emden
1909	246	Schleppdampfer	Logum	17,80	4,50	138,2		Wasserbauamt Emden
	247	Motorkettenfähre		22,80	8,70			Kaiserliches Kanalamt, Kiel
1910	248-249	Heringslogger	Dortmund/ Münster	30,00	7,00	112,6		Emder Heringsfischerei A.-G., Emden
	250	Heringslogger	Glückstadt	30,00	7,00	112		Glückstädter Fischerei A.-G., Glückstadt
	251-253	Schleppdampfer	Moorau/ Reethe/ Sandau	19,00	5,20	208		Wasserbauinspektion, Harburg
1911	254	Hauptfeuerschiff	Borkumriff	46,00	8,00	190		Wasserbauinspektion, Emden
1910	255	Dampfbarkasse		8,60	2,20	25		Buenos Aires
	256-259	Seeleichter	Satanita/ Sirena/Selma/ Sephora	33,00	7,50			Hamburg-Süd, Hamburg
	260	Segelleichter	Pomba	25,00	6,10			Fa. Georg Wachtel & Co., Rio Grande do Sul
	261	Unbemanntes Feuerschiff	Westerems	25,00	6,00			Königl. Wasserbauamt u. Königl. Maschinenbauamt, Emden

Die Schweißer Rudolf Schlass, Rudolf Pohl und Theo Santjer (von links nach rechts).
Foto: © STERN/ Axel Carp.

Welders Rudolf Schlass, Rudolf Pohl and Theo Santjer (from the left to the right).
Photograph: © STERN/ Axel Carp.

Einige der heute etwa 1600 Belegschaftsmitglieder der Meyer Werft.
Foto: © STERN/ Axel Carp.

Some of the approximately 1600 members of the Meyer shipyard workforce.
Photograph: © STERN/ Axel Carp.

Baujahr / Year of delivery	Bau-Nr. / Yard No.	Schiffstyp / Type of ship	Name / Name	Länge zw. L. / Length b.p.	Breite a. Sp. / Breadth m.	PS / HP	Knoten / Knots	Auftraggeber / Owner
	262-263	Dampfbarkasse		8,60	2,20	25		Hamburg-Süd, Hamburg
1911	264	Hafendampfbarkasse	A 15	15,00	4,30	108		Kaiserliche Werft, Wilhelmshaven
1910	265-266	Heringslogger	Sparenburg/Ravensburg	30,00	7,00	100		Heringsfischerei-A.-G. „Großer Kurfürst", Emden
	267	Heringslogger	Elbe	30,00	7,00	100		Glückstädter Fischerei A.-G., Glückstadt
1911	268-269	Kanaldampfer	Dortmund XIII–XIV	17,75	4,75	156		Westfälische Transport A.-G., Dortmund
	270	Schleppdampfer	São Gabriel	26,70	6,70	383		Hamburg-Süd, Hamburg
	271-272	Kastenschuten	Peru/Pata	26,28	6,72			Hamburg-Süd, Hamburg
	273-274	Dampfbarkassen		8,60	2,20	25		Mihanovich, Buenos Aires
	275	Feuerschiff	Jasmund	34,00	6,70	124		Wasserbauamt Stralsund
	276	Hölzerne Dampfbarkasse	Gaviota	12,00	3,30	60		Sloman, Hamburg
1912	277	Torpedofangboot		20,00	3,76	230		Kaiserliche Marine, Friedrichsort
	278-279	Seeschlepper	Schlepper I–II	20,00	5,30	216,6		Kaiserliche Werft, Wilhelmshaven
	280	Passagier- und Frachtdampfer	Albatros	36,60	6,30	260		Vereinigte Flensburg-Ekensunder u. Sonderburger Dampfsch., Flensburg
	281-282	Leichter	Selene/Stella	39,00	8,00			Hamburg-Süd, Hamburg
	283	Motor-Feuerlöschboot		12,00	3,10			Westfälische Transport A.-G., Dortmund
	284-285	Seeschlepper	Wendemuth/Loewer	42,06	8,49	1302		Hamburg-Amerika-Linie
	286	Motorschlepper		7,36	2,00			Aurich
1913	287	Minenleger	C 10	18,50	5,00	172		Kaiserl. Marine, Wilhelmshaven
	288	Dampfbarkasse	Blitz	23,00	5,15	220		Königl. Wasserbauamt, Geestemünde
	289-291	Dampfbarkassen		8,60	2,20	25		Wolf, Hamburg
1914	292	Schlepper und Pumpendampfer	Boreas	49,50	9,20	1000		Kaiserliche Werft, Wilhelmshaven

Baujahr / Year of delivery	Bau-Nr. / Yard No.	Schiffstyp / Type of ship	Name	Länge zw. L. / Length b.p.	Breite a. Sp. / Breadth m.	PS / HP	Knoten / Knots	Auftraggeber / Owner
1913	293-294	Schlepper für Dortm.-Ems-Kanal	M 106 / M 107	19,05	4,75	160		Königl. Kanalbaudirektion, Essen
	295	Schlepper für Rhein-Herne-Kan.	M 1	20,15	5,30	275		Königl. Kanalbaudirektion, Essen
	296	Lotsendampfer	Pilot	23,00	5,00	251		Kaiserl. Kanalamt Kiel
1914	297-298	Schlepper für Rhein-Herne-Kan.	M 6 / M 7	19,00	5,30	250		Königl. Kanalbaudirektion, Essen
	299	Minenleger	C 11	18,50	5,00			Kaiserl. Marine, Wilhelmshaven
1913	300	Fracht- u. Passagierdampfer	Graf Goetzen	67,00	10,00	500		Auswärtiges Amt/ Kolonialabtheilung, Berlin
	301	Dampfbarkasse		8,60	2,20			Wolf, Hamburg
1914	302-304	Heringslogger	Emden/ Norden/Leer	23,75	6,50			Emder Heringsfischerei A.-G., Emden
	305	Schleppdampfer	Jümme	16,00	4,20	120		Königl. Wasserbauamt, Leer
	306-308	Spülerprähme		33,50	6,20			Königl. Wasserbauamt, Leer
	309	Passagier- und Schleppdampfer	Seestern	40,00	7,80	513		Cuxhaven-Brunsbüttel-Dampfer A.-G., Cuxhaven
1915	310	Fracht- u. Passagierdampfer	Rechenberg	67,00	10,00	500		Auswärtiges Amt/ Kolonialabtheilung, Berlin
	311	Schmieröl-Fahrzeug	W 85	36,36	7,15	212		Kaiserl. Werft, Wilhelmshaven
1920	312-313	Barkassen		8,70	2,40	25		Duncan, Fox u. Co.
1914	314-315	Seeschlepper	Schlepper III–IV	20,00	5,30	243		Helgoland
1915	316	Dampfbarkasse		8,70	2,40	25		Hamburg-Süd, Hamburg
	317	Feuerschiff	Amrumbank	46,00	8,10	225		Schleswig
	318-321	Minenleger	C 3 / C 5 / C 9 / W 6	18,80	5,00	162		Kaiserl. Werft, Wilhelmshaven
	322	Schleppdampfer	Wilgum	24,50	5,80	275		Wasserbauamt Emden
1916	323-325	Marine-Fischdampfer	Aldebaran/ Denebola/ Altair	38,75	7,10	500		Reichsmarineamt
	326-328	Marine-Fischdampfer	Ludendorf/ Neumayer/ Koldeway	38,75	7,10	500		Reichsmarineamt

Baujahr Year of delivery	Bau-Nr. Yard No.	Schiffstyp Type of ship	Name Name	Länge zw.L. Length b.p.	Breite a.Sp. Breadth m.	PS HP	Knoten Knots	Auftraggeber Owner
1917	329-330	Schleppdampfer	Scharmer/Schütt	28,59	7,00	665		Kaiserl. Kanalamt, Kiel
	331	Fischdampfer	Papenburg	38,75	7,10	500		Reichsmarineamt
1918	332-333	F. M. Boote	F. M. 17–18	40,00	6,00	520		Reichsmarineamt
1919	334	F. M. Boote	F. M. 48	42,85	6,00	520		Reichsmarineamt
1920	335-336	Passagierdampfer	F. M. 49–50	42,85	6,00	580		
	337-338	Monopolschlepper	M. 126–127	19,60	5,20	150		Königl. Kanalbaudirektion, Essen
1921	340	Frachtdampfer	Durazzo	69,00	10,45	650		Hamburg-Amerika Linie, Hamburg
	341-342	Dampflogger	Altair/Prinz Homburg	30,00	7,00	100		Heringsfischerei „Dollart" A.-G., Emden
	343-344	Rheinkähne	Rheinfahrt 57/Baden 56	65,00	8,14			Rheinschiffahrt A.-G. vorm. Fendel, Mannheim
	345	Dampflogger	Brandenburg	30,00	7,00	100		„Großer Kurfürst" Heringsfischerei A.-G., Emden
1922	346	Motorleichter	Gerhard	33,00	6,00			Joh. Gesdelmann, Haren
	347-354	Motorkähne	M. 1–8	26,75	5,00			Reichsausschuß für den Wiederaufbau der Handelsflotte, Berlin
1923	355	Schlepp- u. Bergungsdampfer	Hoheweg	37,12	7,60	630		Unterweser Reederei, Bremen
	356	Barkasse		8,70	2,40	25		
	357	Hafenschlepper	Bali	18,00	5,30	230		Woermann-Linie, Hamburg
1924	358	Dampflogger	Hilde	30,00	7,00	100		Leerer Heringsfischerei A.-G., Leer
1925	359	Dampfseilfähre		25,00	8,50	45		Wasserbauamt Leer
	360-361	Benzin-Tankkähne	Liselotte/Anneliese	63,50	7,82			Atlantik Tank-Reederei GmbH, Hamburg
	362-363	Benzin-Tankkähne	Hansa/Liselotte	63,50	7,82	120		Atlantik Tank-Reederei GmbH, Hamburg
1926	364-365	Dampfbarkassen	MoP 85 B/MoP 86 B	11,60	2,85	50		Argentinien
	366	Rhein-Tankkahn	Pico IV	65,00	8,10			Petroleum-Import Cie, Zürich
	367	Dampffähre	Ditzum-Petkum	17,00	5,50	75		Gemeinde Ditzum

Baujahr Year of delivery	Bau-Nr. Yard No.	Schiffstyp Type of ship	Name Name	Länge zw. L. Length b.p.	Breite a. Sp. Breadth m.	PS HP	Knoten Knots	Auftraggeber Owner
1927	368-369	Motorschlepper	M. 206/ M 207	29,60	5,30	270		Maschinenbauamt Herne
	370-371	Mot.-Passagierschiffe	Langeoog III–IV	25,00	5,50	100		Schiffahrt d. Inselgem. Langeoog
	372-373	Motorschlepper	Haneken/ Herbrum	14,60	3,60	80		Wasserbauamt Meppen
	374-375	Schleppkähne	Bremen 19–20	65,00	8,15			Bremer Schleppschiffahrtsgesellschaft, Bremen
1928	376	Motorkettenfähre		22,50	8,70	14		Reichskanalamt, Kiel
	377	Bäderdampfer	Frisia I	52,00	8,60	600		A.-G. Reed. Norden-Frisia, Norderney
1928	378	Feuerschiff	Westhinder	36,00	7,10			Ostende
	379	Peildampfer	Randzel	27,00	5,20	160	9,26	Wasserbauamt Emden
	380	Lotsendampfer	Admiral	18,00	4,40	125		Reichskanalamt, Kiel
1929	381	Motorschlepper	Hüntel	14,60	3,60	80		Wasserbauamt Meppen
	382	Tankkahn	Fanto XVII	65,00	7,98			Fanto, Hamburg
	383	Schlepper	Valereux	35,00	8,50	1000		Ministère de la Marine, Cherbourg
	384	Tankkahn	DAPG 27	74,00	10,75			Deutsch-Amerikanische Petroleum-Ges., Hamburg
1930	385	Motorschlepper	Mülheim	14,60	3,60	80		Wasserbauamt, Duisburg
	386	Motortankkahn	DAPG 28	65,00	7,98	260		Deutsch-Amerikanische Petroleum-Ges., Hamburg
	387	Motorschlepper	M. 307	21,20	5,54	160		Schleppamt, Duisburg
	388	Fischdampfer	Heinrich Bueren	45,25	7,80	700	11,5	Hochseefischerei Karl Kämpf, Partenreederei Wesermünde
	389	Asphaltkahn	Petrophalt	38,50	5,03	90		Bedford Petroleum Co., Paris
1933	390-392	Segellogger mit Motor	Anna/ Martha/ A. Kappelhoff	30,00	7,00	130		Leerer Heringsfischerei A.-G., Leer
1934	393	Klappenprahm	W. Bg. H 8	41,00	9,00			Wilhelmshaven
	394-395	Segellogger mit Motor	Gesine/ Cornelia	30,00	7,00	150		Leerer Heringsfischerei A.-G., Leer

Baujahr Year of delivery	Bau-Nr. Yard No.	Schiffstyp Type of ship	Name Name	Länge zw.L. Length b.p.	Breite a.Sp. Breadth m.	PS HP	Knoten Knots	Auftraggeber Owner
	396	Bereisungsschiff	Ems	32,00	5,75	375	12,2	Wasserbauamt Emden
1935	397	Bereisungsboot	Aschendorf	12,85	3,20	46		Wasserbauamt Meppen
	398	Rammprahm	RP 3	18,80	7,80			Wasserbauamt Meppen
	399	Binnen-See-Motorschiff	Heinz Otto	36,00	6,85	150		G. Schöning, Haren
	400	Bereisungsboot	Dörpen	12,85	3,20	150		Wasserbauamt Meppen
	401	Motor-Fahrgastschiff	Baltrum II	18,50	4,80	100	8,64	Baltrum-Linie, Baltrum
	402	Motorschlepper	Stadt Dortmund I	17,50	5,00	200	7,89	Westfälische Transport A.-G., Dortmund
	403	Motor-Fahrgastschiff	Frisia X	41,00	7,60	350	11,16	A.-G. Reederei Norden-Frisia, Norderney
	404	Peil- und Bereisungsboot	Bordum	19,00	4,30	150		
	405	Klappenprahm	W. Bg. St. 7	39,10	8,80			Wilhelmshaven
1936	406	Taucherfahrzeug	Seehund	20,00	5,00	450		Marinewerft Wilhelmshaven
1936	407	Motortanker	Ingeborg	47,70	7,80	450	9,72	Algemeen Vrachtkantoor, Rotterdam
	408	Lotsendampfer	Emden	50,10	9,00	1200		Emslotsgesellschaft, Emden
	409-413	Arbeitsboote		14,38	3,00	90		Lago Petrol. Corp., Marakaibo
1937	414	Klappenprahm	W. Bg. St. 10	39,10	8,80			Marinewerft Wilhelmshaven
1938	415-416	Wasserprähme	WW 3-4	30,50	7,20			Marinewerft Wilhelmshaven
1939	417	Hinterraddampfer	Robert Lenthall	45,72	7,90	425		United Africa Company, London
	418-419	Schwimmende Kraftanlagen	Karl Junge/ Wilhelm Brenner	23,50	6,50	660		Wilhelmshaven
	420	Motor-Küstenschiff	Jutta	43,75	8,20			Breyer & Co., Hamburg
	421-422	Heringslogger	Korab I-II	35,00	7,50	330	9,75	Ministerium für Handel u. Industrie, Warschau
	423-424	Hinterraddampfer	Sir George Goldie/ William Wallace	45,72	7,90	425		United Africa Company, London

Der Rohrschlosser Bruno Schröder an einem JLM-Kompressor.
Foto: © STERN/ Axel Carp.

Mechanical engineer Bruno Schröder in front of a JLM compressor.
Photograph: © STERN/ Axel Carp.

Die Schiffbauer Heinz Cordes und Bernhard Müller.
Foto: © STERN/ Axel Carp.

Shipbuilders Heinz Cordes and Bernhard Müller.
Photograph: © STERN/ Axel Carp.

Baujahr / Year of delivery	Bau-Nr. / Yard No.	Schiffstyp / Type of ship	Name	Länge zw.L. / Length b.p.	Breite a.Sp. / Breadth m.	PS / HP	Knoten / Knots	Auftraggeber / Owner
1940	425	Torpedo-Bergungsfahrzeug	Kamerun	45,00	9,00	540		Kriegsmarine
	426-427	Ujäger	UJ 129/UJ 117	52,00	8,40	750		Kriegsmarine
1938-1939	428-432	Klappenprähme	B. H. Bg 7–11	42,94	8,80			Kriegsmarine Werft, Wilhelmshaven
1945	433	Eisbrecher	Widder	23,80	7,00	260		Wasserbauamt Verden
1949	434	Motor-Fahrgastschiff	Frisia XV	35,00	6,50	260		A.-G. Reederei Norden-Frisia, Norderney
1951	435	Spülprahm	S 4	47,00	7,50			Wasser- u. Schiffahrtsamt Emden
1939–1942	436	Feuerschiff	Elbe 1 – Bürgermeister O'Swald	49,00	9,50	505		Wasser- u. Schiffahrtsdirektion Hamburg
1956	437	Motorfrachtschiff	Jakob Ekkenga	45,00	8,60	400		Deutsche Heringsfaßfabrik, Emden
1941-1942	438-439	Ujäger	UJ 1407/ UJ 1408	52,00	8,40	750		Kriegsmarine
1942-1945	440-444	Kriegs-Ujäger	KUJ 13–18	52,00	8,40	750		Kriegsmarine
1949–1950	445	Fischdampfer	Buxta	52,00	8,40	750		Kohlenberg & Putz Seefischerei, Bremerhaven
1948–1949	446	Fischdampfer	Carsten Janssen	42,67	8,00	600		Ludwig Janssen & Co. Bremerhaven
1950	447	Zoll-Wachtschiff	Emswachtschiff	25,90	6,25			Hauptzollamt, Emden
1950	448-451	Küstenmotorschiffe	Hermann/ Franz/Karl/ Rolf	37,80	6,80	250		Herm. Schepers, Gerh. Husmann, Karl Schepers, Ww. Maria Schepers, Haren

Teil B: Bau-Nr. 452–551 (ca. 1951–1969)
Part B: Yard No. 452–551 (about 1951–1969)

Baujahr Year of delivery	Bau-Nr. Yard no.	Schiffsname Ship's name	Schiffstyp Type of ship	Länge Length	Breite Breadth	BRT GRT	tdw tdw	PS HP	Knoten Knots	Auftraggeber Owner
1952	452	Petereins	Frachter	51,00	8,80	670	805	975	12,00	Reed. Karl Peters, Hamburg
1952	453	Peterzwei	Frachter	51,00	8,80	670	805	975	12,00	Reed. Karl Peters, Hamburg
1953	454	Frisia IV	Passagierschiff	46,00	8,10	413		600	12,50	A.-G. Reed. Norden-Frisia, Norderney
1951	455	Hermann Litmeyer	Frachter	37,53	7,50	296	405	300	9,87	Maria Litmeyer, Haren
1951	456	Justizrat Klasen	Motorlogger	37,10	7,70	328		675	11,14	Leerer Heringsfischerei, Leer
1951	457	Westfalen	Fahrgastschiff	37,00	7,00	279		520	12,92	A.-G. „Ems", Emden
1951	458	Horst Arlt	Frachter	39,69	7,50	300	475	300	9,93	Ivers & Arlt, Bremen
1952	459	Blockland	Frachter	65,53	10,82	832	1200	1000	13,00	See-Reederei „Weserland", Bremen
1953	460	Elisabeth Hendrik Fisser	Frachter	65,53	10,97	1361	1950	1250	13,00	Hendrik Fisser A.-G., Emden
1953	461	Ferdinandstor	Frachter	65,53	10,97	1365	1950	1250	12,65	Fisser & van Doornum, Hamburg
1954	462	Francisca Sartori	Frachter	74,40	12,80	2151	3200	2400	13,00	Sartori & Berger, Kiel
1953	463	Dammtor	Frachter	65,53	10,97	1338	2000	1250	12,10	Fisser & van Doornum, Hamburg
1954	464	Kurt Arlt	Frachter	73,00	12,50	1813	2810	1650	12,27	Iversa-Reed. GmbH, Bremen
1955	465	Korbach	Frachter	73,00	11,70	1710	2655	1650	12,00	Hans Krüger, Hamburg
1954	466	Heinrich Lorenz	Frachter	78,00	12,30	1866	3000	2500	14,70	Gemeinwirtsch. Kohlenhandels-Ges., Hamburg
1953	467	S 21	Spülprahm	47,00	7,50					Wasser- und Schiffahrtsamt Emden
1953	468	Mauritius	Fracht- und Passagierschiff	78,00	12,50	2092		1650	13,00	Colonial Steamship Co., Port Louis, Mauritius
1955	469	Rudolph Wendt	Motorlogger	37,10	7,70	328		750	10,96	Leerer Heringsfischerei, Leer
1955	470	Consul Brouer	Motorlogger	37,10	7,70	328		750	10,80	Leerer Heringsfischerei, Leer
1955	471	Max Arlt	Frachter	46,00	9,20	690	1150	750	10,90	Ivers & Arlt, Bremen
1955	472	Fleetwing	Frachter	72,00	11,70	1484	2180	1250	12,78	Witherington & Everett, Newcastle
1956	473	Helmsdale	Frachter	42,00	8,00	402	501	500	10,30	Northern Shipping & Trading Co., Aberdeen
1956	474	Chevychase	Frachter	65,53	10,97	902	1384	1250	13,50	Witherington & Everett, Newcastle
1956	475	PT 3	Schubschlepper	34,24	9,15	306		968	9,82	Inland Water Transport Board, Rangun
1956	476	Bürgermeister Diekmann	Motorlogger	38,03	7,70	336		750	10,87	Leerer Heringsfischerei, Leer
1956	477	Emil Fox	Motorlogger	38,03	7,70	336		750	10,23	Leerer Heringsfischerei, Leer
1957	478	Padonmar	Heckradschiff	32,30	7,92	268	40	423	9,00	Inland Water Transport Board, Rangun

Baujahr Year of delivery	Bau-Nr. Yard no.	Schiffsname Ship's name	Schiffstyp Type of ship	Länge Length	Breite Breadth	BRT GRT	tdw tdw	PS HP	Knoten Knots	Auftraggeber Owner
1957	479	Papawin	Heckradschiff	32,30	7,92	268	40	423	9,10	Inland Water Transport Board, Rangun
1957	480	Ponnapyan	Heckradschiff	32,30	7,92	268	40	423	9,10	Inland Water Transport Board, Rangun
1956	481	Urania	Frachter	68,50	11,50	1421	2205	1250	12,40	Hans Krüger, Hamburg
1957	482	Frisia II	Passagierschiff	45,00	8,50	470		600	10,90	A.-G. Reed. Norden-Frisia, Norderney
1957	483	Erich Haslinger	Frachter	48,50	9,84	498	900	575	10,41	Rob. Meyhöfer, Bremen
1957	484	Macedon	Frachter	90,00	13,62	2737	3690	1500	12,50	Austral. SS., Melbourne
1957	485	Whitehaven	Frachter	50,90	9,84	676	929	750	11,67	Whitehaven Shipp., Newcastle
1958	486	Akko	Frachter	75,40	11,90	1914	2652	1650	14,38	ZIM Israel Navigation Comp., Haifa
1958	487	Kesarya	Frachter	75,40	11,90	1918	2661	1650	14,22	ZIM Israel Navigation Comp., Haifa
1958	488	Ashdod	Frachter	75,40	11,90	1914	2661	1650	13,68	ZIM Israel Navigation Comp., Haifa
1958	489	Baltrum III	Passagierschiff	35,00	7,30	260		600	9,80	Baltrum-Linie, Baltrum
1957	490	Möwensteert	Schlepper	22,00	6,22			400	10,64	Wasser- und Schiffahrtsamt Emden
1959	491	Clio	Frachter	90,00	14,20	3149	4500	2720	14,50	Hans Krüger, Hamburg
1958	492	Ditmar Koel	Lotsenschiff	50,00	9,50	767		1240	13,00	Wasser- und Schiffahrtsdirektion Hamburg
1959	493	Sprightly	Frachter	72,00	11,70	1591	2240	1250	12,54	Witherington & Everett, Newcastle
1959	494	Xerxes	Frachter	48,50	9,80	499	900	750	10,08	Rob. H. Schröder, Hamburg
1960	495	Ostfriesland	Passagierschiff	52,50	9,60	749		1740	15,35	A.-G. „Ems", Emden
1959	496	Gotthilf Hagen	Lotsenschiff	50,00	9,50	765		1240	13,19	Wasser- und Schiffahrtsdirektion Bremen
1961	497	Kirsten Tholstrup	Gastanker	60,00	9,50	1035	750	950	12,30	I/S Transkosan, Kopenhagen
1959	498	Watampone	Fracht- und Passagierschiff	78,00	12,80	2168	2300	1500	12,75	Republik Indonesien, Jakarta
1960	499	Watudambo	Fracht- und Passagierschiff	78,00	12,80	2168	2300	1500	12,75	Republik Indonesien, Jakarta
1960	500	Frisia III	Passagierschiff	47,00	8,80	478		870	12,58	A.-G. Reed. Norden-Frisia, Norderney
1960	501	Warisano	Fracht- und Passagierschiff	78,00	12,00	2168	2300	1500	12,78	Republik Indonesien, Jakarta
1960	502	Wakolo	Fracht- und Passagierschiff	78,00	12,00	2168	2300	1500	12,78	Republik Indonesien, Jakarta
1961	503	Wandebori	Fracht- und Passagierschiff	78,00	12,80	2168	2300	1500	12,75	Republik Indonesien, Jakarta
1961	504	Brosund	Frachter	66,30	10,97	1234	1760	1250	13,06	A/S Hafnia, Kopenhagen

Year of delivery	Yard no.	Ship's name	Type of ship	Length	Breadth	GRT	tdw	HP	Knots	Owner
1961	505	Henrik Meyer	Frachter	66,30	10,97	1234	1760	1250	13,25	Gregersen u. Meyer, Kopenhagen
1961	506	Esther Charlotte Schulte	Frachter	85,00	14,00	2934	4348	2250	14,15	Bernhard Schulte, Hamburg
1961	507	Ulla Tholstrup	Gastanker	60,00	9,50	1046	750	950	12,30	A/S Kosangas, Kopenhagen
1962	508	Jan ten Doornkaat	Frachter	85,00	14,00	2934	4348	2250	14,15	Bernhard Schulte, Hamburg
1962	509	Fiepko ten Doornkaat	Frachter	90,10	14,20	3169	5015	2880	14,51	Bernhard Schulte, Hamburg
1962	510	Hanne Tholstrup	Gastanker	60,00	9,50	1046	750	950	11,95	A/S Kosangas, Kopenhagen
1962	511	Gertrud ten Doornkaat	Frachter	90,00	14,20	3169	5008	2880	14,51	Bernhard Schulte, Hamburg
1963	512	Lisbet Tholstrup	Gastanker	60,00	9,50	1051	735	950	12,48	I/S Transkosan, Kopenhagen
1963	513	Ann Lise Tholstrup	Gastanker	46,50	9,00	499	529	500	10,66	A/S Kosangas, Kopenhagen
1962	514	Frisia VIII	Auto- und Passagierfähre	36,50	12,00	319		840	11,20	A.-G. Reed. Norden-Frisia, Norderney
1962	515	Annemarie Krüger	Frachter	95,10	14,20	3404	5260	3600	16,00	Hans Krüger, Hamburg
1963	516	Bornholmerpilen	Auto und Passagierfähre	73,40	14,40	2000	877	4400	16,69	A/S Dampskibsselskab paa Bornholm af 1866, Rønne
1963	517	Kapitän König	Lotsenschiff	50,00	9,50	762	253	1240	12,32	Wasser- und Schiffahrtsdirektion Hamburg
1963	518	Kapitän Bleeker	Lotsenschiff	50,00	9,50	762	253	1240	12,17	Wasser- und Schiffahrtsdirektion Hamburg
1964	519	Kommodore Ruser	Lotsenschiff	50,00	9,50	766	253	1240	12,17	Wasser- und Schiffahrtsdirektion Hamburg
1964	520	Al-Rasheed	Lotsenschiff	49,00	10,60	955		1600	13,88	Iraqi Ports Administration, Basra
1964	521	Gaston Micard	Gastanker	62,00	11,50	1199	1400	1440	12,82	Sig. S. Arstad, Bergen
1964	522	Malmø	Auto- und Passagierfähre	51,00	11,00	498		1320	11,96	I/S af 29. Dezember 1962, Malmø
1964	523	Münsterland	Passagierschiff	52,50	9,60	735		1800	15,45	A.-G. „Ems", Emden
1964	524	EPSC Zarina	Fracht- und Passagierschiff	50,00	10,40	961	320	900	11,80	Inland Water Transport Authority, Dacca
1964	525	EPSC Zakia	Fracht- und Passagierschiff	50,00	10,40	961	320	900	11,80	Inland Water Transport Authority, Dacca
1964	526	EPSC Zubeida	Fracht- und Passagierschiff	50,00	10,40	961	320	900	11,80	Inland Water Transport Authority, Dacca
1964	527	EPSC Zohra	Fracht- und Passagierschiff	50,00	10,40	961	320	900	11,80	Inland Water Transport Authority, Dacca
1964	528	Ninja Tholstrup	Gastanker	46,50	9,00	499	520	500	10,50	A/S Kosangas, Kopenhagen
1965	529	Frisia V	Auto- und Passagierfähre	42,00	12,00	627		840	10,40	A.-G., Reed. Norden-Frisia, Norderney

Baujahr / Year of delivery	Bau-Nr. / Yard no.	Schiffsname / Ship's name	Schiffstyp / Type of ship	Länge / Length	Breite / Breadth	BRT / GRT	tdw / tdw	PS / HP	Knoten / Knots	Auftraggeber / Owner
1965	530	Langeland	Auto- und Passagierfähre	57,00	12,40	907		3000	15,30	Langeland-Kiel Linien, Bagenkop
1966	531	Salome	Autotransporter	80,00	15,00	1900	3650	2950	14,32	Wallenius Bremen GmbH, Bremen
1968	532	Betula	Auto- und Passagierfähre	64,50	16,30	2291		1920	15,20	Linjebuss International, Helsingborg
1965	533	Hammershus	Auto- und Passagierfähre	79,40	14,40	2938		8000	18,40	A/S Dampskibsselskab paa Bornholm af 1866, Rønne
1965	534	Jop	Frachter	66,00	11,50	499	1310	1100	12,02	B. Schöning, Haren
1965	535	Mary Else Tholstrup	Gastanker	46,50	9,00	499	511	500	10,70	I/S Transkosan, Kopenhagen
1965	536	Santa Maria	Frachter	66,00	11,50	499	1320	1100	12,52	Gebr. Lohmann, Haren
1965	537	O. R. Schepers	Frachter	66,00	11,50	499	1326	1400	12,94	Maria Schepers, Haren
1966	538	Undine	Autotransporter	80,00	15,00	1900	3650	2950	14,32	Wallenius Bremen GmbH, Bremen
1965	539	Helena Husmann	Frachter	66,00	11,50	499	1320	1100	11,76	F. Husmann, Haren
1967	540	Thessalia	Frachter	99,60	16,20	3800	5800	4200	16,32	Hans Krüger, Hamburg
1968	541	Frisia VI	Auto- und Passagierfähre	43,50	10,30	547		840	11,34	A.-G. Reed. Norden-Frisia, Norderney
1968	542	Adler II	Zubringerschiff	22,80	5,10	68	61	170		Ulrich Harms, Hamburg
1968	543	Libra	Gastanker	62,00	11,50	1243	1613	1500	13,40	Rederiet MT „LIBRA", Helsingborg
1966	544	Papenburg	Frachter	90,10	14,85	3153	4380	3880	15,20	Lenox KG, Hamburg
1969	545	Vikingfjord	Auto- und Passagierfähre	96,50	16,40	3777		13400	22,20	Nordland-Fähre, Cuxhaven
1966	546	Meteor	Frachter	66,70	11,75	1359	2310	1600	13,20	Joh. Kahrs, Gräpel
1966	547	Seeadler	Frachter	67,00	11,75	1477	2250	1600	13,70	O. Eckhardt, Elsfleth
1968	548	Tine Tholstrup	Gastanker	65,10	12,00	1400	1100	1200	12,75	I/S Transkosan, Kopenhagen
1967	549	Claude	Gastanker	62,00	11,50	1232	1530	1500	12,75	A/B Transmarin, Helsingborg
1968	550	Kap Roland	Gastanker	71,70	12,00	1600	1625	2150	13,97	Partenreederei MT „KAP ROLAND", Köln
1967	551	Nicole	Gastanker	83,00	14,00	3100	2450	3500	15,00	A/B Transmarin, Helsingborg

Teil C: Bau-Nr. 552–617 (ca. 1969–1988)
Part C: Yard No. 552–617 (about 1969–1988)

Baujahr / Year of delivery	Bau-Nr. / Yard no.	Schiffsname / Ship's name	Schiffstyp / Type of ship	Länge / Length	Breite / Breadth	BRT / GRT	tdw / tdw	PS / HP	Knoten / Knots	Auftraggeber / Owner
1969	552	MARIANNE	Frachter/ cargo vessel	120,0	17,2	5070	6749	7000	16,5	Transmarin, Helsingborg
1969	553	MADELEINE	Frachter/ cargo vessel	120,0	17,2	4994	6759	7000	16,5	K.-R. Transmarin, Hamburg
1971	554	IRENE	LPG-Tanker/ gas tanker	106,4	15,4	4278	5617	4550	15,3	Transmarin, Hamburg
1969	555	SERVUS	Containerfrachter/ container vessel	109,0	16,3	2233	2386	5000	16,8	A/B Svea, Stockholm
1970	556	LIGUR	LPG-Tanker/ gas tanker	68,7	62,5	1292	1248	1500	12,8	Partenr. Ligur, Raa
1970	557	HARTFORD EXPRESS	Frachter/ cargo vessel	103,4	15,4	3259	5086	3200	15,2	Oskar Wehr, Hamburg
1971	558	WESER CARRIER	Frachter/ cargo vessel	105,1	15,4	3413	5049	4000	15,3	Weser Schiffahrtsagentur, Jewenstedt
1970	559	WESER AGENT	Frachter/ cargo vessel	105,1	15,4	3413	5086	4000	15,3	Weser Schiffahrtsagentur, Jewenstedt
1970	560	APOLLO	Auto- u. Passagierfähre/car and passenger ferry	108,7	16,8	4240	1100	8000	18,8	A/B Slite – A/B Volo, Stockholm
1970	561	FRISIA I	Auto- u. Passagierfähre/car and passenger ferry	53,7	12,0	840	230	620	12,6	A.-G. Reederei Norden-Frisia, Norderney
1970	562	VIKING 1	Auto- u. Passagierfähre/car and passenger ferry	108,7	16,8	4240	1100	8000	18,8	Rederi A/B Sally, Mariehamn
1971	563	REGULA	Auto- u. Passagierfähre/car and passenger ferry	71,0	16,3	2318	880	3840	15,0	Linjebuss International, Helsingborg
1971	564	SVEA SCARLETT	Auto- u. Passagierfähre/car and passenger ferry	86,0	16,3	2957	1006	5480	16,3	Linjebuss International, Helsingborg
1972	565	VIKING 3	Auto- u. Passagierfähre/car and passenger ferry	108,7	16,8	4300	1001	8000	18,8	Rederi A/B Sally, Mariehamn
1972	566	DIANA	Auto- u. Passagierfähre/car and passenger ferry	108,7	16,8	4152	1020	8000	18,8	A/B Slite, Stockholm
1972	567	GAMMAGAS	LPG-Tanker/ gas tanker	106,4	15,4	4273	5712	4800	15,7	MT „Gammagas" KG, DG „Neptun", Bremen
1973	568	COROMUEL	Auto- u. Passagierfähre/car and passenger ferry	108,7	16,8	7234	1186	8000	18,7	Caminos y Puentes Federales de Ingresos y Servicios Conexos, Mexico City
1973	569	URSULA	Auto- u. Passagierfähre/car and passenger ferry	71,0	16,3	2369	778	5400	16,7	Linjebuss International, Helsingborg

Baujahr / Year of delivery	Bau-Nr. / Yard no.	Schiffsname / Ship's name	Schiffstyp / Type of ship	Länge / Length	Breite / Breadth	BRT / GRT	tdw / tdw	PS / HP	Knoten / Knots	Auftraggeber / Owner
1973	570	Viking 4	Auto- u. Passagierfähre/car and passenger ferry	108,7	16,8	4478	1096	10200	19,7	Rederi A/B Sally, Mariehamn
1974	571	Puerto Vallarta	Auto- u. Passagierfähre/car and passenger ferry	108,7	16,8	7005	1187	8000	18,6	Caminos y Puentes Federales de Ingresos y Servicios Conexos, Mexico City
1975	572	Deltagas	LPG-Tanker/gas tanker	106,4	15,4	4287	6038	5400	16,4	Sloman Neptun, Bremen
1974	573	Viking 5	Auto- u. Passagierfähre/car and passenger ferry	117,8	16,8	5286	6038	11000	19,5	Rederi A/B Sally, Mariehamn
1974	574	Stella Scarlett	Auto- u. Passagierfähre/car and passenger ferry	115,0	17,5	4174	1601	10000	19,5	Linjebuss International, Helsingborg
1975	575	Azteca	Auto- u. Passagierfähre/car and passenger ferry	108,7	16,8	6823	1126	8000	18,9	Caminos y Puentes Federales de Ingresos y Servicios Conexos, Mexico City
1976	576	Robin Transoceanic	LPG-Tanker/gas tanker	139,7	20,5	9060	9560	8940	16,3	Robin Transoceanic, Monrovia
1976	577	Bolduri	LPG-Tanker/gas tanker	139,7	20,5	9060	9540	8940	16,3	Robin Transoceanic, Monrovia
1976	578	Dzintari	LPG-Tanker/gas tanker	139,7	20,5	9060	9505	8940	16,3	Robin Transoceanic, Monrovia
1977	579	Dubulty	LPG-Tanker/gas tanker	139,7	20,5	9060	9534	8940	16,3	Robin Transoceanic, Monrovia
1977	580	Mayori	LPG-Tanker/gas tanker	139,7	20,5	9060	9521	8940	16,3	Robin Transoceanic, Monrovia
1978	581	Lielupe	LPG-Tanker/gas tanker	139,7	20,5	9060	9540	8940	16,3	Robin Transoceanic, Monrovia
1976	582	Coral Isis	LPG-Tanker/gas tanker	108,0	15,4	4444	6054	5400	16,9	Coral Shipping Co, Curacao
1977	583	Epsilongas	LPG-Tanker/gas tanker	107,7	15,4	4460	5962	5400	16,9	Sloman Neptun, Bremen
1982	584	Kurt Illies	LPG-Tanker/gas tanker	122,6	15,5	5591	7113	5910	14,1	B. Schulte, Hamburg
1983	585	Antje	Schlepper/tug	19,6	6,4	–	–	1040	10,7	für eigene Rechnung
1978	586	Benghazi	LPG-Tanker/gas tanker	108,8	15,4	4612	6022	5400	16,7	Cie Algéro-Libyenne de Transport Mar., Algier
1978	587	Foss Ems	Ro-Ro Frachter/ro/ro carrier	168,7	20,2	5401	9145	13000	19,4	M.S. „Ems" Frisia Schiffahrts GmbH, Papenburg
1979	588	Nestor	Ro-Ro Frachter/ro/ro carrier	168,7	20,2	5121	9235	13000	19,5	M.S. Nestor Reederei und Schiffahrts GmbH, Aschendorf
1978	589	Frisia II	Auto- u. Passagierfähre/car and passenger ferry	53,3	12,0	824	159	1618	11,0	A.-G. Reederei Norden-Frisia, Norderney

Formen eines Schiffsblechs unter der 750 t-Presse. Im Hintergrund der Schiffbauer Bernhard Kleingeld. Foto: © STERN/ Axel Carp.

Moulding a ship's plate under the 750 ton press. Photograph: © STERN/ Axel Carp.

Montage eines Fundamentes für einen Gastank. Foto: © STERN/ Axel Carp.

Installation of the foundation for a gas tank. Photograph: © STERN/ Axel Carp.

Baujahr / Year of delivery	Bau-Nr. / Yard no.	Schiffsname / Ship's name	Schiffstyp / Type of ship	Länge / Length	Breite / Breadth	BRT / GRT	tdw / tdw	PS / HP	Knoten / Knots	Auftraggeber / Owner
1980	590	Viking Sally	Auto- u. Passagierfähre/car and passenger ferry	155,4	24,2	15570	3406	24000	21,1	A/B Sally, Mariehamn
1980	591	Hermann Schulte	LPG-Tanker/gas tanker	110,9	15,5	4902	6087	5910	14,2	Bernhard Schulte, Hamburg
1979	592	Diana II	Auto- u. Passagierfähre/car and passenger ferry	137,0	24,2	11671	2359	24000	21,0	A/B Slite, Stockholm
1979	593	Rheintal	Frachter/cargo vessel	84,2	10,7	499	1480	1200	10,5	Ems-Trans Schiffahrtsges. mbH Rheintal KG, Haren
1979	594	Germann	Frachter/cargo vessel	79,0	10,7	499	1480	1200	10,5	Unitas Schiffahrtsges. mbH & Co KG, Haren
1980	595	Dorothea Schulte	LPG-Tanker/gas tanker	110,9	15,5	4902	6055	5900	14,2	Bernhard Schulte, Hamburg
1980	596	Ambassador	Ro-Ro Frachter/ro/ro carrier	168,7	21,6	13413	9139	10000		Coordinated Caribbean Transport, New York
1981	597	Diplomat	Ro-Ro Frachter/ro/ro carrier	168,65	21,6	13489	9094	10000	17,1	Coordinated Caribbean Transport, New York
1981	598	Gaz Pacific	LPG-Tanker/gas tanker	110,9	15,5	4900	5990	5900	15,2	F. A. Detjen, Hamburg
1982	599	Gaz Nordsee	LPG-Tanker/gas tanker	110,9	15,5	4990	5990	5900	15,2	F. A. Detjen, Hamburg
1982	600	Tycho Brahe	LPG-Tanker/gas tanker	159,0	21,3	12174	16225	7890	15,1	F. A. Detjen, Hamburg
1982	601	Zetagas	LPG-Tanker/gas tanker	122,6	15,5	5599	7000	5910	14,1	Sloman Neptun, Bremen
1985	602	Donau	LPG-Tanker/gas tanker	183,0	30,0	23512 (BRZ)	30900	12950	16,0	F. A. Detjen, Hamburg
1983	603	Immanuel Kant	LPG-Tanker/gas tanker	159,0	21,30	12178	16225	7890	15,2	Bernhard Schulte, Hamburg
1986	604	Grajaú	LPG-Tanker/gas tanker	134,0	19,0	8075	8862	5320	14,6	Petrobras, Rio de Janeiro
1987	605	Gurupá	LPG-Tanker/gas tanker	134,0	19,0	8075	8907	5320	14,6	Petrobras, Rio de Janeiro
1984	606	Sultan Mahmud Badaruddin II	LPG-Tanker/gas tanker	113,5	16,3	5176	6084	6200	15,6	P. T. Pupuk Sriwidjaja, Djakarta
1987	607	Gurupi	LPG-Tanker/gas tanker	134,0	19,0	8075	8891	5320	14,6	Petrobras, Rio de Janeiro
1983	608	Kerinci	Passagierschiff/passenger ship	144,0	23,4	13954	3430	17400	20,6	Department of Communications, Jakarta
1984	609	Kambuna	Passagierschiff/passenger ship	144,0	23,4	13944	3430	17400	20,6	Department of Communications, Jakarta
1986	610	Homeric	Kreuzfahrtschiff/cruise ship	204,0	29,0	42092	5100	32400	23,2	Home Lines Inc., Panama
1984	611	Rinjani	Passagierschiff/passenger ship	144,0	23,4	13860	3430	17400	20,6	Department of Communications, Jakarta

Baujahr / Year of delivery	Bau-Nr. / Yard no.	Schiffsname / Ship's name	Schiffstyp / Type of ship	Länge / Length	Breite / Breadth	BRT / GRT	tdw / tdw	PS / HP	Knoten / Knots	Auftraggeber / Owner
1985	612	Umsini	Passagierschiff/ passenger ship	144,0	23,4	13854	3430	17400	20,6	Department of Communications, Jakarta
1986	614	Kelimutu	Passagierschiff/ passenger ship	99,8	18,2	5685	1412	2170	14,0	Department of Communications, Jakarta
1986	615	Lawit	Passagierschiff/ passenger ship	99,8	18,2	5685	1412	2170	14,0	Department of Communications, Jakarta
1988	616	Crown Odyssey	Kreuzfahrtschiff/ cruise ship	187,0	28,2					Royal Cruise Line, Piräus
1988	617	Tidar	Passagierschiff/ passenger ship	144,0	23,4					Department of Communications, Jakarta

Kranführer Heinrich Plock.
Foto: © STERN/ Axel Carp.
Crane driver Heinrich Plock.
Photograph: © STERN/ Axel Carp.

III

Anlagen
Dokumente aus der Geschichte des Unternehmens

Appendices
Documents from the company's history

1795–1919

Erste Seite des Kaufvertrages über die „Thurmwerft" vom 28. Januar 1795.

First page of the contract of purchase for the "Thurmwerft", dated 28th January 1795.

[A ad Nr 6]

Ich Johann Henrich Cordes, der Rechten Doctor und gnädigst verordneter Richter der Reichsfreyherrlichen von Landsbergvelenschen Gericht zu Papenburg, füge durch gegenwärtiges Documentum allen und jeden zu wissen, daß im Jahr nach der Geburth Jesu Christi eintausend Siebenhundert Neunzig fünf, auf den acht und zwanzigsten Tag monats Januarii, vor mir Richter persönlich kommen und erschienen seyen, der von seiten Seiner Hochgebohrnen Excellenz Herrn Geheimenrathen und Reichsfreyherren Paul Joseph von Landsbergvelen, Herrn zu Velen, Papenburg, Altenkamp p., besonders bevollmächtigter Höchstdesselben Rentmeister Herr Arnold Pfeyman als Verkäufer an einem, sodann der Wilhelm Rudolphs Meyer aus Papenburg als Verkäufer anderen theils, anzeigend und bekennend, daß sie wegen Verkauf und Verläufung des Seiner Hochgebohrner Excellenz zugehörigen in Papenburg belegenen Grundstücks die Thurmwerft genannt, nachstehenden Kaufcontract verabredet und geschlossen hätten, gleichwie sie solchen hiermit nochmahlen schlossen und contrahirten wie folgt.

1/ der Herr Rentmeister Pfeyman als Special bevollmächtigter Verkäufer hiemit und Krafft dieses in namen seines obgemeldten Hohen Herrschafft an besagten Wilhelm Rudolphs Meyer aus in Papenburg bey der Herrschafftlichen Mögül...

Nachdem der Schiffszimmermann Willm Rolf Meyer beschlossen hatte, sich in Papenburg selbständig zu machen, ersteigerte er am 7. Januar 1795 ein für die Anlage einer Werft geeignetes Grundstück. Der Name des Geländes, „Thurmwerft", bedeutet nicht, daß dort bereits Schiffe gebaut wurden, sondern leitet sich von dem Wort „Warf[t]" als Bezeichnung für ein höher gelegenes Gebiet innerhalb der Deverwiesen ab, auf dem ein alter Turm als Überrest der „Papenburg" gestanden hat. Mit dem Grundstückserwerb legte Willm Rolf Meyer 1795 den Grundstein zu der nun schon bald 200jährigen Geschichte der Meyer'schen Werften in Papenburg. In dem am 28. Januar 1795 geschlossenen Kaufvertrag hieß es:

Once the shipwright Willm Rolf Meyer had decided to set up his own company in Papenburg, he bought land suitable for the establishment of a shipyard at an auction on 7th January 1795. The name of the land "Thurmwerft", does not mean that ships had already been built here. Instead, the word "Warf[t]" which was used to describe a piece of land raised higher than the surrounding Dever meadows. With the purchase of this land, Willm Rolf Meyer laid the foundations to the nearly 200 years of history of the Meyer shipyard in Papenburg. In the contract of purchase, concluded on 28th January 1795, one can read:

Ich Johann Henrich Cordes der rechten Doctor und gnädigst angeordneter Richter des Reichsfreyherrlichen von Landsbergvelenschen Gerichts zu Papenborg füge durch gegenwärtiges Documentum allen und Jeden zu wissen, daß im Jahre nach der Geburth Jesu Christi ein Tausend Siebenhundert neunzig fünf auf den achtundzwanzigsten Tag monats Januarii Vor mir Richtern gerichtlich Commen und Erschienen seyen, Der von seiten Seiner hochgeborenen Excellenz Herrn Geheymrathen und Amttdrosten Reichsfreyherrn Paul Joseph von Landsbergvelen Herrn zu Velen, Papenborg, Altenkamp Besonders Bevollmächtigter hochderselben Rentemeister Franz Arnold Breyman als Verkäufer an einer, sodann der Wilhelm rudolphs Meyer aus Papenborg als ankäufer anderer seits, anzeigend und Bekennend, daß sie wegen Verkauf und Ankaufung des Seiner hochgedachten Excellenz zugehörigen in Papenborg Belegenen grundstückes die Thurmwerft genannt nachfolgenden Kaufcontract verabredet und geschlossen hätten, gleichwie sie solchen hiemit nochmahlen schlössen und Contrahirten wie folgt:
1. Der Herr Rentmeister Breyman als Special Bevollmächtigter verkaufet hiemit und kraft dieses im Namen seiner obgemeldten hohen Herrschaft an Besagten Wilhelm rudolphs Meyer das in Papenborg Bey der herrschaftlichen Weyde am hauptkanal westseits Belegene grundstück die Thurmwerft genannt, ringsherum mit einem sieben fus Breiten graben umgeben, Beynahe So gros als ein Papenborger Viertel plaatz für die Summe von achthundertfünfzehn gülden holländisch unter hiernach geschriebenen Bedingnissen:
1. Der ankäufer Wilhelm rudolphs Meyer soll am 4ten künftigen Monats März auf abschlag des Kaufschillings Zweyhundert gülden holländisch erlegen, und den rest des Kaufschillings auf St. Michael 1795 entrichten oder aber von der Zeit an Jährlichs Termino Michaelis mit Vier procent verzinsen und nach geschehener halbjährlicher Looskündigung das Capital bezahlen.
2. der ankäufer soll nebst den Kaufschilling Jährlich und zu allen Zeiten Termino Michaelis und zwar pro Michaelis 1795 zum erstenmahl alldasjenige an der Herrschaft prohtiren [bezahlen], was gewöhnlich von einem Behauseten Papenborger Viertel plaatz prohtirt wird, nämlich **a** *an Werftheuer zwölf Stüber holländisch,* **b** *einen halben Tag arbeit oder sechs Stüber holländisch,* **c** *an hüner geld 2½ Stüber holländisch, sodann* **d** *an pastor und küster geld 11½ stüber holländisch, und auch* **e** *alle einem papenborger Viertel plaatz obliegenden gemeinheits Lasten tragen.*
3. reserviert sich die herrschaft ausdrücklich das dominium [Besitzrecht] über dieses grundstück, Biß der Kaufschilling völlig gezahlt seyn wird.
4. Der ankäufer stellet dagegen zum unterpfand alle sein jetz und künftig Haab und güter in genere [im allgemeinen] und in specie [im Besonderen] den aus seinem Väterlichen hause ihm annoch gebührenden kindlichen erbtheil ita tamen ut neu generalitas Specialitati neu Specialitas generalitati et invicem derogent [so dennoch, daß nicht das Pfand in genere dem Pfand in specie etwas abzieht und das Pfand in specie nicht dem Pfand in genere etwas abzieht. D.h. er haftet sowohl mit dem einen Pfand wie mit dem anderen]. Über welchen Kaufcontract sämtliche Comparentes [Beteiligten] zu meines Richtern händen stipuliert haben [ihre Zustimmung gegeben haben].
Zur Wahrheitsurkunde habe ich richter darüber gegenwärtiges Documentum durch untenbenannten of infirmitatem actuarii ordinarii Surrogirten Notarium in forma ordinis expediren lassen [durch untenbenannten wegen der Krankheit des offiziellen Urkundsbeamten stellvertretend ernannten Notar in rechtskräftiger Form ausfertigen lassen], und nebst dessen eigenhändiger unterschrift mit dem mir anvertrauten Papenborger Gerichtsinsiegel Befestiget, so geschehen zu Aschendorf in meines Richtern wohnbehausung in meiner schreibstube. Anno, die et mense ut supra [Datum wie oben angegeben]
In Fidem Promissorum
Clemens August Behnes notarius cohärens publicus et in curia monasteriense Immatriculatus, ob infirmitatem actuarii ordinarii ad hunc actum Surrogatus Subscripsit. [Zur Beglaubigung der Absprache hat Clemens August Behnes, öffentlich zugelassener Notar, beim bischöflichen Stuhl in Münster zugelassen und wegen der Krankheit des offiziellen Urkundsbeamten für diesen Fall als Stellvertreter bestellt, unterschrieben]

Joseph Lambert Meyer, der Gründer der Eisenschiffswerft, hatte, bevor er den Schritt in die Selbständigkeit wagte, eine gründliche Ausbildung hinter sich gebracht. Nach dem Besuch einer Handelsschule in Osnabrück und anschließender Schiffbauerlehre auf der väterlichen Holzschiffswerft, hatte er seine Kenntnisse auf amerikanischen Werften, auf der Königlich-Preußischen Schiffbauschule in Grabow sowie bei der Stettiner Maschinenbau-Actien-Gesellschaft „Vulcan" besonders hinsichtlich des Eisenschiffbaus erweitert. Am 21. März 1872 stellte ihm die Direktion des „Vulcan" das folgende Abgangszeugnis aus:

Joseph Lambert Meyer, the founder of the iron shipyard had received a thorough education and training before he set up his own company. After attending a commercial college in Osnabrueck and then completing a shipwright's apprenticeship in his father's wooden shipyard, he extended his knowledge of shipbuilding by spending time in American shipyards, at the Royal Prussian Shipbuilding School in Grabow, and, with particular emphasis on iron shipbuilding, at the Maschinenbau-Actien-Gesellschaft "Vulcan" in Stettin. On 21st March 1872, the directors of the "Vulcan" yard awarded him with the following leaving certificate:

Dem Ingenieur Herrn Jos. L. Meyer, welcher heute auf seinen Wunsch unser Etablissement verläßt, geben wir hiermit das Zeugniß, daß er seit dem 25. Januar 1870 bei uns in der Abtheilung für Schiffbau beschäftigt gewesen ist und in derselben bei den Schiffsconstructionen sowie bei Leitung der practischen Ausführungen thätig war. Derselbe hat sich sowohl durch seine Leistungen, als durch Pünktlichkeit, Fleiß und musterhaftes Betragen unsere volle Zufriedenheit erworben.

Im Jahre 1893 hätte Jos. L. Meyer beinahe seinen Wohnsitz und sein Unternehmen nach Bremen verlegt. Damals wollte man dort anstelle der Werften von Johann Lange und Hermann F. Ulrich eine neue, moderne Großwerft für Schiffs- und Maschinenbau gründen. Eifrigster Verfechter dieses Gedankens war der damalige Leitende Ingenieur der Johann Lange Werft, Victor Nawatzki. Dieser hatte nach seinem Studium zunächst bei Blohm & Voss in Hamburg und dann bei Jos. L. Meyer in Papenburg gearbeitet und hätte es nun wohl gerne gesehen, wenn sich sein früherer Chef des Bremer Unternehmens angenommen hätte. Noch am 15. Oktober 1893 richtete er ein Kaufangebot für die Lange Werft an Jos. L. Meyer, das im folgenden zitiert wird. Jos. L. Meyer war zu diesem Zeitpunkt durchaus geneigt, nach Bremen zu gehen. Daß er diesen Gedanken doch wieder aufgab, geht auf das Votum seiner Frau zurück, die Papenburg nicht verlassen mochte. Immerhin gehört Jos. L. Meyer aber zu den zehn Gründungsaktionären der neuen Großwerft, die am 23. Oktober 1893 als Aktiengesellschaft Bremer Vulkan ihre Geschichte begann.

In 1893, Jos. L. Meyer nearly moved both his company and his own home to Bremen. It was planned to found a new modern shipyard and mechanical engineering works in Bremen to replace the Johann Lange and Hermann F. Ulrich shipyards. The keenest supporter of this project was the chief engineer of the Johann Lange Werft, Victor Nawatzki. Victor Nawatzki had previously worked for Jos. L. Meyer in Papenburg, after his studies and initial employment at Blohm & Voss in Hamburg, and he would probably have liked his former employer to take over the company in Bremen. On 15th October 1893, he sent Jos. L. Meyer an offer for the purchase of the Lange Werft, which is quoted below. Jos. L. Meyer was quite willing to go to Bremen at this particular time. His wife however did not want to leave Papenburg, so that Jos. L. Meyer relinquished this idea in the end. Nevertheless, Jos. L. Meyer was still one of the 10 founding shareholders in the new large shipyard, which began its existence on 23rd October 1893 as the Aktiengesellschaft Bremer Vulkan.

Grohn, den 15. October 1893

Sehr geehrter Herr Meyer!

Auf Ihr frdl. Schreiben vom 14. d. M. kann Ihnen Folgendes mittheilen:
Die Familie Lange hat mir die Werft auf 4 Wochen zum Preise von R. Mark: 175 000 an die Hand gegeben. Ich bin hier & in Bremen bemüht ein Consortium zusammenzubringen. Ein grosser Theil der Summe ist bereits gezeichnet, doch hält es bei der jetzigen geldknappen Zeit schwer das nöthige Betriebscapital zusammenzubringen. Ich habe meist Rhedereien & die Industriellen hiesiger Gegend für mein Unternehmen enteressirt und bin auch ausnahmslos von diesen unterstützt worden. In dieser kommenden Woche hoffe ich auf die eine oder andere Weise eine Entscheidung herbeizuführen.
Gewiss wäre ich gern bereit auf Ihre Vorschläge einzugehen und Ihnen dankbar, wenn Sie mich unterstützen könnten. Es wäre dann allerdings das Beste, wenn wir irgendwo zusammenkämen und unsere Meinungen austauschten. Ich überlasse es Ihnen den Ort zu bestimmen, jedoch ist die Zeit kurz bemessen & wollen Sie frdl. umgehend über mich verfügen.

Zeugnis des Stettiner „Vulcan" für Jos. L. Meyer vom 21. März 1872.

Certificate of the "Vulcan" shipyard in Stettin for Jos. L. Meyer, dated 21st March 1872.

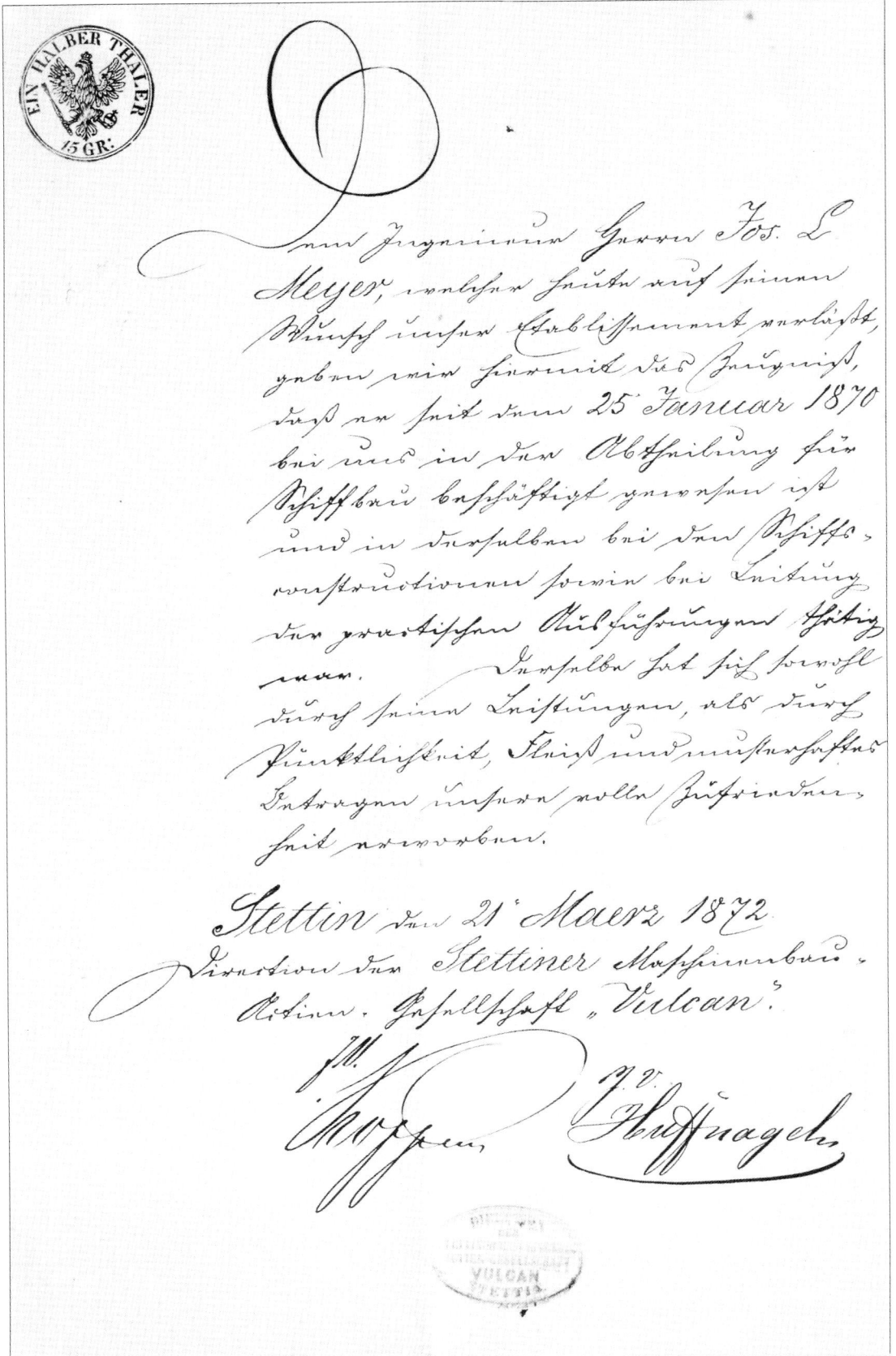

Zu Ihrer vorläufigen Orientierung theile Ihnen flüchtig folgendes mit:
Die Werft hier in Grohn hat einen Taxwerth von rund 460 000 Mk. Durch Neuanlagen von ca. 80 000 Mk. habe ich das Werk neuorganisirt. Der Preis ist ein exorbitant niedriger & das Capital von 175 000 Mk. stets zu verzinsen. Durch einige Vergrösserungen im Maschinenbau und in der Gießerei könten brillante Geschäfte gemacht werden, da in dieser Gegend keine solide Anlage vorhanden ist. In diesem Jahre an Reparaturen allein ein Umsatz von ca. 100 000 Mk. erzielt.
Mit der jetzigen Anlage kann ca. 1 200 000 Mk. umgesetzt werden. Alles Naehere müßte Ihnen mündlich auseinander setzen. Geben Sie mir ev. per Draht Nachricht.
Meiner Familie und mir persönlich geht es gut und hoffe bei Ihnen ein Gleiches.
Mein Bleiben hier haengt ganz von den Umstaenden ab was aus dem Werke gemacht wird. Jedenfalls würde das Werk nur dann weiter leiten, wenn es auf einer gesunden Basis von irgend einer Seite übernomm[en] würde. Selbstverstaendlich habe ich mich schon um andere Stellen bemüht, doch ist augenblicklich wenig Passendes zu erhalten. Eine Stelle nach Russland ist mir angeboten, doch ist das für einen Deutschen eine heikle Sache.
Für heute nur dies.
Ihren gefl. Nachrichten baldmögl. entgegensehend, begrüße Sie inzwischen und verbleibe Ihr

stets ergebener
V. Nawatzki

Erste Seite des Briefes von Victor Nawatzki mit dem Angebot, die Werft Johann Lange zu kaufen, 15. Oktober 1893.

First page of the letter from Victor Nawatzki with the offer to buy the Johann Lange shipyard, dated 15th October 1893.

Im Jahre 1899 fragte eine in Berlin gebildete *Kommission zur Untersuchung der Lage des Schiffbaus* die deutschen Werften nach Ihren Betriebseinrichtungen, der geschäftlichen Organisation und den sozialen Einrichtungen für die Belegschaft. Dem Antwortbrief Jos. L. Meyers vom 18. Dezember 1899 sind die folgenden Zitate entnommen. Die Gliederung des Briefes folgte dem Fragenkatalog der Kommission.

In 1899, a commission formed in Berlin to investigate the state of the shipbuilding industry asked the German shipyards a series of questions referring to the company's plant, appliances and machinery, business organization, and the social amenities for the workforce. The following quotations have been taken from Jos. L. Meyer's reply, dated 18th December 1899. The structure of the letter complies with the list of questions sent by the commission.

I.
Einer Veröffentlichung des Planes steht nichts im Wege.
Wie aus demselben hervorgeht, können auf den Längshellingen 2 Dampfer von ca. 85 m Länge gebaut werden. Die Querhellinge sind mehr für leichte Schiffe eingerichtet, könnten jedoch auch für den Bau größerer Schiffe umgebaut werden. Die Werft befindet sich im steten Umbau. Ursprünglich waren die Gebäude in Holzfachwerk ausgeführt, die Umfassungsmauern werden nach und nach massiv hergestellt und dabei alle wünschenswerthen Verbesserungen möglichst berücksichtigt.

II.
Die hiesigen Anlagen sind im Jahre 1872 von dem damaligen Oberingenieur bei den Oderwerken, Herrn Ludwig Barth und mir unter der Firma Meyer & Barth gegründet; es sollten in der Hauptsache landwirthschaftliche Anlagen, wie Oelmühlen, Mehlmühlen etc. gebaut werden, sowie auch kleine Schiffe, da ich glaubte annehmen zu dürfen, daß der hiesige früher sehr blühende Holzschiffbau nach und nach auf den Eisenschiffbau übergehen würde. Die Gegend war aber zu industriearm, die Rhederei im fortwährenden Rückgang begriffen, das Vorurtheil gegen eiserne Schiffe, welches die Schiffbaumeister in jeder Weise zu nähren suchten, um den Holzschiffbau in Gang zu halten, war nicht zu besiegen und konnten Aufträge nur mit schweren Opfern von anderen Hafenplätzen, Bremen, Hamburg & Holland herangeholt werden. Hierzu kamen die sehr schwierigen Arbeiterverhältnisse; wir hatten ca. 50 Familien von Stettin herübergezogen, alle tüchtige Leute; dieselben sind aber nur wenige Jahre hier geblieben und nach und nach entweder wieder nach Stettin oder nach Wilhelmshaven übergesiedelt, weil ihnen die hiesige Gegend zu öde war.
Die finanziellen Resultate waren sehr ungünstig, so daß ich mich im Jahre 1878 gezwungen sah das Geschäft zu liquidiren und in ganz kleinem Maaßstabe allein fortzuführen.
Da ich von Jugend auf im Schiffbau thätig war, worunter [ich] mehrere Jahre auf dem Stettiner Vulcan als Ingenieur und als solcher auch wiederholt im Reichsmarineamt beschäftigt wurde, um die Zeichnungen für den „Preußen" zu copieren, wurde ich mit den Marinebauten bekannt und danke es im hohen Grade dieser Bekanntschaft, daß es mir später gelungen ist, das Geschäft aus ganz kleinen Anfängen wieder schuldenfrei zu machen.
Ich habe mich nur auf den Schiffbau und Schiffsmaschinenbau beschränkt. Der Schiffbau ist hier beinahe immer lohnend gewesen; hauptsächlich ist aber der Bau von Seekähnen für den Norddeutschen Lloyd, die deutsche Dampfschiffahrts Gesellschaft „Hansa" in Bremen für mich sehr gewinnbringend gewesen, da ich mit sehr geringen Mitteln und kleinen Anlagen einen verhältnismäßig großen Umsatz erreichen konnte.

ADRESSE FÜR POST- UND
BAHNSENDUNGEN:
Johann Lange, Schiffswerft
Grohn-Vegesack.

TELEGRAMME:
— Lange Schiffswerft —
Grohn-Vegesack.

JOHANN LANGE, GROHN
SCHIFFSWERFT, MASCHINENFABRIK
UND KESSELSCHMIEDE, EISEN- UND METALL-GIESSEREI
DAMPF-, SÄGE- UND HOBELWERK.
Dry-Dock-Anlagen in Bremerhaven.

GROHN, den 17 October 1893.
bei Vegesack.

Sehr geehrter Herr Meyer!

Auf Ihr gefl. Schreiben v. 14. d. M. kann Ihnen Folgendes mittheilen:

Die Familie Lange hat mir die Werft auf 4 Wochen zum Preise von R.M: 175000 an die Hand gegeben. Ich bin hier & in Bremen bemüht ein Consortium zusammenzubringen. Ein grosser Theil der Summe ist bereits gezeichnet, doch hält es bei der jetzigen Geldknappen Zeit schwer das nöthige Betriebscapital zusammenzubringen. Ich habe meist Rhedereien & die Industriellen hiesiger Gegend für mein Unternehmen interessirt & bin auch ausnehmslos von diesen unterstützt worden. In dieser kommenden Woche hoffe ich auf die eine oder andre Weise eine Entscheidung herbeizuführen.

Gewiss waere ich gern bereit auf Ihre Vorschläge einzugehen & Ihnen dankbar, wenn Sie mich unterstützen könnten. Es waere dann allerdings das Beste wenn wir irgendwo zusammenkommen & unsere Meinungen austauschten.

An meine Arbeiter!

Seit Wochen nehmen die Unregelmäßigkeiten in der Arbeit, besonders an den Montagen und den Tagen nach den Feiertagen, in einer erschreckenden Weise zu. Ein großer Theil der Leute ist nicht, wie es die Fabrikordnung vorschreibt, des Morgens um 6 Uhr an der Arbeit, sondern glaubt den vollen Lohn beanspruchen zu können, wenn sie noch 5 Minuten nach 6 Uhr den Thorweg erreichen; ein anderer Theil kommt oft erst zum Frühstück. Einzelne Leute kommen Montags gar nicht, andere kommen in einem arbeitsunfähigen Zustande und scheuen sich sogar nicht, Branntwein in die Fabrik zu bringen.

Es ist daher kein Wunder, daß die Arbeiten in den letzten Jahren einen so schlechten Fortgang genommen haben. Kein Schiff ist zur Zeit fertig geworden und sehr hohe Conventionalstrafen haben gezahlt werden müssen, so daß auch ein Gewinn nicht hat erzielt werden können.

Die Beaufsichtigung der Arbeiter ist aus den gleichen Gründen so anstrengend, daß ich mich dazu körperlich nicht mehr im Stande fühle und auch mein Sohn unter diesen Umständen die Fabrik nicht leiten kann, denn wir haben auch andere Arbeiten zu thun, als hinter den Leuten her zu laufen.

Die Zustände sind, besonders seit Weihnachten, immer schlimmer geworden, im Schiffbau vielleicht auch aus dem Grunde, weil Meister Moeschen krank ist. Aber gerade die Krankheit dieses alten, verdienstvollen Meisters sollte die Arbeiter veranlassen, uns zu unterstützen und den jungen Meistern, welche aus Euch selbst hervorgegangen sind, die Stellung nicht zu erschweren.

Diese unglücklichen Zustände, welche von jedem vernünftigen Arbeiter anerkannt werden müssen, haben mich endlich veranlaßt, folgende Entscheidungen zu treffen:

1. Vorschüsse werden nur in äußersten Nothfällen gegeben.
2. Der Lohn versteht sich nur bei voller Wochenarbeit; diejenigen Leute, welche wiederholt ohne Entschuldigung am Montage, oder auch an anderen Wochentagen fehlen, erhalten stillschweigend für die verflossene Woche 10% weniger Lohn, da ja nur die regelmäßige Arbeit für mich den vollen Werth hat, indem nur dadurch ein geordneter Betrieb aufrecht zu erhalten ist.
3. Aus diesem Grunde hat sich jeder Arbeiter, der den folgenden Tag nicht zur Arbeit kommen will, bei seinem Meister zu entschuldigen und um Erlaubniß zu fragen, wenn er sich nicht mit einem geringeren Lohn begnügen will.
4. Jeder Arbeit hat des Morgens um 6 Uhr bei der Arbeit zu sein, den später kommenden wird ½ Stunde abgezogen (siehe Fabrikordnung § 4).

Ein großer Theil der Leute arbeitet ja zu meiner vollen Zufriedenheit und wegen dieser thut es mir recht leid, daß ich so zu meinen Arbeitern sprechen muß; ich richte aber an diese die ebenso freundliche, wie dringende Bitte, mich in meinen Bestrebungen zu unterstützen — einen ordentlichen Fabrikbetrieb zu erzielen, — denn jeder guter Arbeiter, dem etwas an seiner Ehre gelegen ist, muß ja mit mir dahin streben, daß die schlechten, unsoliden und unregelmäßigen Leute so bald wie möglich entfernt werden.

Letzteres ist mein voller Wille: jeden, der nicht mit meinen Anordnungen einverstanden ist, bitte ich daher, die Fabrik nach ordnungsmäßiger Kündigung verlassen zu wollen; es ist besser, weniger Leute zu beschäftigen, wenn diese nur zuverlässig sind und regelmäßig zur Arbeit kommen und so die Ordnung aufrecht erhalten wird.

Ich möchte bei dieser Gelegenheit noch sämmtliche Leute dringend vor dem übermäßigen Genusse von Branntwein warnen. Meine langjährigen Beobachtungen der Arbeiter, welche regelmäßig viel Branntwein getrunken haben, bestätigen mir, daß diese Leute auf die Dauer den Anforderungen der Arbeit nicht gewachsen sind, sondern geistig und körperlich zu Grunde gehen. Nur ein kräftig genährter Mensch kann erwarten, daß er dauernd gesund bleibt. Ich bin gern bereit, den Arbeitern, wenn es von Einzelnen gewünscht wird, schon vor 6 Uhr Morgens Kaffee verabfolgen zu lassen, oder auch sonstige Einrichtungen zu treffen, welche den Branntweingenuß unnöthig machen.

Papenburg, den 23. Januar 1901.

Jos. L. Meyer.

Flugblatt, das Jos. L. Meyer 1901 zur Hebung der Arbeitsdisziplin an die Mitarbeiter der Werft verteilen ließ.

Leaflet distributed to the shipyard workers in 1901 by Jos. L. Meyer to improve work discipline.

Wie der Bau dieser Kähne längere Zeit stockte, habe ich [mich] mehr auf den Bau von kleinen Dampfern geworfen und hat sich besonders in den letzten Jahren die Maschinenfabrik sehr günstig entwickelt.

Die Hauptschwierigkeiten, welche überwunden werden mußten, waren die Arbeiterverhältnisse. Der Bau von Kähnen war nur lohnend bei sehr billigen Löhnen, und zu diesen konnte man fremde Leute hier nicht heranziehen; aber auch nachdem die Löhne hier höher gingen und die besten Leute mindestens ebenso viel verdienten wie in Bremen, wollten fremde Leute nicht hier sein, die Gegend und die Stadt bietet ihnen zu wenig; es ist sogar 20 Jahre lang üblich gewesen, daß die angelernten jungen Leute als Maschinisten auf den großen Dampfern nach Bremen und Hamburg gingen, so daß sie für mich verloren waren. Mit der Auswanderung der jungen Leute nach den größeren Städten habe ich immer noch zu kämpfen, da die hier angelernten jungen Leute sehr gesucht sind.

Die hiesigen Anlagen lassen sich nur allmählig entwickeln, je nach der Arbeiterbevölkerung. Das Hauptgewicht der nächsten Jahre soll auf eine möglichst gute Ausbildung der Leute gelegt und die Verhältnisse der Arbeiter, wie Wohnungen etc. möglichst vervollkommt werden.

An sich sind die Arbeiterverhältnisse sehr gesund und jedenfalls entwickelungsfähig, da die Leute hier sehr billig und gut leben können. Gutes Land ist hier billig zu kaufen; von 150 verheiratheten Arbeitern haben bereits 70 eigene Wohnungen. Diese Zahl ist im raschen Zunehmen, da die Leute mit hohen Vorschüssen unterstützt werden, um sich selbst anzukaufen; neben her werden Arbeiterwohnungen gebaut, so daß ich es in einigen Jahren zu erreichen hoffe, daß alle meine Leute in eigenen Häusern wohnen, oder doch in Häusern, welche ich ihnen zur Verfügung stellen kann.

Die Frage der Zukunft wird nur sein, ob es gelingt, dauernde Arbeit hier zu halten; es ist bei den eigenthümlichen Verhältnissen nicht möglich Leute zu entlassen, dagegen werden die Concurrenzverhältnisse immer schwieriger, da die Werften in Bremen, Hamburg etc. sich in Händen von Actiengesellschaften befinden, deren Vorstand bzw. Verwaltungsräthe die größeren Rheder sind. Auf der anderen Seite liegt Holland, gegen dessen Werften eine Concurrenz unmöglich ist.

III.

Ich bin alleiniger Inhaber der Werft und kann diese Bilanzen nicht veröffentlichen; die günstigsten Jahre sind vor 1893 gewesen. 1899 ist das ungünstigste von allen, was aber specielle Ursachen hat. 1900 scheint dagegen ziemlich günstig zu werden.

IV.

Schiffbau und Schiffsmaschinenbau, zu letzterem der Kesselbau und die Gießerei gerechnet, stehen in keinem festen Verhältnis; je einfacher die Bauten, desto höher ist der Umsatz im Schiffbau, im Durchschnitt dürfte der Schiffbau 60 % des Gesammtunternehmens ausmachen und 40 % sich auf den Schiffsmaschinenbau, Kesselbau und die Gießerei vertheilen.

V.

Docks und Patentslips sind nicht vorhanden. Zur Reparatur werden die Schiffe noch mit Handwinden auf eine gewöhnliche Helling geschleppt; es ist möglich, Schiffe bis zu 50 m aufzuschleppen.

Ich besitze eine zweite Werft, welche hauptsächlich für die Reparatur von breiteren Schiffen, welche die Eisenbahnbrücke nicht passieren können, eingerichtet ist. Dieselbe ist mit einer Querhelling versehen, auf welche Schiffe bis 60 m aufgeschleppt werden sollen; in allernächster Zeit soll diese Helling auf 70 m verlängert werden.

Weitere Anlagen an Patentslips oder Docks können erst geplant werden, wenn die Frage entschieden ist, ob hier eine neue breitere Eisenbahnbrücke gebaut wird.

VI.

Besondere Kontract-Formulare sind nicht vorhanden und ist deren Einrichtung auch nicht lohnend, weil die von mir gebauten Schiffe zu sehr von einander abweichen. Angestrebt wird, wenigstens die Bedingungen des Vereines deutscher Schiffswerften, welche auch noch Entwurf sind, zur Durchführung zu bringen.

VII.

Contract-Formulare für deutsche & englische Materiallieferungen sind nicht vorhanden. Es wird bei jeder Specification vorgeschrieben: „Schiffbaumaterial aus bestem weichem Siemens-Martinstahl …"

IX.

Die Arbeitsordnung (Fabrikordnung) ist mit dem Krankenkassenstatus in einem Heftchen zusammen gebunden, welches jedem Arbeiter beim Eintritt übergeben wird.

X.

Status des Arbeiterausschusses ist nicht vorhanden, die Vorstandsmitglieder der Krankenkasse bilden gleichzeitig den Arbeiterausschuss; derselbe ist, bis jetzt, noch nicht in Wirksamkeit getreten, es ist aber meine bestimmte Absicht, die Arbeiterverhältnisse wieder persönlich in die Hand zu nehmen, und den Arbeiterausschuss heranzuziehen.

XI.
Ein besonderer Unterstützungsfonds ist nicht vorhanden, im Nothfalle greife ich persönlich ein ...

XIII.
Die Kosten der Unfall-Kranken- und Altersversicherung haben im Jahre 1898 in Summa M. 7555,81 oder pro Kopf des Arbeiters M. 22,22 betragen.

XIV.
Ein Arbeiterbauverein ist nicht vorhanden.

XV.
Miethsvertragsformulare für Arbeiterwohnungen der Firma sind noch nicht vorhanden.

XVII.
Von den augenblicklich beschäftigten Gesellen haben 105 bei mir als Lehrlinge gelernt.

XVIII.
Von den 1880 beschäftigten Arbeitern sind heute noch 19 in Arbeit = 5,51 %, von den 1890 beschäftigten Arbeitern noch 85 = 24,6 % der augenblicklichen Arbeiterzahl.

XXI.
Die Arbeiter erhalten des morgens zwischen 8 – 8½ Uhr und des Nachmittags von 4 – 4¼ Uhr kostenlos ⅓ Liter guten Kaffee; die Kosten dieser Kaffeelieferung haben sich 1898 auf M. 750,– ohne Arbeitslöhne gestellt, die Kosten der Bereitung und Ausschenkungen werden sich auf ca. 250,– M. per Jahr stellen.

Flugblatt von Jos. L. Meyer mit Argumenten gegen eine Fortsetzung von Streiks und Forderungen nach Erhöhung der Löhne, 17. Februar 1919.

Leaflet by Jos. L. Meyer with arguments against continuing strikes and demands for higher wages, dated 17th February 1919.

Die Abmessungen von Brücken und Schleusen im Papenburger Hafen und an der Ems haben seit jeher und bis in die jüngste Zeit der Meyer Werft Probleme bereitet. Am 4. Mai 1900 wandte sich Jos. L. Meyer wieder einmal an den Königlichen Staatsminister und Minister der öffentlichen Arbeiten in Berlin mit dem *Gesuch ... um Erweiterung der Eisenbahnbrücke über den Papenburger Canal.* 1893 war Meyer mit seiner Bitte gescheitert, jetzt sollte er Erfolg haben: 1903 wurde mit erheblicher finanzieller Beteiligung der Werft eine größere Eisenbahnbrücke gebaut.

The dimensions of bridges and locks in the Papenburg harbour and on the river Ems have always caused problems for the Meyer shipyard, right up to recent times. On 4th May 1900, Jos. L. Meyer once again approached the royal minister of state and the minister for public works in Berlin with the request that the railway bridge over the Papenburg canal be extended. His former request dated 1893 had failed, but this time Jos. L. Meyer was to succeed: a larger railway bridge was built in 1903 with considerable financial participation of the shipyard.

Exzellenz!

... Die Nothwendigkeit der wiederholt gewünschten Erweiterung hat sich nun von Jahr zu Jahr dringender herausgestellt, denn ebenso wie in der transatlantischen Fahrt werden auch in der europäischen Fahrt die Schiffe immer grösser und besonders länger und breiter gebaut.

Während die bis Anfang der 90er Jahre gebauten Ostseefrachtdampfer noch zum grossen Theil keine grossen Breiten hatten, nur 8,5 m. (ca. 29' engl.), haben inzwischen beinahe alle Anfragen auf Frachtdampfer eine grössere Breite gefordert, durchschnittlich bis 35 Fuss engl.

Aber nicht allein der Bau der Dampfer in der europäischen Fahrt, für welche die hiesigen Anlagen besonders geeignet sind, ist dem Unterzeichneten wegen der geringen Breite der Eisenbahnbrücke verloren gegangen, auch auf dem von ihm als Specialität betriebenen Bau von Schleppkähnen für den Norddeutschen Lloyd und die Hamburg-Amerika Linie hat derselbe verzichten müssen, weil auch diese jetzt in grösseren Dimensionen verlangt werden, um die grossen Seedampfer rascher und billiger bedienen zu können.

Als Beispiel, wie rasch die Ansprüche an grössere Dimensionen steigen, möge gestattet sein anzuführen, dass der Unterzeichnete im vorigen Jahre 2 Frachtdampfer (Mannheim & Duisburg) für die Gesellschaft „Argo" in Bremen baute, welche bei 12' engl. Tiefgang eine Ladefähigkeit von 750 tons haben und für die Fahrt Petersburg–Cöln bestimmt sind. Die Dampfer haben sich in jeder Weise bewährt. Frachten sind in Cöln bezw. Petersburg genügend vorhanden, so dass die Gesellschaft „Argo" sich veranlasst gesehen hat, weitere Dampfer bauen zu lassen; die neuen Dampfer sollen aber bei demselben geringen Tiefgang (12' engl.) eine noch viel grössere Tragfähigkeit haben und dementsprechend eine viel grössere Breite erhalten, so dass deren Bau wegen der Eisenbahnbrücke unmöglich ist, und die kaum erworbene Kundschaft hier wieder verloren geht ...

Zur Aufklärung.

Damit nicht unsinnige Entstellungen dazu beitragen könnten, diesen unseligen Streik zu verlängern, will ich kurz eine Darstellung geben von den Verhandlungen, die auf der Werft mit dem Arbeiterausschuß und dem Vertreter der Regierung wiederholt stattgefunden haben.

Augenblicklich sind auf der Werft im Bau:
1) Schiff 310, Dampfer für den Tangannika-See in Ostafrika. Das Schiff ist im Jahre 1913 zum Bauen angenommen worden. Der Wert ist heute mehr wie doppelt so groß, wie der Vertragspreis. Wahrscheinlich kommt es mit der Bestellerin dahin zur Einigung, daß ein solcher Preis bewilligt wird, daß ich vor Verlust bewahrt bleibe. Die Bestellerin steht auf dem Standpunkt, daß sie mir wohl helfen will, aber sie will nicht, daß ich an dem Schiff Verdienst habe. Einen Rechtsanspruch auf Zuzahlung habe ich nicht.
2) Schleppdampfer „Scharmer" und „Schütt" für die Kaiser Wilhelmkanal-Verwaltung, Schiffe 329/330. Der Dampfer „Scharmer" ist abgeliefert. Ich hatte eine 10% Zuzahlung verlangt, weil der Bau im Jahre 1916 abgeschlossen und inzwischen die Löhne sehr gestiegen sind. Die Zuzahlung ist abgelehnt, weil ich keinen Rechtsanspruch habe.
3) Schiff 331 Fischdampfer „Papenburg" für das Reichsmarineamt. Das Schiff ist 1916 abgeschlossen. Zuzahlung bisher abgelehnt.
4) Schiffe 334/336, Minensucher für das Reichsmarineamt, von denen 2 als Passagierdampfer fertig gebaut werden sollen. Das Reichsmarineamt hat entschieden, daß Vertragspreise bestehen bleiben sollen. Weiter darf ich nicht drängen, da sonst Gefahr besteht, daß mir der Bau entzogen wird, da das Reich jetzt nach dem Kriege wenig Wert auf den Bau der Schiffe legt.

So habe ich für längere Zeit Arbeit, aber fast alle Schiffe können nur unter Verlust fertig gestellt werden, um so mehr, als mir auch die durch Einführung des 8 Stundentages verursachte Verteuerung der Bauten nicht ersetzt wird. Unter diesen Umständen kann von einer weiteren Lohnerhöhung nicht die Rede sein. Ich habe, um den Streik zu vermeiden, einige Zugeständnisse gemacht. Ich habe zugestanden eine 10prozentige Lohnerhöhung (50 Pfg.), 10 Prozent Erhöhung der Akkorde, die Verdoppelung der Kinderzulage, die Erhöhung der Kriegszulage der Lehrlinge von 2,70 Mark auf 6 Mark, Nachzahlung der Lohnerhöhung vom 1. Januar ab, wenn die Nachzahlung für den Bau des Feuerschiffes, von der jeder Arbeiter 100 Mark haben sollte, nicht genehmigt wird. Mehr kann ich nicht tun. Weitere Zugeständnisse sind **ausgeschlossen.** Wenn ich die Forderungen der Arbeiter erfüllen wollte, wäre ich binnen kurzem zahlungsunfähig.

Bei Löhnen, wie sie in der Großstadt bezahlt werden, kann die Werft nicht bestehen, da die hiesige Werft nur Arbeit erhält, wenn sie billiger ist als Emden, Bremen und Hamburg, sonst bleibt die Arbeit in den Großstädten.

Nun wurde von den Mitgliedern des Ausschusses betont, daß die Arbeiterschaft auch gar nicht wolle, daß ich die höheren Löhne aus meiner Tasche bezahle, sondern die Regierung soll den Unterschied bezahlen. Das ist nun völlig **ausgeschlossen.** Es könnte ja jede Fabrik kommen und vom Staate die Bezahlung der Lohnerhöhung der Arbeiter verlangen. Es giebt nur eine Ausnahme. Als auf einigen Seeschiffswerften durch Erlaß des Demobilmachungsamtes die Löhne für gelernte Leute plötzlich auf 2,40 und 2,20 Mk. die Stunde erhöht werden sollten, wollten die Werften ihre Werkstätten schließen und die Reeder ihre Aufträge zurückziehen; es konnten somit die großen Frachtdampfer, die Deutschland zu seiner Versorgung dringend notwendig hat, nicht weiter gebaut werden. Das war eine Gefahr für den Staat. Die Regierung griff ein und versprach den **Reedereien**, nicht den **Werften** den Ersatz der durch die höheren Löhne erfolgten Teuerung. Die Kosten sollen die Reedereien binnen 10 Jahren zurückzahlen. Ich habe kein Schiff im Bau, was unter dies Abkommen fällt, weswegen das Demobilmachungsamt in Berlin auch entschieden hat, daß ich die hohen Löhne nicht bezahlen brauche. Es sind im Gegenteil mir schon jetzt die Kosten, die durch Verteuerung entstanden sind, wie ich vorher gezeigt habe, abgeschlagen worden.

Dann wurde gesagt, Arbeiter an der Bahn und bei den Wasserbauämtern bezögen höhere Löhne. Ja, das sind Staatsarbeiter. Der Staat kann seine Arbeiter löhnen wie er will. Es giebt aber kein Mittel, den Staat zu zwingen, daß er auch Arbeitern in Privatbetrieben dieselben Löhne zahlt, wie den Staatsarbeitern.

Das ist der wahre Tatbestand. Von mir aus kann daher zur Beendigung des Streiks, dessen Ausbruch ich sehr bedauere, nichts weiter getan werden.

Papenburg, den 17. Februar 1919.

Jos. L. Meyer.

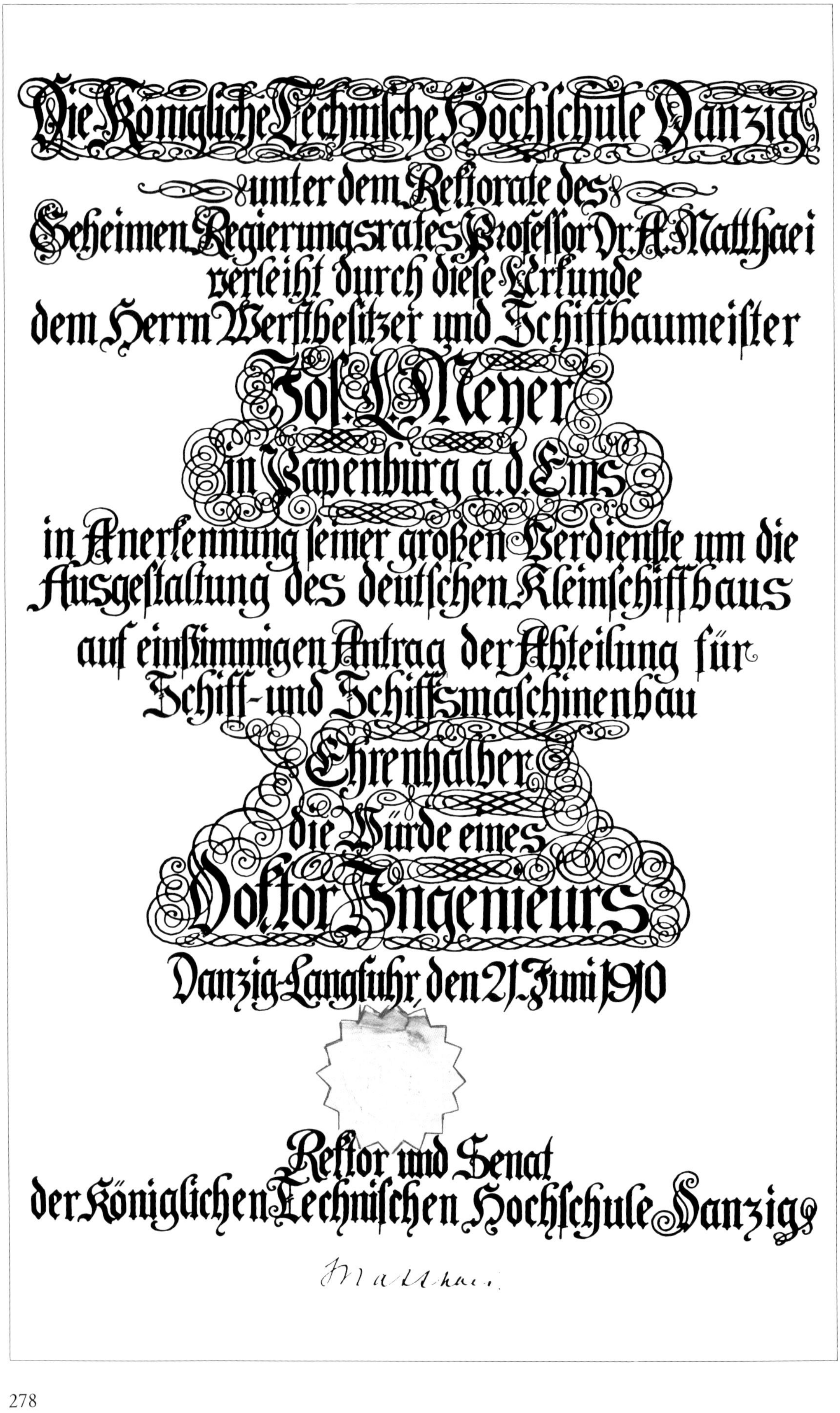

Die Königliche Technische Hochschule Danzig

unter dem Rektorate des
Geheimen Regierungsrates Professor Dr. A. Matthaei
verleiht durch diese Urkunde
dem Herrn Werftbesitzer und Schiffbaumeister

Jos. L. Meyer

in Papenburg a. d. Ems

in Anerkennung seiner großen Verdienste um die
Ausgestaltung des deutschen Kleinschiffbaus
auf einstimmigen Antrag der Abteilung für
Schiff- und Schiffsmaschinenbau

Ehrenhalber

die Würde eines

Doktor Ingenieurs

Danzig-Langfuhr, den 21. Juni 1910

Rektor und Senat
der Königlichen Technischen Hochschule Danzig

Matthaei

Urkunde über die Verleihung der Ehrendoktorwürde an Jos. L. Meyer für seine Verdienste um den Kleinschiffbau, 21. Juni 1910.

Honorary doctor's diploma awarded to Jos. L. Meyer for his services to the small ship industry, 21st June 1910.

Titelseite einer Werftbroschüre über Dampfboote und -barkassen, ca. 1910.

Title page of a shipyard pamphlet on the subject of steam boats and steam launches, dated approx. 1910.

... Aber nicht allein die von der Handelsmarine an die hiesige Werft gestellten Ansprüche können in Folge der geringen Breite der Eisenbahnbrücke immer weniger befriedigt werden, auch den Anforderungen des Kaiserlichen Reichsmarineamts sowie der Kaiserlichen Werften genügen die Anlagen in der bisherigen Weise nicht mehr ...

... Aus denselben Gründen mußte im Februar v. J. auf ein Angebot auf den Bau eines Torpedoschwimmdocks für die Kaiserliche Werft Wilhelmshaven verzichtet werden, obschon die hier zuletzt gebauten Pontons zur vollen Zufriedenheit der Kaiserlichen Werft geliefert sind.

Zu befürchten steht ferner, dass der Unterzeichnete die so sehr werthvolle Kundschaft des Kaiserlichen Auswärtigen Amtes, Kolonial Abtheilung, verlieren wird, für die derselbe bereits 5 Dampfer baute; weil auch die Kolonien immer grössere Dampfer gebrauchen. Der im vorigen Jahre von ihm mit einem Kostenpreis von ca. 450,000 Mark gebaute Seedampfer „KAISER WILHELM II" für das Kaiserliche Gouvernement von Deutsch Ost-Afrika hatte bereits die äusserst zulässige Breite von 8,50 m., und würde noch breiter gebaut sein, wenn man in dieser Hinsicht nicht entgegenkommend gewesen wäre.

In wie weit das öffentliche Interesse an einer breiteren Eisenbahnbrücke seit dem gehorsamen Gesuch vom Jahre 1893 zugenommen hat, wird vielleicht besser von Seiten der hiesigen Stadtverwaltung oder der Handelskammer für Ostfriesland & Papenburg näher ausgeführt; anerkannt ist ja, dass kein Gewerbe so in das allgemeine wirthschaftliche Leben eingreift, wie der moderne Schiffbau; einmal weil ca. 2/3 des Umsatzes in baar ausgegebenen Arbeitslöhnen und Gehältern besteht, dann aber auch sämmtliche kleineren Handwerker, wie Kupferschmiede, Klempner, Tischler, Sattler, Tapezierer, Maler etc. ganz bedeutende Einnahmen von den betreffenden Werften beziehen.

Eine Verlegung der Werft ist zwar immer wieder in Frage gekommen, dem Unterzeichneten aber aus finanziellen Rücksichten unmöglich. Obschon die Entwickelung des Werkes einen nicht so günstigen Fortgang genommen hat, als wenn bereits vor Jahren eine breitere Eisenbahnbrücke gebaut wäre, so sind die Ausgaben, welche nöthig gewesen sind, um das Werk concurrenzfähig zu halten, in den letzten Jahren doch so bedeutend gewesen, dass der Unterzeichnete einen nennenswerthen baaren Ertrag nicht hat herausziehen können, vielmehr hat der Gesamtbetrag zur Verbesserung oder sonst im Interesse des Werkes benutzt werden müssen. Auch für die nächsten Jahre sind, für den Fall eine Erweiterung der Eisenbahnbrücke in sichtbarer Aussicht steht, bedeutende Verbesserungen und Umbauten geplant, von denen dem Kaiserlichen Reichsmarineamt bereits auf Ersuchen Mittheilung gemacht ist ...

... Aus diesen Gründen erachtet sich der Unterzeichnete für gezwungen, die baldige Herstellung einer neuen Eisenbahnbrücke von einer Durchfahrtweite von 15 m. mit allen ihm zur Verfügung stehenden Mitteln anzustreben ...

... Der Unterzeichnete bittet daher ganz gehorsamst:

> Ew. Excellenz wolle die baldige Erweiterung der Eisenbahnbrücke in Papenburg auf 15 m. Lichtweite in geneigte Erwägung ziehen und dem gehorsamst Unterzeichneten gegebenen Falls in nächster Zeit die hiermit dringend erbetene Gelegenheit gewähren, sein Gesuch weiter begründen zu dürfen.

Gehorsamst!

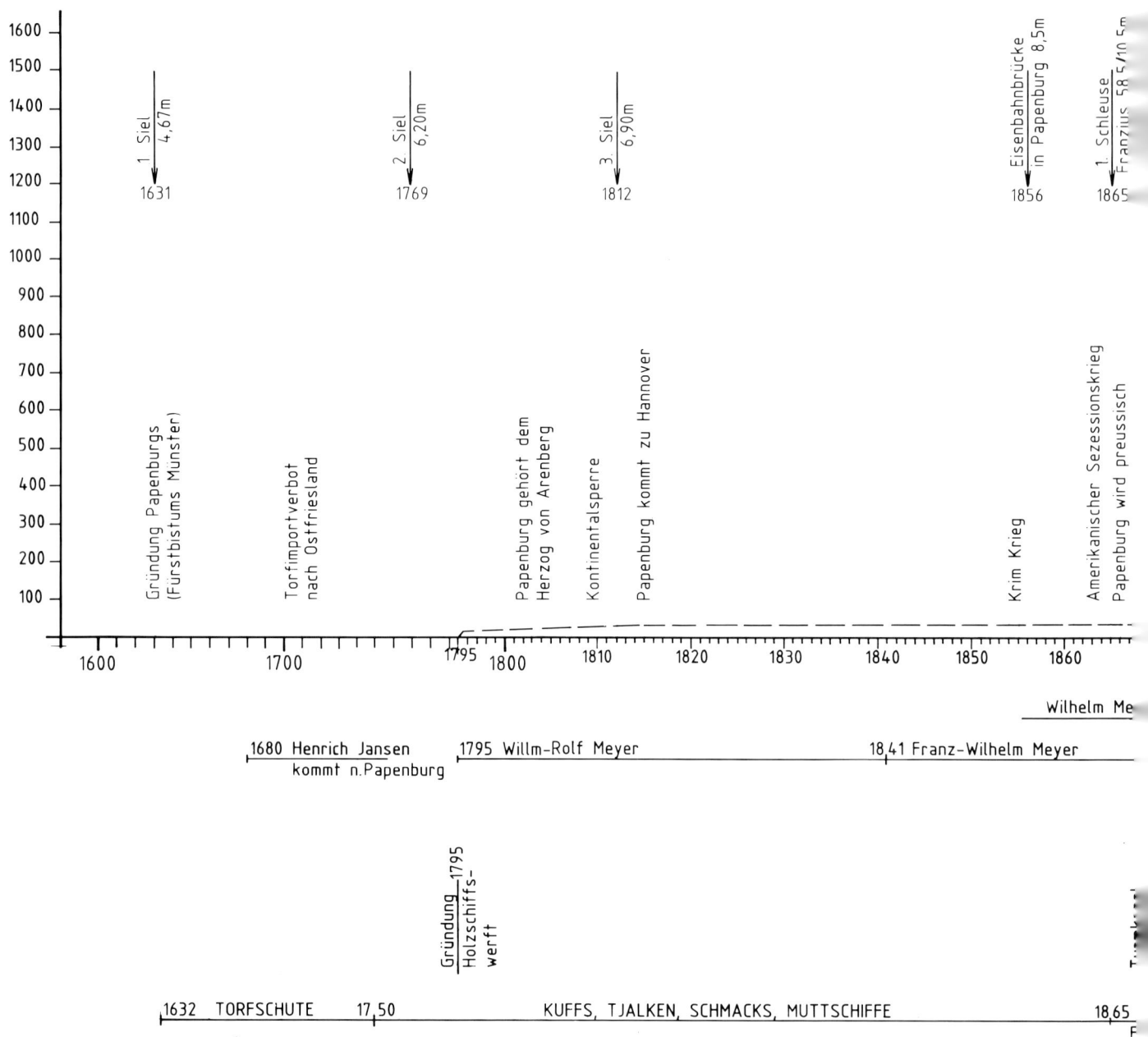

Überblick über die Bedingungen und äußeren Gegebenheiten, unter denen sich die Werft und ihr Bauprogramm seit 1795 entwickelten.

Review of the conditions and external circumstances, under which the shipyard and its construction program developed since 1795.

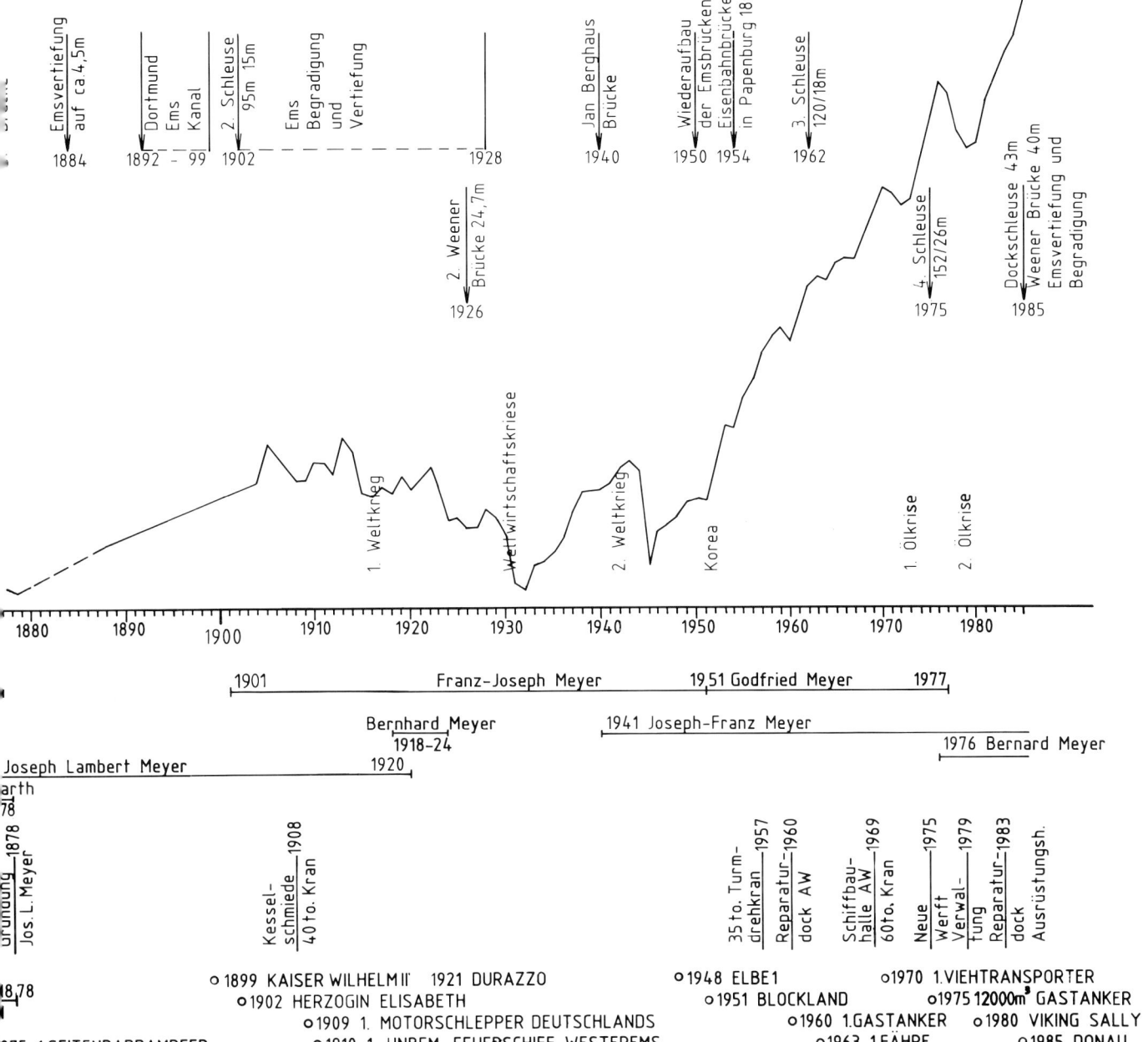

IV

Die Werft heute
The shipyard today

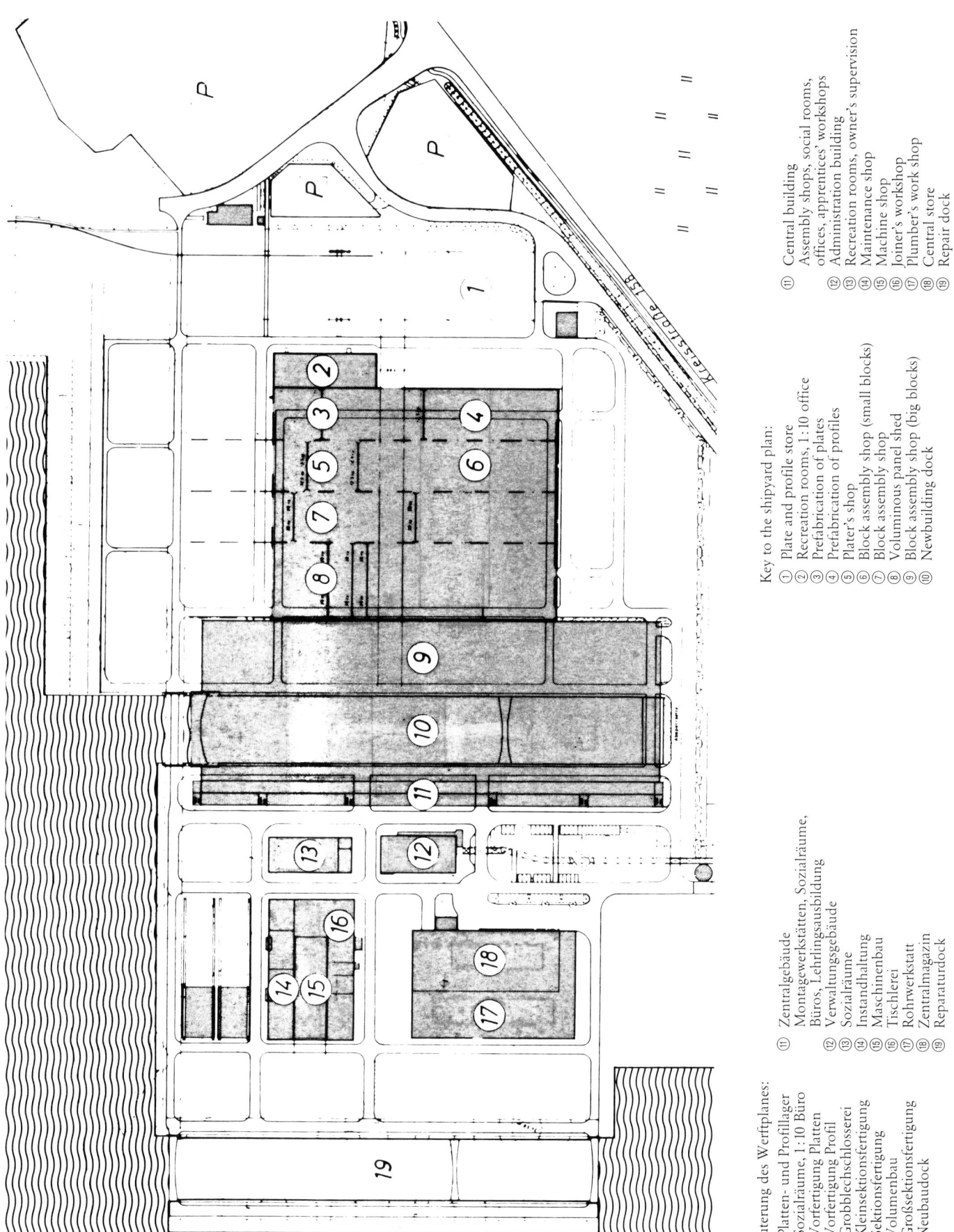

Erläuterung des Werftplanes:
① Platten- und Profillager
② Sozialräume, 1:10 Büro
③ Vorfertigung Platten
④ Vorfertigung Profil
⑤ Grobblechschlosserei
⑥ Kleinsektionsfertigung
⑦ Sektionsfertigung
⑧ Volumenbau
⑨ Großsektionsfertigung
⑩ Neubaudock
⑪ Zentralgebäude
   Montagewerkstätten, Sozialräume,
   Büros, Lehrlingsausbildung
⑫ Verwaltungsgebäude
⑬ Sozialräume
⑭ Instandhaltung
⑮ Maschinenbau
⑯ Tischlerei
⑰ Rohrwerkstatt
⑱ Zentralmagazin
⑲ Reparaturdock

Key to the shipyard plan:
① Plate and profile store
② Recreation rooms, 1:10 office
③ Prefabrication of plates
④ Prefabrication of profiles
⑤ Plater's shop
⑥ Block assembly shop (small blocks)
⑦ Block assembly shop
⑧ Voluminous panel shed
⑨ Block assembly shop (big blocks)
⑩ Newbuilding dock
⑪ Central building
   Assembly shops, social rooms,
   offices, apprentices' workshops
⑫ Administration building
⑬ Recreation rooms, owner's supervision
⑭ Maintenance shop
⑮ Machine shop
⑯ Joiner's workshop
⑰ Plumber's work shop
⑱ Central store
⑲ Repair dock

Die Werft heute

1. 233.000 m² Werftgelände,
   davon ca. 65.000 m² überdacht

2. Überdachtes Baudock
   Halle: 270 m x 101,50 m
   Baudock: 258 m x 39,00 m,
   unterteilbar

3. Querhelling von 160 m Länge

4. Reparaturdock
   240 m x 35 m, unterteilbar

5. Ausrüstungs-/Reparaturkais
   1 x 250 m
   1 x 220 m
   1 x 140 m
   1 x 70 m

6. Kräne
   Überdachtes Baudock:
   1 x 600 t, 3 x 30 t, 5 x 12,5 t
   Trockendock:
   4 x 60 t
   Helling- und Ausrüstungskräne:
   2 x 120 t, 1 x 60 t
   Schiffbauhallen und Werkstätten:
   60 Kräne mit Hubkräften
   zwischen 1 t und 60 t

7. Gesamtzahl der Mitarbeiter:
   ca. 1.600

The shipyard today

1. Yard premises: 233,000 m²,
   thereof abt. 65,000 m² under roof

2. Covered building dock
   Hall: 270 m x 101.50 m
   Building 258 m x 39.00 m,
   dock: dividable

3. Side slipway of 160 m length

4. Repair dock
   240 m x 35 m, dividable

5. Fitting-out/repair quays
   1 x 250 m
   1 x 220 m
   1 x 140 m
   1 x 70 m

6. Cranes
   Covered building dock:
   1 x 600 t, 3 x 30 t, 5 x 12.5 t
   Drydock:
   4 x 60 t
   Berth and fitting-out cranes:
   2 x 120 t, 1 x 60 t
   Hull assembly shops and workshops:
   60 cranes with lifting capacities
   between 1 t and 60 t

7. Total number of employees:
   abt. 1,600

Mehr als 5 000 Gäste nahmen an der feierlichen Eröffnung des neuen überdachten Baudocks am 1. November 1987 teil.

More than 5 000 guests attended the inauguration ceremony for the new covered building dock on 1st November 1987.

Der niedersächsische Minister für Wirtschaft und Verkehr, Walter Hirche, flutete durch Öffnen der Dockventile erstmals das neue Baudock. Von links nach rechts: Joseph-Franz Meyer, Jochen Zerrahn, Minister Walter Hirche, Reeder Pericles S. Panagopoulos und Bernard Meyer.

Mr. Walter Hirche, minister for economics and transport in Lower Saxony, flooded the building dock for the first time by opening the dock valves. From left to right: Joseph-Franz Meyer, Jochen Zerrahn, minister Walter Hirche, shipowner Pericles S. Panagopoulos and Bernard Meyer.

Zusammen mit der Familie Meyer freuen sich der griechische Reeder Pericles S. Panagopoulos, der niedersächsische Justizminister Walter Remmers und der niedersächsische Minister für Wirtschaft und Verkehr, Walter Hirche, über das gelungene Werk.

General pleasure at the successful achievement: the Greek shipowner Pericles S. Panagopoulos, the minister of justice in Lower Saxony, Mr. Walter Remmers, and the minister for economics and transport in Lower Saxony, Walter Hirche.

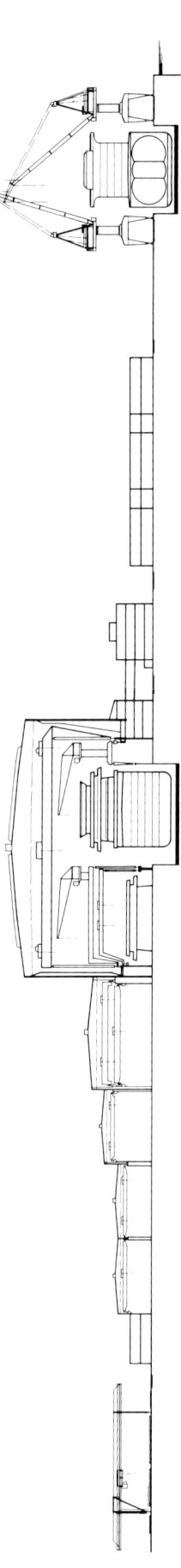

Reparaturdock
Repair dock

Instandhaltung, Maschinenbau,
Tischlerei, Zentralmagazin,
Rohrwerkstatt
Maintenance shop, machine shop,
joiner's workshop, central store,
plumber's workshop

Verwaltungsgebäude
Administration building

Zentralgebäude / Central building

Überdachtes Baudock
Covered building dock

Großsektionsfertigung
Block assembly shop (big blocks)

Schiffbauhallen
Hull assembly shops

Sozialräume, 1:10 Büro
Recreation rooms, 1:10 office

Platten- und Profillager
Plate and profile store

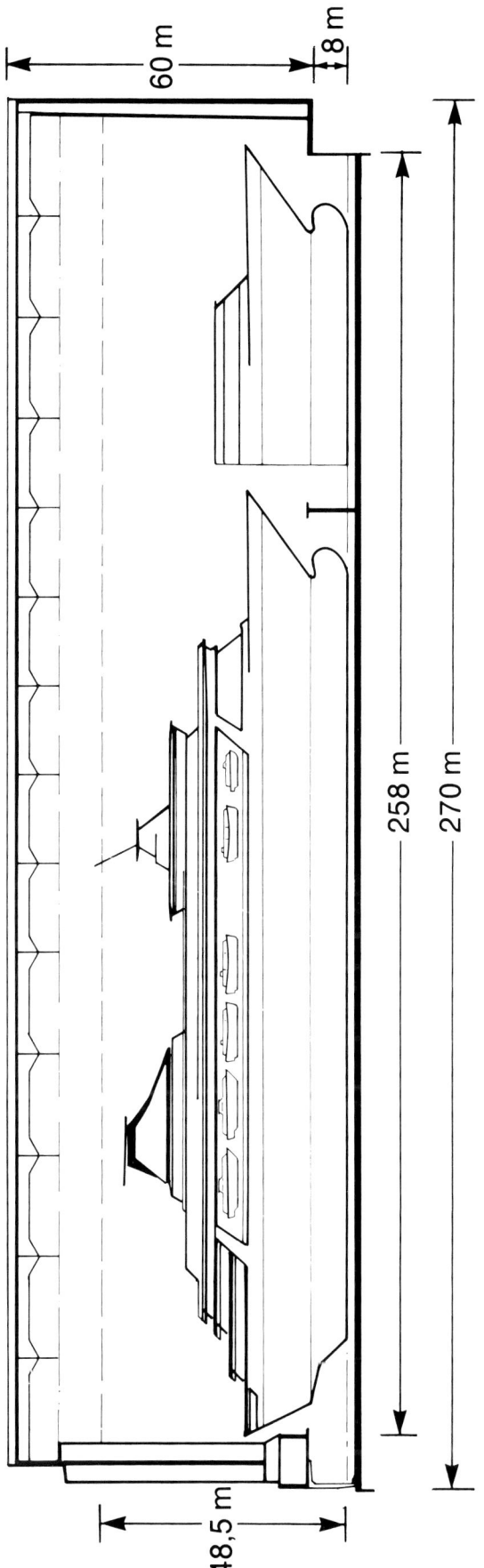

Das neue überdachte Baudock.
The new covered building dock.

V

Schiffbaupläne
Shipbuilding plans

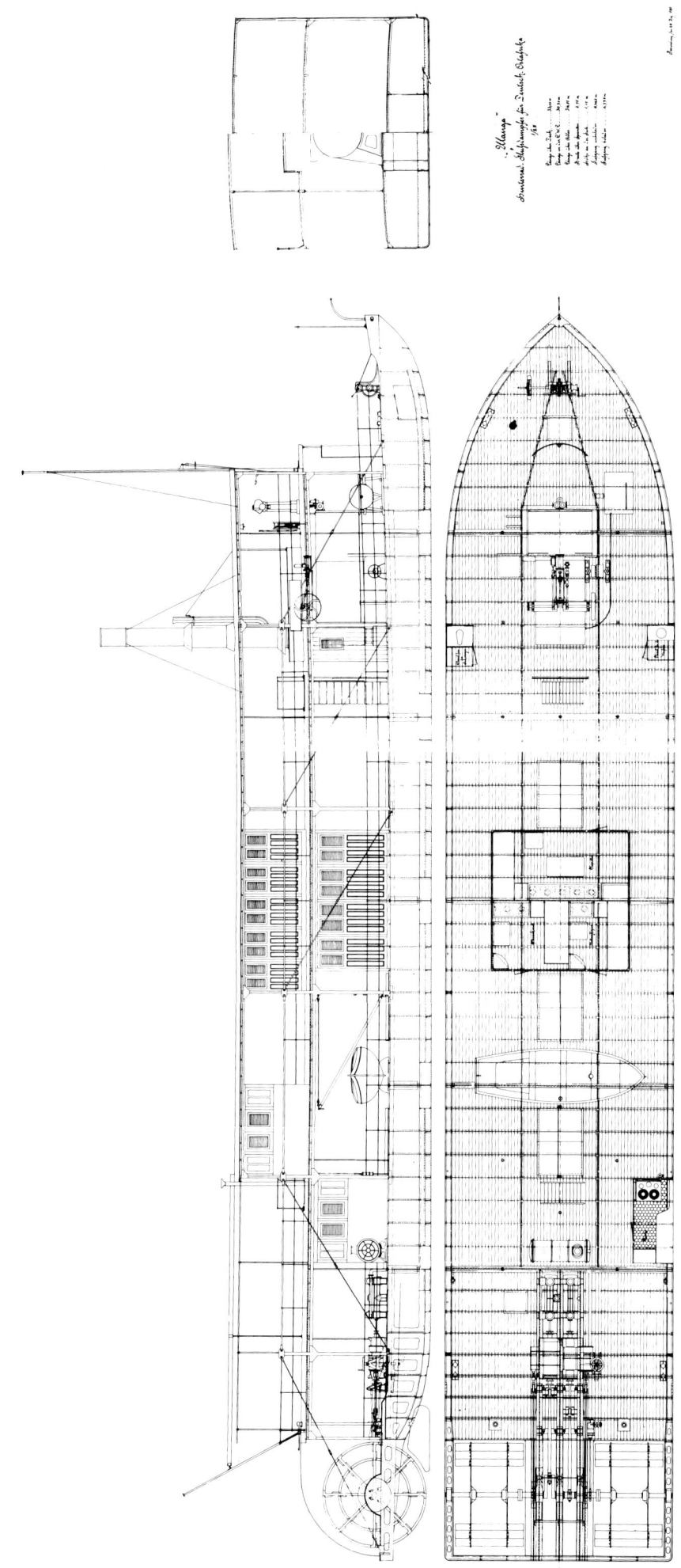

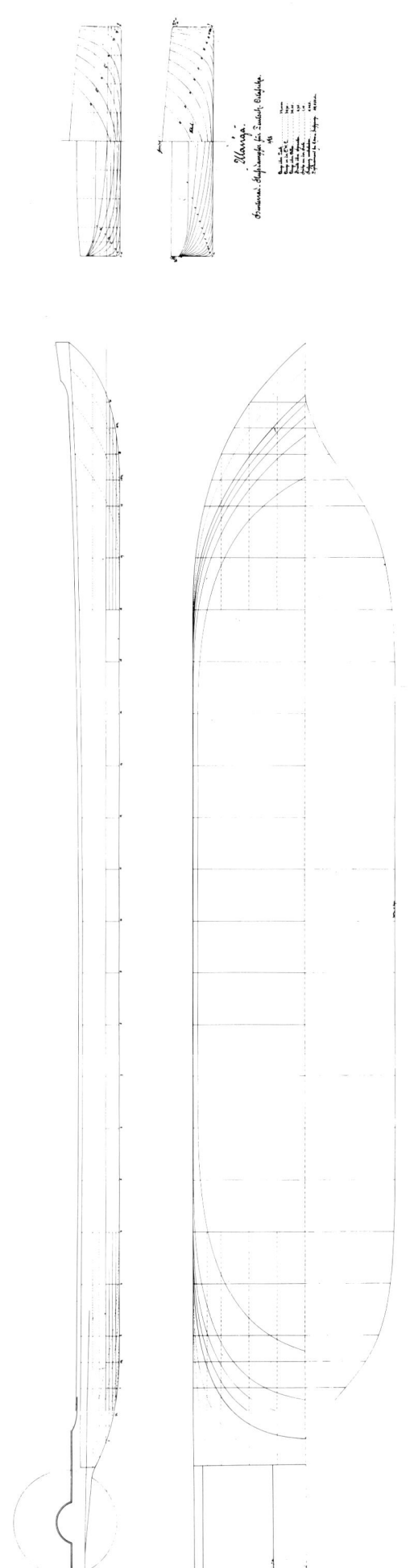

Hinterraddampfer ULANGA *(Bau-Nr. 129).*
Stern-wheeler ULANGA *(ship no. 129).*

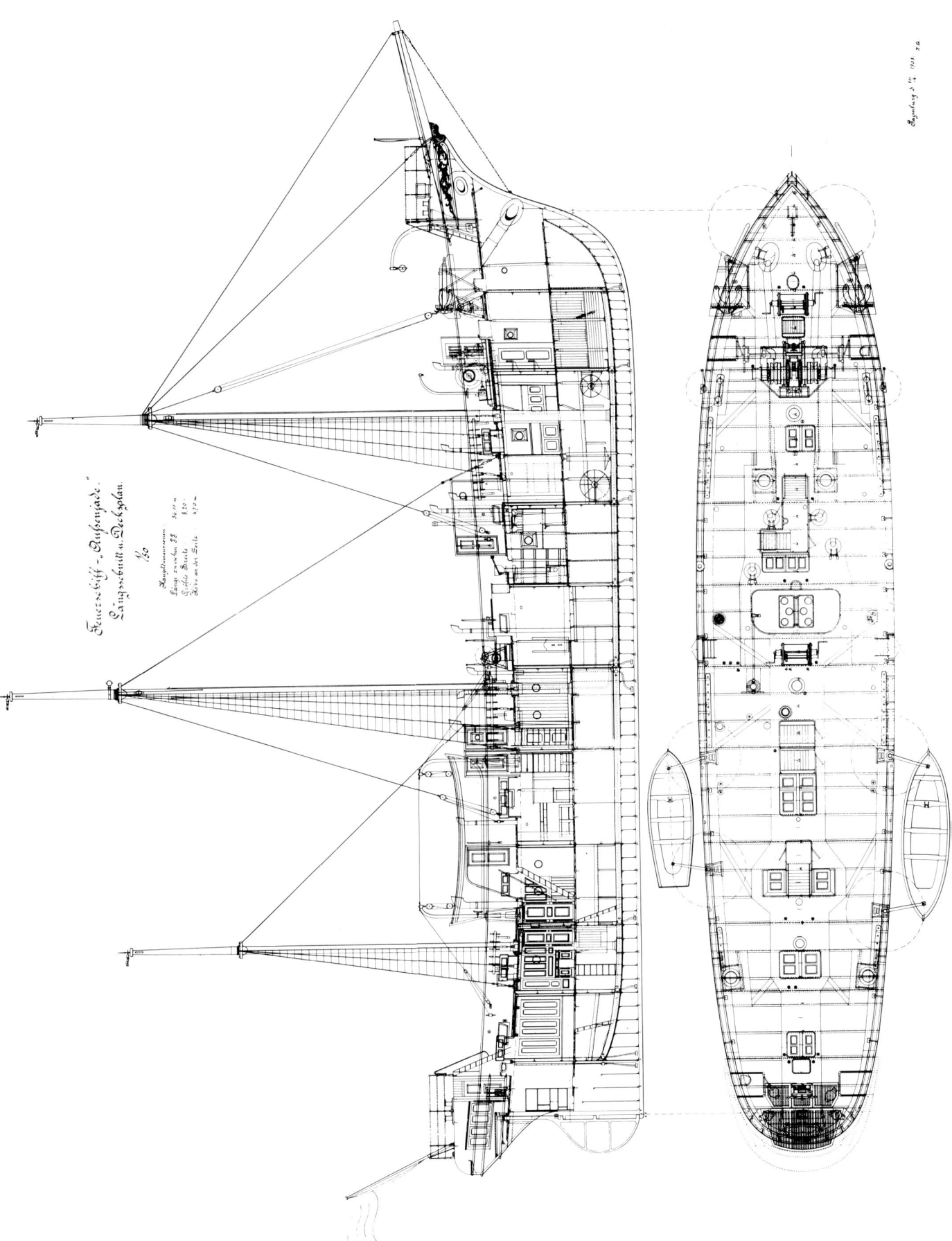

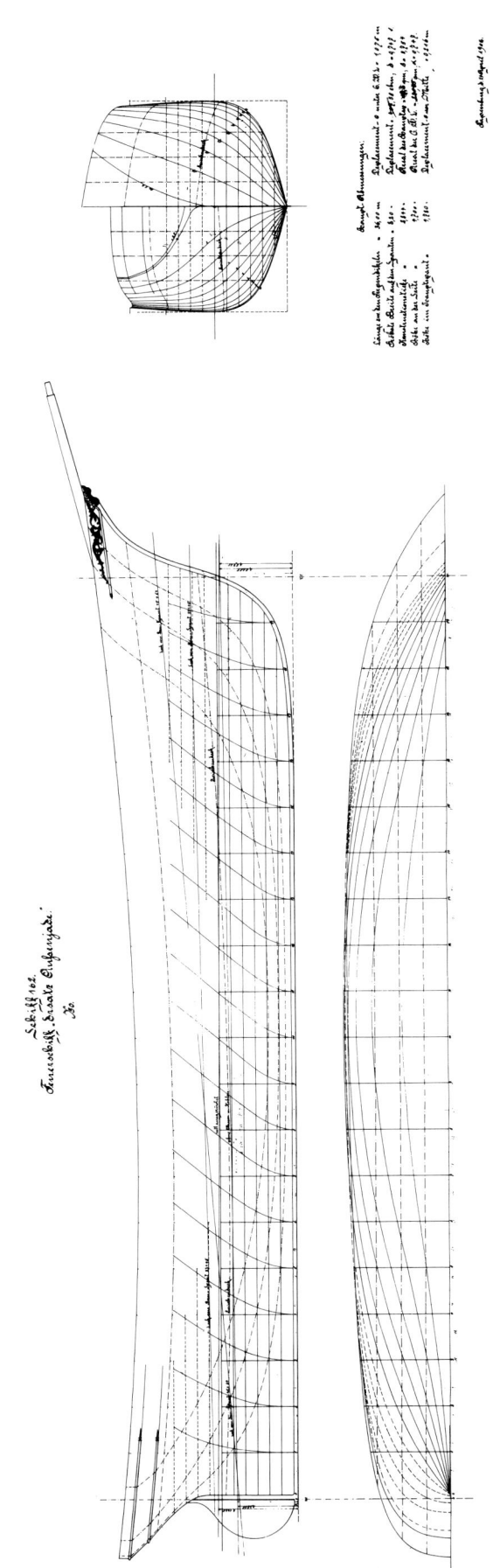

Feuerschiff AUSSENJADE (Bau-Nr. 162).
Lightship AUSSENJADE (ship no. 162).

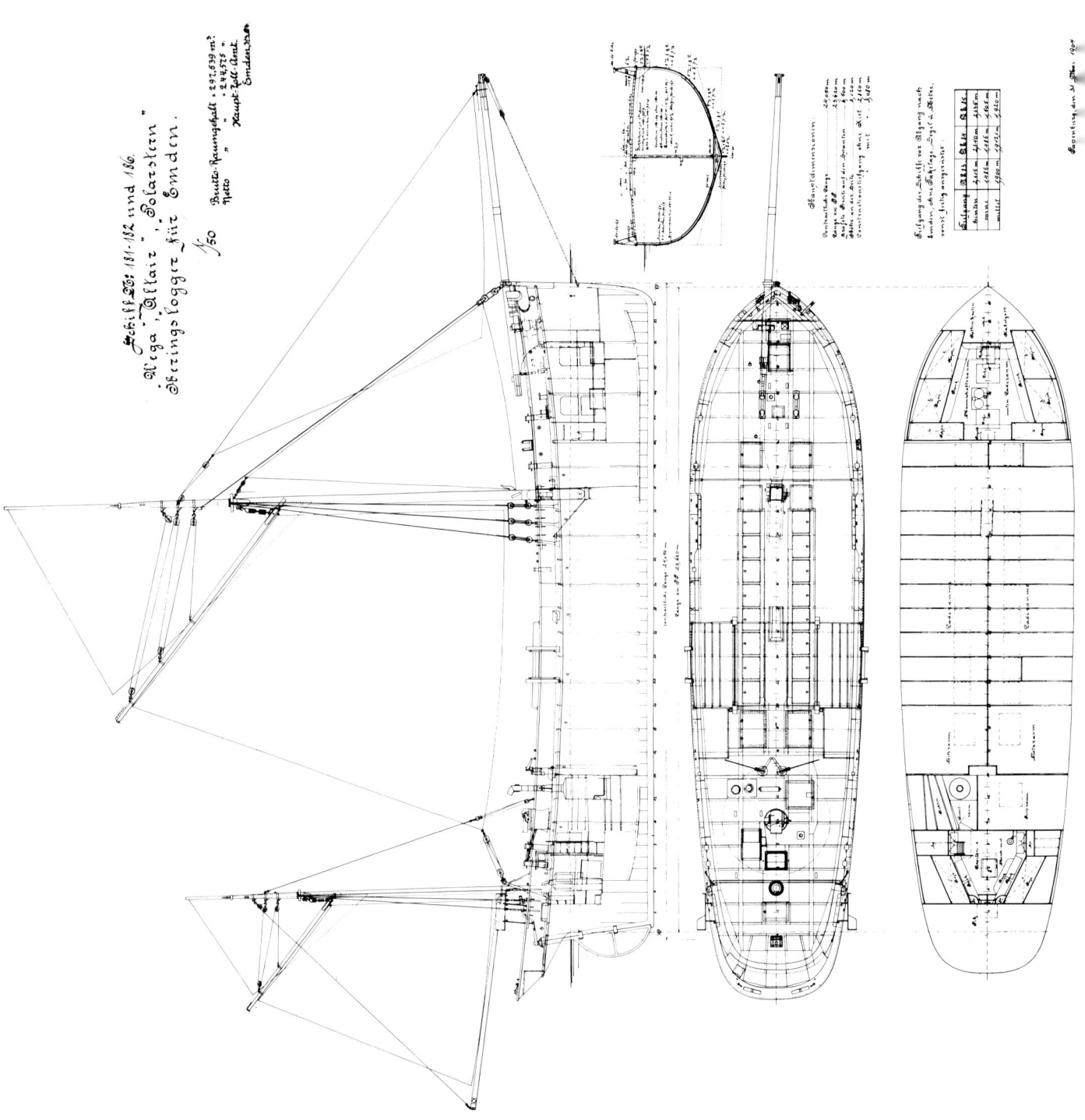

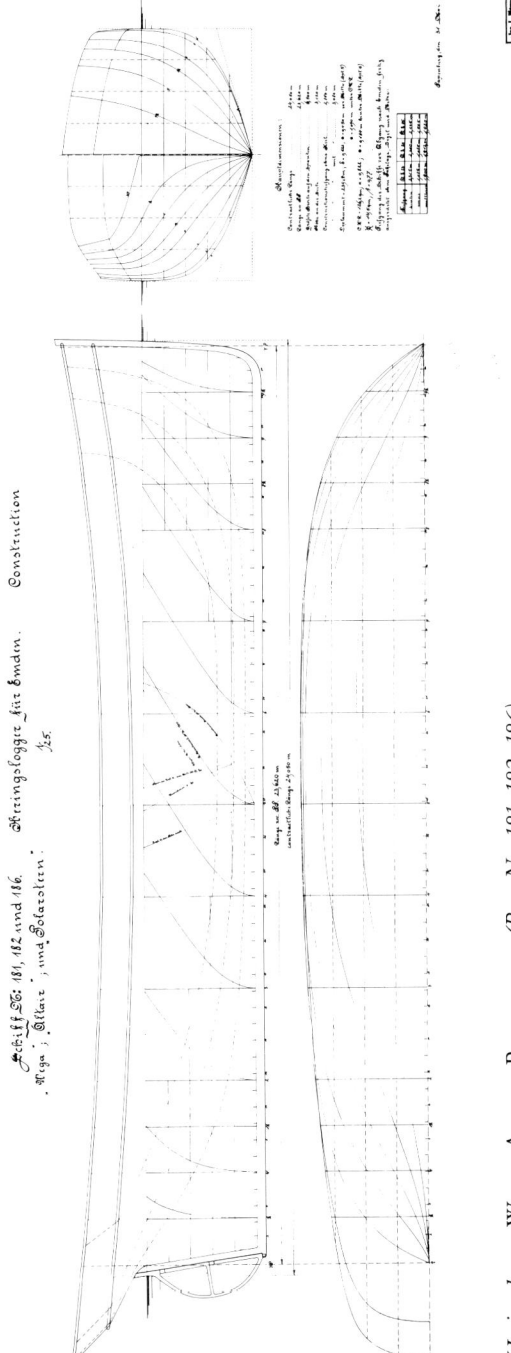

Heringslogger WEGA, ALTAIR, POLARSTERN *(Bau-Nr. 181, 182, 186).*
Loggers WEGA, ALTAIR, POLARSTERN *(ship nos. 181, 182, 186).*

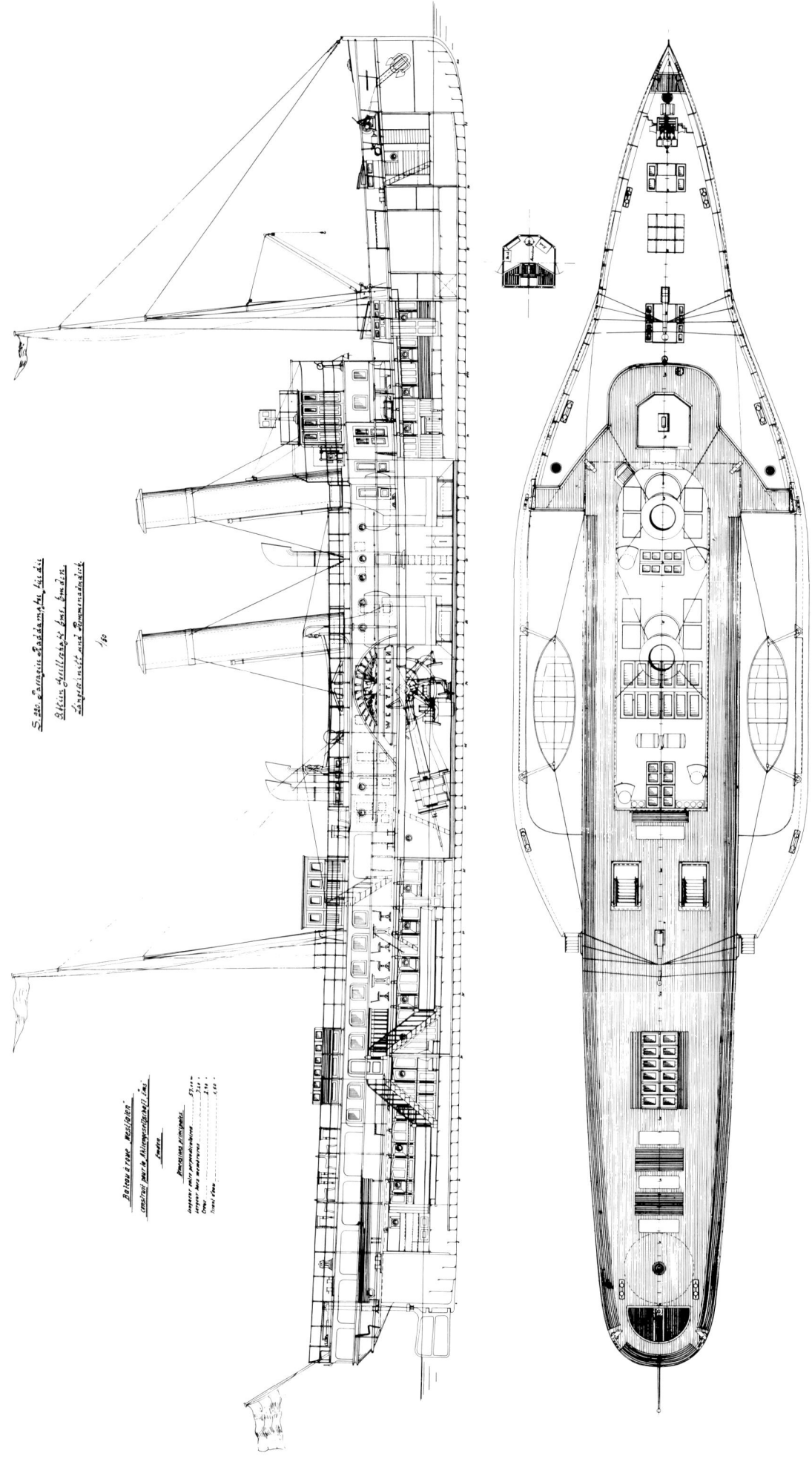

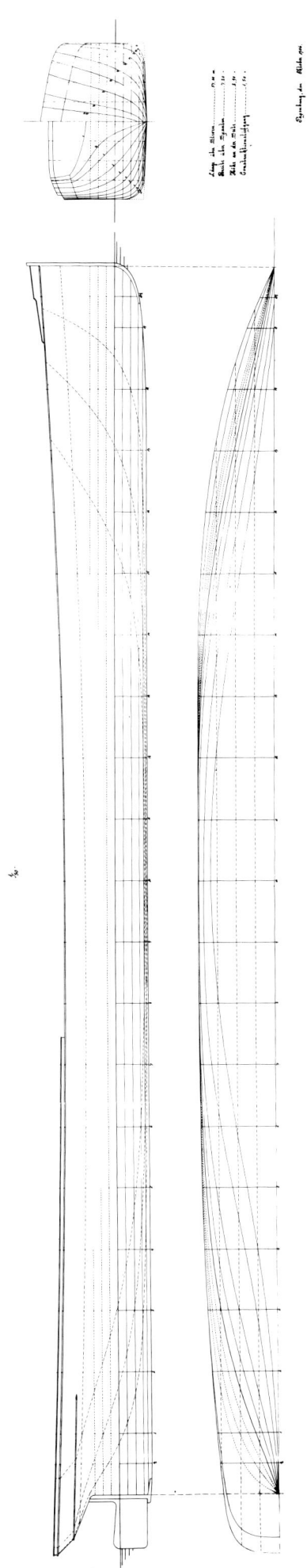

Passagierraddampfer WESTFALEN (Bau-Nr. 220).
Passenger paddle-steamer WESTFALEN (ship no. 220).

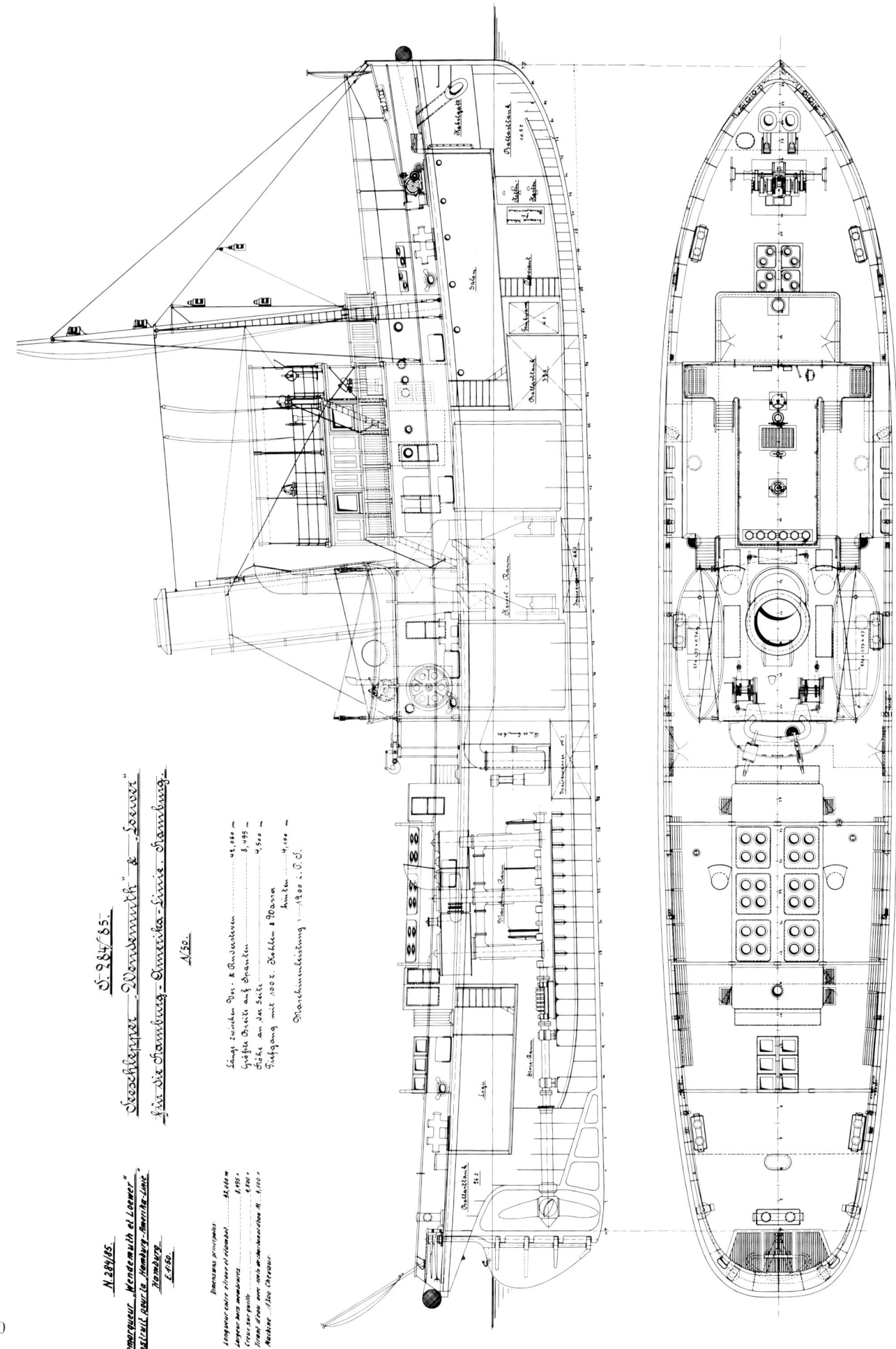

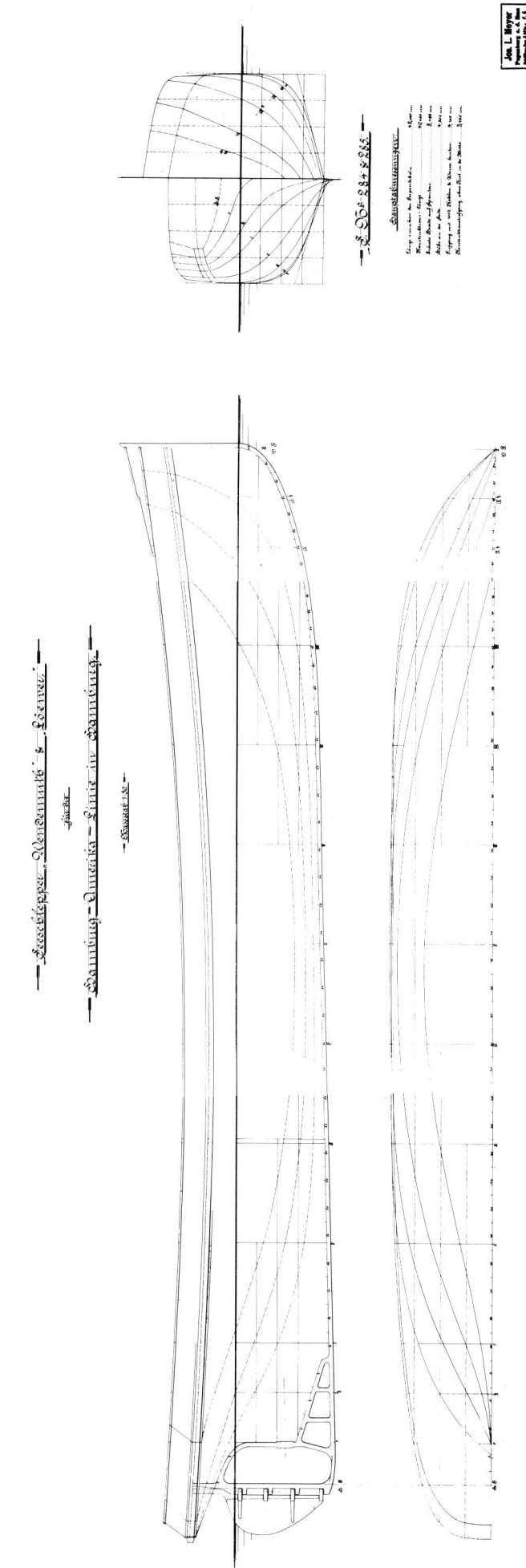

Schlepper WENDEMUTH, LOEWER (Bau-Nr. 284, 285).
Tugs WENDEMUTH, LOEWER (ship nos. 284, 285).

Inhaltsverzeichnis

Vorwort 5

I

Jos. L. Meyer 1795—1988
Entstehung und Entwicklung der Werft 9

Die Gründung
1795—1841 11

Höhepunkt und Krise der Segelschiffswerft
1841—1876 27

Zu neuen Ufern
1872—1920 37

Bewahrung und Bewährung
1920—1951 87

Neue Wege
1951—1974 127

Neue Dimensionen
1974—1988 179

II

Das Bauprogramm der Meyer Werft
1835—1988 235

Liste I
Hölzerne Segelschiffe 1835—1863 237

Liste II
Von Jos. L. Meyer gebaute Schiffe 1872—1988 239
Teil A: Bau-Nr. 1—451 (ca. 1872—1951) 239
Teil B: Bau-Nr. 452—551 (ca. 1951—1969) 257
Teil C: Bau-Nr. 552—617 (ca. 1969—1988) 261

III

Anlagen
Dokumente aus der Geschichte des Unternehmens
1795—1919 267

IV

Die Werft heute 283

V

Schiffbaupläne 291

Contents

Preface 5

I

Jos. L. Meyer 1795−1988
The origins and the development of the shipyard 9

The foundation
1795−1841 11

The ups and downs of the sailing ship yards
1841−1876 27

To new shores
1872−1920 37

Preservation and verification
1920−1951 87

New ways
1951−1974 127

New dimensions
1974−1988 179

II

The Meyer yard shipbuilding program
1835−1988 235

List I
Wooden sailing ships 1835−1863 237

List II
Ships built by Jos. L. Meyer 1872−1988 239
Part A: Yard No. 1−451 (about 1872−1951) 239
Part B: Yard No. 452−551 (about 1951−1969) 257
Part C: Yard No. 552−617 (about 1969−1988) 261

III

Appendices
Documents from the yard's history
1795−1919 267

IV

The shipyard today 283

V

Shipbuilding plans 291